高职高专教育国家级精品规划教材
普通高等教育“十一五”国家级规划教材
全国水利职业教育优秀教材
“互联网+”新形态教材

水利工程制图

（第3版）

主　编　樊培利　武　荣　斯庆高娃
副主编　刘庭想　栾仁伟　孙　宁
　　　　董向前　黄湘今　曹　毅
主　审　关莉莉

黄河水利出版社
·郑州·

内 容 提 要

本书是高职高专教育国家级精品规划教材，是普通高等教育“十一五”国家级规划教材，是按照教育部对高职高专教育的教学基本要求和相关专业课程标准，在全国水利职业教育教学指导委员会指导下编写完成的。全书共分十二章，主要介绍制图的基本知识，投影的基本知识，点、直线、平面的投影，立体的投影，轴测图，立体表面的交线，组合体，图样画法，标高投影，建筑物中常见曲面，水利工程图和房屋建筑图等内容。本书结合工程实际和制图课程的教学特征，注重“基础理论教学以应用为目的，以必需和够用为适度，以掌握、强化应用和培养技能为重点”。全书采用我国最新技术制图标准、水利水电工程制图标准和建筑制图标准。

本书适用于高职高专各工程类专业，特别适用于水利工程专业、水利水电工程建筑专业、工业与民用建筑专业使用，也可作为工程技术人员的参考书。

图书在版编目(CIP)数据

水利工程制图/樊培利，武荣，斯庆高娃主编.—3版.—郑州：黄河水利出版社，2024.4
高职高专教育国家级精品规划教材
ISBN 978-7-5509-3869-4

Ⅰ.①水… Ⅱ.①樊… ②武… ③斯… Ⅲ.①水利工程-工程制图-高等职业教育-教材 Ⅳ.①TV222.1

中国国家版本馆 CIP 数据核字(2024)第 077304 号

组稿编辑：王路平 电话：0371-66022212 E-mail：hhslwlp@163.com
陈俊克 66026749 hhslcjk@126.com

责任编辑：韩莹莹 责任校对：郭 琼 封面设计：张心怡 责任监制：常红昕

出 版 社：黄河水利出版社 网址：www.yrcp.com
地址：河南省郑州市顺河路黄委会综合楼 14 层 邮政编码：450003

发行单位：黄河水利出版社
发行部电话：0371-66020550、66028024 E-mail：hhslcbs@126.com

承印单位：河南承创印务有限公司

开本：787 mm×1 092 mm 1/16

印张：15

字数：350 千字 印数：1—4 100

版次：2007 年 8 月第 1 版 印次：2024 年 4 月第 1 次印刷
2015 年 11 月第 2 版
2024 年 4 月第 3 版

定价：50.00 元

第 3 版前言

本书是根据《中共中央关于认真学习宣传贯彻党的二十大精神的决定》,中共中央办公厅、国务院办公厅《关于推动现代职业教育高质量发展的意见》,国务院《国家职业教育改革实施方案》,教育部《职业院校教材管理办法》《高等学校课程思政建设指导纲要》,水利部、教育部《关于进一步推进水利职业教育改革发展的意见》等文件精神,在全国水利职业教育教学指导委员会指导下,组织编写的高职高专教育国家级精品规划教材。本书以学生能力培养为主线,体现出实用性、实践性、创新性的教材特色,是一套理论联系实际、教学面向生产的精品规划教材。

本书第 2 版在 2017 年由中国水利教育协会组织的教材评选中,被评为“全国水利职业教育优秀教材”。

本书第 1 版、第 2 版均由山西水利职业技术学院樊振旺老师主持编写,在此对樊振旺老师及其他参编、主审人员在本书编写中所付出的劳动和贡献表示感谢！为了贯彻落实党的二十大精神,充分反映产业升级和行业发展最新进展,以及课程思政“立德树人”“三全育人”要求,及时吸收比较成熟的新知识、新技术、新工艺、新规范,对接科技发展趋势和市场需求,编者在第 2 版的基础上,对全书进行了全面修订、补充和完善。本次再版,根据本课程的培养目标和当前水利工程制图的新标准,力求使图样规范化、标准化,在内容上注重扩大知识面;力求综合运用基本理论和知识,以解决工程实际问题;力求理论联系实际,以应用为主,内容上尽量符合实际需要。为方便教学,本书还配套了丰富的辅助教学资源,包括微课视频、动画等,使教材全面变成了融媒体新形态教材,以适应信息技术的发展和学习者自主学习的需要。

本书突出高等职业技术教育的特点,为适应教学改革的要求,对内容进行了一定的调整,书中不过分强调理论,而更加注重结合工程实例。在编写过程中,注重对内容删繁就简,降低了一些知识点的教学要求,使教材更适合学生的认知水平。书中还注重基本概念、基本理论和基本作图方法在解决实际工程问题中的应用,以强化学生的工程意识培养。本书编写力求做到叙述简明、由浅入深,依托典型例题、习题,紧密结合工程实际,以便读者理解和掌握。

本书编写单位及编写人员如下:山西水利职业技术学院樊培利、董向前,杨凌职业技术学院武荣,内蒙古机电职业技术学院斯庆高娃,湖北水利水电职业技术学院刘庭想,山东水利技师学院栾仁伟,云南水利水电职业学院孙宁,温州科技职业学院黄湘今,山东水利职业学院曹毅;本书二维码微课资源由杨凌职业技术学院王雪梅、宋亮、张宇峰、裴媛玫主讲并制作完成。本书由樊培利、武荣、斯庆高娃担任主编,樊培利负责全书统稿;由刘庭想、栾仁伟、孙宁、董向前、黄湘今、曹毅担任副主编;由黄河水利职业技术学院关莉莉担任主审。

由于本次编写时间仓促,书中难免存在疏漏和不当之处,恳请广大读者批评指正。

编　者

2024 年 2 月

本书互联网全部资源二维码

目 录

绪 论

一、本课程的研究对象

本课程的研究对象是工程图样。工程图样是根据画法几何的原理,按照制图标准和制图方法绘制而成的,它能准确表达工程建筑物的形状、大小、材料和构造及有关的技术要求等内容,它是工程技术人员用以表达设计意图、组织生产施工、进行技术交流的重要技术文件,也是工程造价预算和竣工验收时最重要的依据。因此,工程图样被喻为"工程技术语言"。

二、本课程的基本内容

本课程的主要内容可分为三大部分:制图基本知识、画法几何和专业制图。制图基本知识主要是学习国家制图标准;画法几何是以投影法为基础,研究三维空间几何问题的图示法和图解法,简单地说,画法几何就是投影制图;专业制图则是以投影作图的原理和制图的基本知识,把工程建筑物绘制成符合标准的工程图样。为使工程界的每个技术工作者都具备绘制和阅读工程图样的技能,特别提出如下几点要求:

(1)基本知识(第一章)——要求掌握绘图工具和仪器的使用,熟悉国家制图标准的基本规定,掌握常用的几何作图方法。

(2)投影制图(第二章至第九章)——要求掌握正投影的基本原理和各种图示方法,初步掌握轴测投影和标高投影的基本方法。

(3)专业制图(第十章至第十二章)——要求掌握绘制和阅读常见的水利工程图的基本技能,了解房屋建筑图的图示特点和阅读方法。

三、本课程的主要性质

本课程是一门系统理论独特和实践性很强的技术基础课。它既强调投影理论又注重动手能力;它不仅要求掌握绘图的基本方法,还特别强调以制图标准为准绳。在学习的过程中应注意以下几点:

(1)投影制图是本课程的核心部分,是制图的基本理论,必须弄懂。只有认真弄懂投影的基本理论,才能不断提高自己的投影图示能力和空间想象能力。

(2)国家制图标准的基本规定是制图的准绳,必须遵照。只有严格按照制图标准作图,才能使工程图样真正成为可交流的技术文件。

(3)本课程的各种训练是通过一系列的练习和作业来实现的,必须多练。只有认真作图,加强实训,才能收到良好的效果。

(4)专业制图是将所学知识运用到工程实践中,必须掌握。只有掌握了工程图样的绘制和阅读,才能真正成为工程界的技术工作者。

(5)专业图涉及内容较多,必须多看。只有接触实际工程,多看一些工程图样,不断提高读图能力,才能真正成为面向未来的有用人才。

第一章　制图的基本知识

【学习要求】

掌握常用的绘图工具及其使用方法，熟悉基本制图标准，掌握几何作图的原理和平面图形的画法。

【主要内容】

常用的绘图工具、基本制图标准、几何作图和平面图形的分析。

【课程思政】

自强不息、砥砺前行。党的二十大报告提出："自信自强、守正创新，踔厉奋发、勇毅前行，为全面建设社会主义现代化国家、全面推进中华民族伟大复兴而团结奋斗。"以奋发图强的精神风貌，奋力拼搏的顽强意志奋进新征程，建功新时代。

制图主要是培养绘制和阅读工程图样的能力。首先必须了解制图的基本知识，掌握绘图工具的使用，熟悉基本制图标准和绘图的基本方法。

第一节　常用绘图工具

"工欲善其事，必先利其器"。只有具备必要的绘图工具，并掌握正确的使用方法，才能提高绘图的速度和质量。

一、图板和丁字尺

(一) 图板

图板主要用来固定图纸及做丁字尺的导边。如图 1-1 所示，图板四周镶以平直的硬木条或铝边，防止图板变形，并可作为丁字尺的导边。图板有大小不同的规格，常用的规格有 A0、A1、A2 等，使用时可根据需要进行选择。校用一般为便携式，设计室一般固定在制图架上。使用时还应注意保持工作边的平直和板面的整洁，切勿损坏板面。

(二) 丁字尺

丁字尺主要用于画水平线和做三角板的导边。丁字尺由尺头和尺身两部分组成，其材料为有机玻璃，如图 1-1 所示。丁字尺有各种规格，一般与图板配套使用。常见的丁字尺有固定式和活动式两种。使用时应将尺头紧靠图板左侧导边，左手握尺头，右手推动尺身，上下滑动。画水平线时将尺身上边缘对准所要画线的位置，笔尖紧靠尺身，笔杆略向右倾斜，从左往右匀速画线，如图 1-2 所示。

二、铅笔和三角板

(一) 铅笔

铅笔用来绘制工程图样中不同形式的线条和注写文字。绘图铅笔的铅芯有软硬之分，用 B 和 H 表示。B、2B、3B、4B 等，前面的数字越大表示铅芯越软且色越浓黑；H、2H、

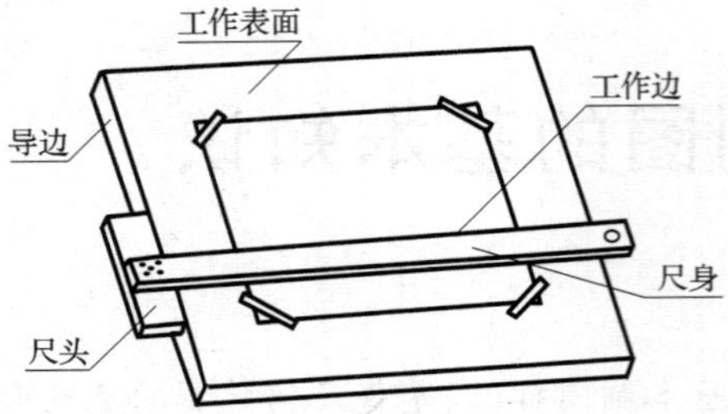

图1-1 图板和丁字尺

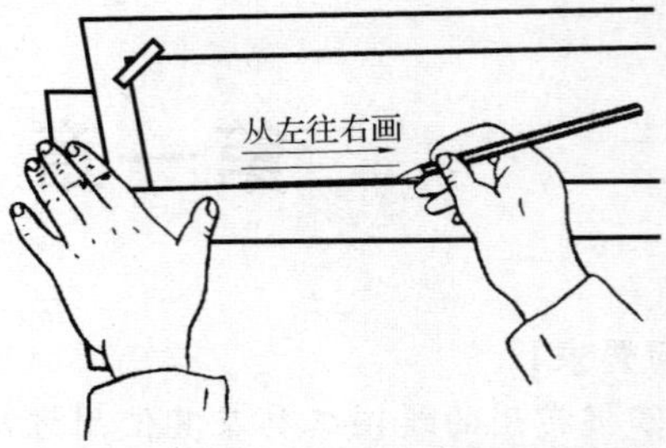

图1-2 用丁字尺画水平线

3H、4H等,前面的数字越大表示铅芯越硬且色越浅淡;HB介于软硬之间。绘图时常用H或2H的铅笔画底稿,用HB或B的铅笔加深底稿,用H或F(硬度介于H、HB之间)的铅笔写字。削铅笔时应保留标号,以便识别铅芯的软硬度。被削去的笔杆长度为25~30 mm,露出的铅芯长度为6~8 mm,一般削成圆锥形,加深粗实线的铅笔芯应削磨成扁平形,如图1-3(a)所示。使用铅笔画线时,笔杆轴线与画线方向所构成的平面与纸面垂直,匀速前进,并向画线方向倾斜约30°,如图1-3(b)所示。

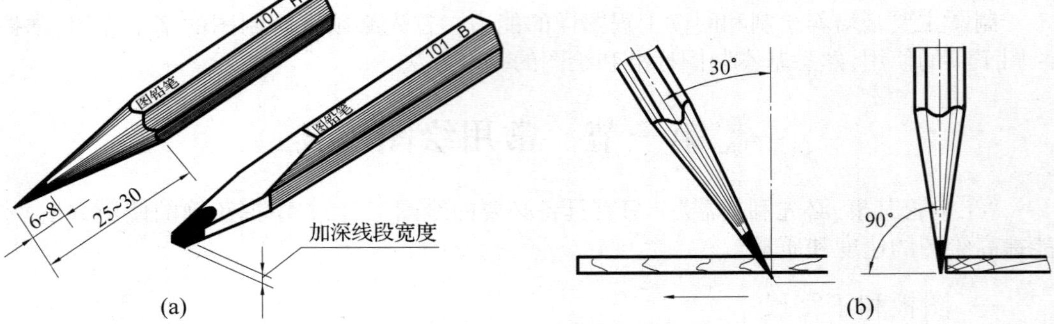

图1-3 铅笔削法及用法

(二)三角板

三角板两块为一副,其中一块的三个角分别为30°、60°、90°,另一块的三个角分别为45°、45°、90°,用塑料或有机玻璃制成。其用途有三个方面:

(1)与丁字尺配合画铅垂线。所有铅垂线,不论长短,都可用三角板和丁字尺配合画出,如图1-4所示。

(2)与丁字尺配合画15°倍角的斜线。一副三角板与丁字尺配合使用,可画出与水平线分别成15°、30°、45°、60°、75°等角度的斜线,如图1-5所示。

(3)两块三角板配合画任意直线的平行线或垂直线。画线时其中一块三角板起定位作用,另一块三角板沿其定位边移动并画直线,如图1-6所示。

三、圆规和曲线板

(一)圆规

圆规是用于画圆及圆弧的。圆规一条腿下端装有带锥形台肩的钢针,用于定圆心,这种台肩式钢针画圆时扎孔深度约0.5 mm,圆规的另一条腿端部是可拆卸换装的铅芯插

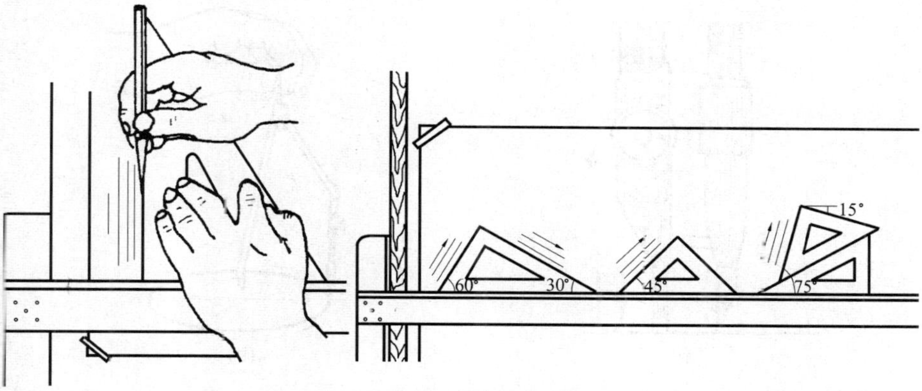

图 1-4　用三角板画铅垂线和斜线

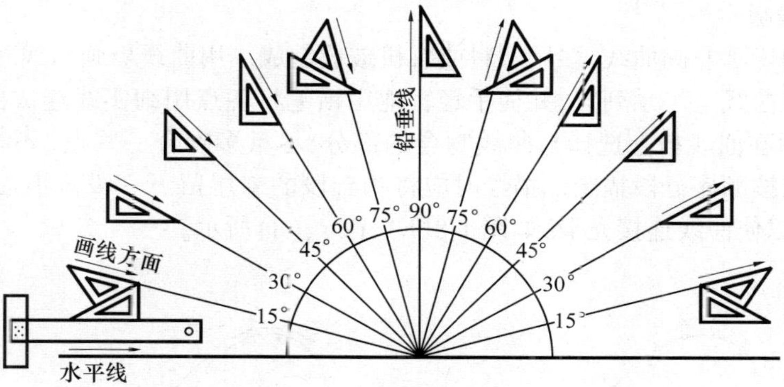

图 1-5　三角板与丁字尺配合画 15°倍角的斜线

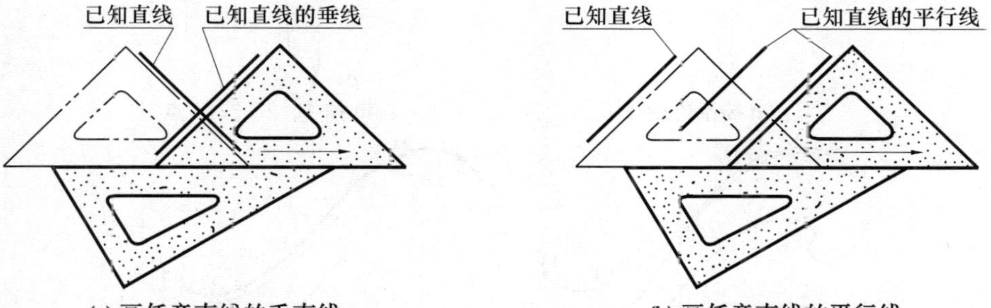

(a) 画任意直线的垂直线　(b) 画任意直线的平行线

图 1-6　两块三角板配合使用

脚、鸭嘴插脚或针管笔、钢针插脚，分别绘制铅笔图、墨线图和作为分规来等分线段，延伸杆用于加长所画圆的半径。铅芯在画底稿时，应磨成截头圆柱或圆锥形，加深底稿时应削磨成扁平形。在画圆之前要校正铅芯与钢针的位置，即圆规两腿合拢时，铅芯要与钢针的台肩平齐。画圆时，先用圆规量取所画圆的半径，左手食指将针尖导入圆心位置，再用右手拇指和食指捏住圆规顶部手柄，顺时针方向旋转，速度和用力要均匀，并向前进方向自然倾斜，如图 1-7 所示。

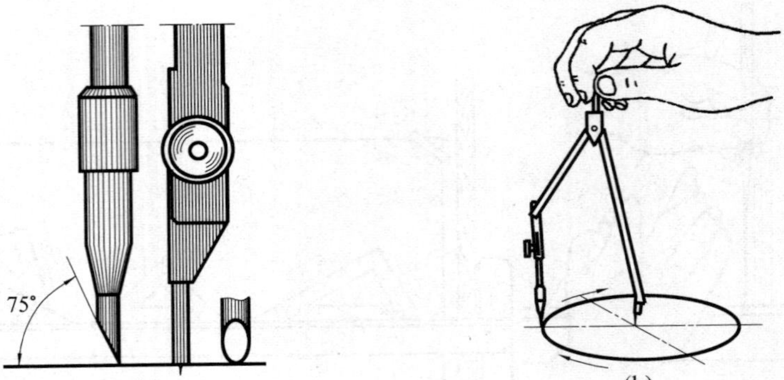

(a) (b)

图 1-7　圆规的使用方法

(二)曲线板

曲线板用于画非圆曲线,多用塑料或有机玻璃制成。用曲线板画曲线时,首先用几何作图方法定出曲线上一系列点,并徒手轻轻地用铅笔将各点用细实线连成曲线,如图 1-8(a)所示,然后在曲线板上选择与曲线吻合的部分,尽量多吻合一些点(不少于三个点),从起点到终点按顺序分段描绘。描绘时应将吻合段的末尾留下一段暂不描绘,待下一段描绘时重合,以使曲线连接光滑,如图 1-8(b)、(c)、(d)所示。

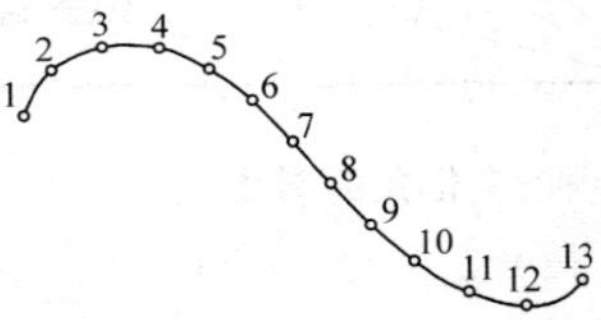

(a) 徒手连细线

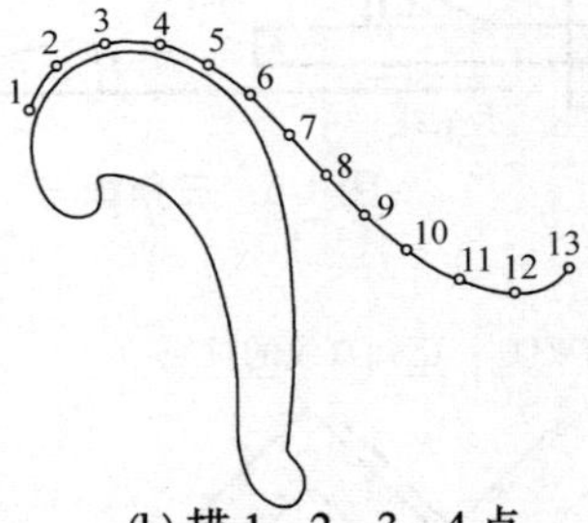

(b) 描 1、2、3、4 点

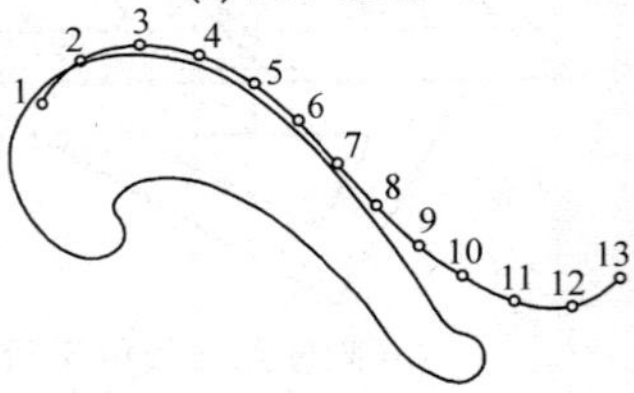

(c) 描 4、5、6、7 点

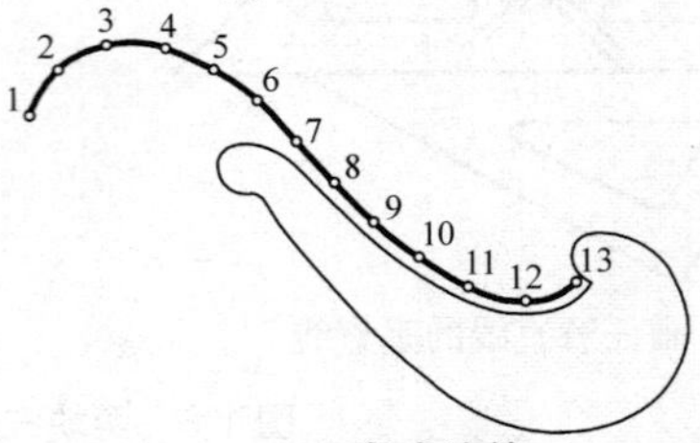

(d) 完成连接

图 1-8　曲线板的用法

四、橡皮擦和擦图片

(一)橡皮擦

橡皮擦可分为擦拭铅笔线用和擦拭墨线用两种。在绘图过程中,橡皮擦是不可缺少的消耗品,它用来擦拭画错、多余线条或其他内容,经常配合擦图片使用。

(二)擦图片

擦图片由金属或塑料薄片制成,用来修改图中的错误,如图 1-9 所示。使用时,可用擦图片来掩盖需要的图线,将空格对准绘错或多余的图线,用橡皮擦擦去多余的线而保护其他部分的图线。

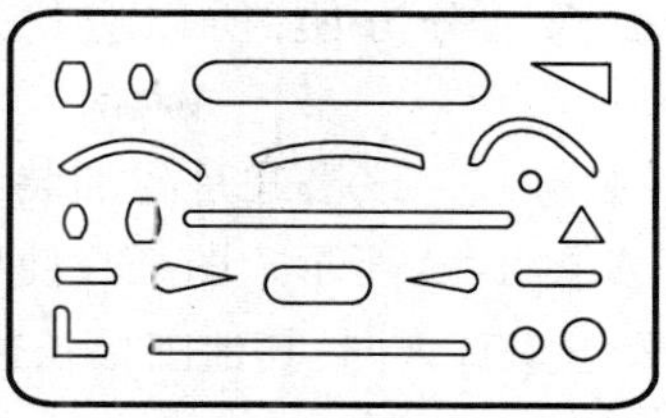

图 1-9　擦图片

第二节　基本制图标准

图样是工程界的技术语言,为了便于生产和进行技术交流,使绘图和看图有一个共同的准则,必须对图样的画法、尺寸注法及其采用的符号(代号)等制定统一的规范,这个统一的规范就是制图标准。

我国于 1999 年颁布了国家标准《技术制图　图样画法　剖视图和断面图》(GB/T 17452—1998),国家标准简称“国标”,用代号“GB”表示。代号“GB/T”则表示推荐使用的国家标准。2013 年由水利部颁布的行业标准《水利水电工程制图标准》代号为 SL 73. 1~6。本节主要介绍图幅和图框、标题栏和会签栏、图线和比例、字体和尺寸注法等基本制图标准,其他有关标准将在本书后续章节中逐步介绍。

码 1-1　微课:制图标准

码 1-2　微课:图框、标题栏

一、图纸幅面和格式、标题栏

(一)图幅

图纸幅面简称为图幅,即图纸的大小、规格,用图纸的短边×长边($B\times L$)表示。为了便于图纸的保管和合理利用,制图标准对图纸的基本幅面规定了 5 种不同的尺寸,如表 1-1 所示。由表 1-1 可以看出,图纸幅面以 A0、A1、A2、A3、A4 为代号,各种基本图幅之间的关系如图 1-10 所示。

表 1-1　基本幅面及图框尺寸

<table>
<tr><th>幅面代号</th><th>A0</th><th>A1</th><th>A2</th><th>A3</th><th>A4</th></tr>
<tr><td>B×L</td><td>841×1 189</td><td>594×841</td><td>420×594</td><td>297×420</td><td>210×297</td></tr>
<tr><td>e</td><td colspan="2">20</td><td colspan="3">10</td></tr>
<tr><td>c</td><td colspan="3">10</td><td colspan="2">5</td></tr>
<tr><td>a</td><td colspan="5">25</td></tr>
</table>

图幅在应用中,面积不够大时,根据要求允许在基本幅面的短边呈整数倍加长,具体尺寸可参看有关的制图标准。

(二)图框

图框是图纸上限定绘图区域的线框,以便确定绘图范围。图形只能绘在图框以内。图框线应用粗实线绘制,粗实线宽度(代号 b)见图线的规定。图框的格式有两种:

(1)非装订式。该格式在采用先进的绘图、晒图设备时,在绘图、复制、折叠、保管和使用方面都十分方便,所以应优先选用,如图1-11所示。

(2)装订式。该格式是附加装订边以满足使用上的习惯,如图1-12所示。图纸在使用中,一般是A4图幅长边置于垂直方向,其他图幅长边置于水平方向,如图1-11和图1-12所示。

注意:有时为使图样复制和缩微摄影时定位方便,可在图纸各边中点处画约5 mm长的对中粗实线。

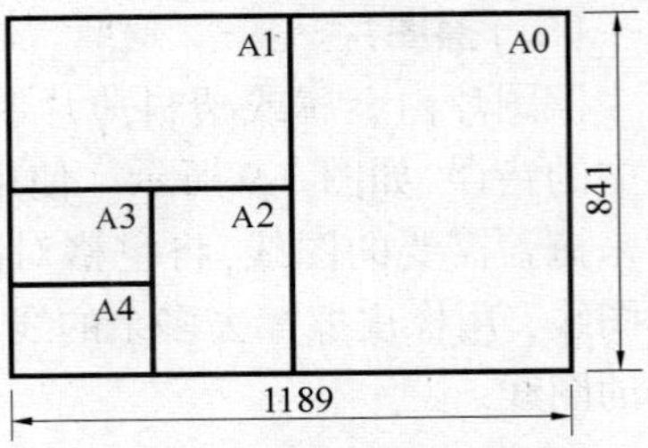

图1-10　各种基本图幅的关系

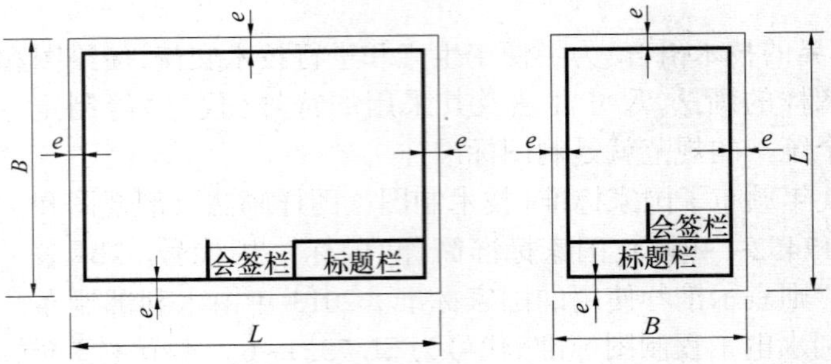

图1-11　非装订式

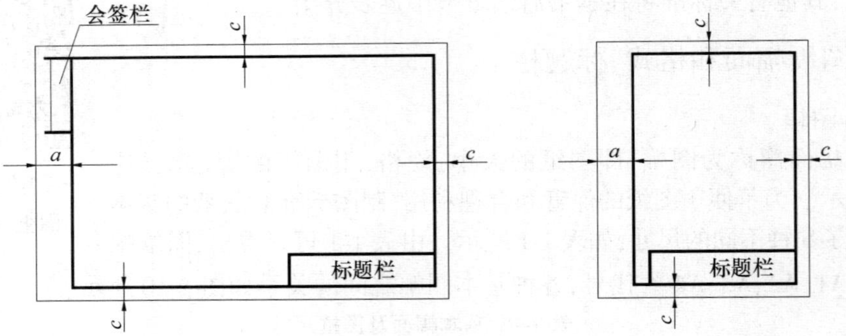

图1-12　装订式

(三)标题栏和会签栏

(1)标题栏是图样的重要内容之一,每张图纸都必须画出标题栏。图样中的标题栏(简称图标),应放在图纸右下角。标题栏的外框线为粗实线,标题栏的分格线为细实线。A0、A1图幅可采用图1-13(a)所示标题栏;A2~A4图幅可采用图1-13(b)所示标题栏。

标题栏中的字体,应按国标规定书写。校内作业建议采用图1-14(a)所示的标题栏,涉外工程采用图1-14(b)所示的标题栏,图名字号不超过10号,校名用7号字,其余均用5号字。

(2)会签栏格式如图1-15所示。会签栏是供各种设计负责人签署单位、姓名和日期的表格,内容、格式及尺寸应按该图式样绘制。会签栏的位置如图1-11和图1-12所示。不需会签的图纸,可不设会签栏。

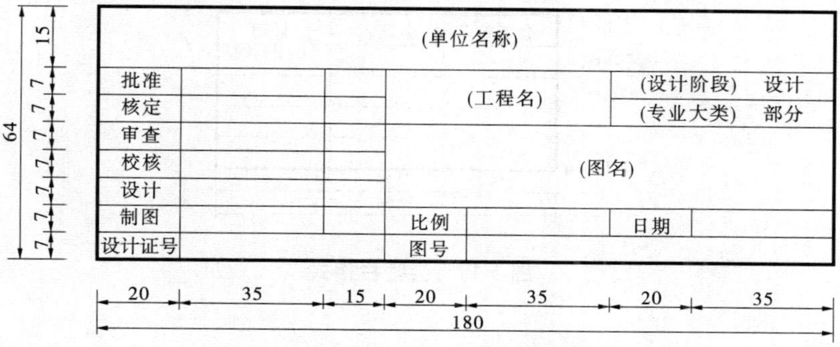

(a)A0、A1幅面标题栏

(b)A2~A4幅面标题栏

图 1-13　标题栏格式、内容、尺寸

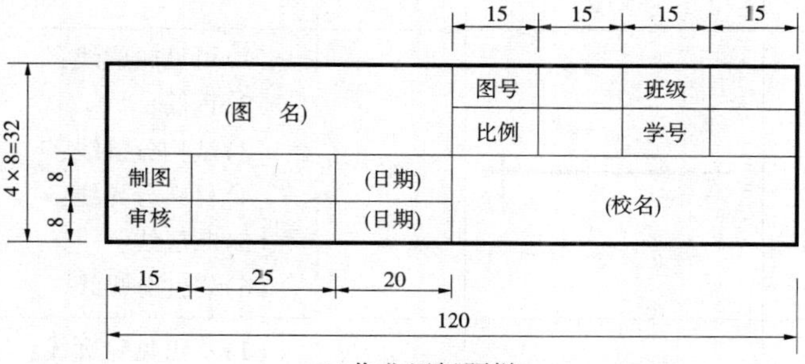

(a)作业用标题栏

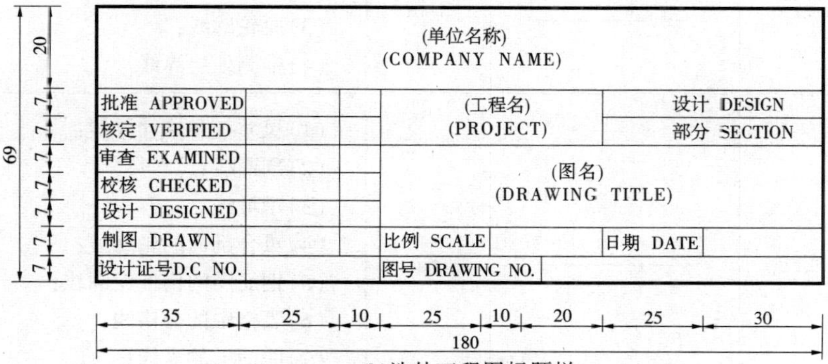

(b)涉外工程图标题栏

图 1-14　标题栏实例

图 1-15　会签栏格式

二、图线

(一)图线及其应用

图线即在图纸上绘制的符合一定规格的线条。为了使图样中所表达的内容主次分明,制图标准规定应采用各种不同形式和不同粗细的线,分别表示不同的意义和用途,绘图时必须遵照这些规定。常用的几种线型的形式和用途见表 1-2,从表中可看出图线的宽度分为粗(b)、中($0.5b$)、细($0.25b$),其宽度比率为 4:2:1。

粗实线的宽度用 b 表示,应根据图形的大小和复杂程度,在 0.5~2.0 mm 系列中选用。常用的 b 值为 0.7 mm,其他各种线型的粗细,均以粗实线的宽度 b 值按比率进行计算。具体要求参见表 1-2 和表 1-3。

表 1-2　图线

序号	图线名称	线型	线宽	一般用途
1	粗实线	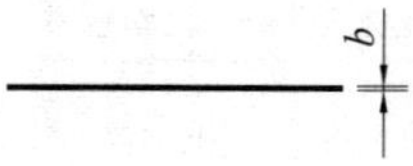	粗	(1)可见轮廓线; (2)钢筋; (3)结构分缝线; (4)材料分界线; (5)断层线; (6)岩性分界线
2	虚线	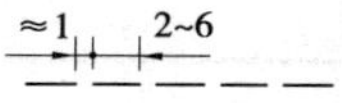	中粗	(1)不可见轮廓线; (2)不可见结构分缝线; (3)原轮廓线; (4)推测地层界线
3	细实线		细	(1)尺寸线和尺寸界线; (2)剖面线; (3)示坡线; (4)重合剖面的轮廓线; (5)钢筋图的构件轮廓线; (6)表格中的分格线; (7)曲面上的素线; (8)引出线

续表 1-2

序号	图线名称	线型	线宽	一般用途
4	点画线	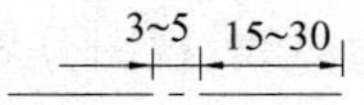	细	(1)中心线; (2)轴线; (3)对称线
5	双点画线	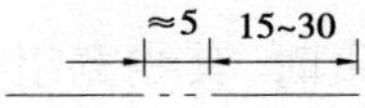	细	(1)原轮廓线; (2)假想投影轮廓线; (3)运动构件在极限位置或中间位置的轮廓线
6	波浪线		细	(1)构件断裂处的边界线; (2)局部剖视的边界线
7	折断线	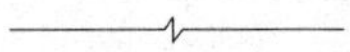	细	(1)中断线; (2)构件断裂处的边界线

表 1-3　工程图样中常用的图线

线宽号	线宽/mm	图幅				
		A0	A1	A2	A3	A4
7	2.0	特粗线	特粗线			
6	1.4	加粗线	加粗线	特粗线	特粗线	
5	1.0	粗线(b)	粗线(b)	加粗线	加粗线	特粗线
4	0.7			粗线(b)	粗线(b)	加粗线
3	0.5	中粗线($b/2$)	中粗线($b/2$)			粗线(b)
2	0.35			中粗线($b/2$)	中粗线($b/2$)	
1	0.25	细线($b/4$)	细线($b/4$)			中粗线($b/2$)
0	0.18			细线($b/4$)	细线($b/4$)	细线($b/4$)

表 1-3 中各类线宽的一般用途如下:

(1)特粗线:需要特别醒目显示的线条。

(2)加粗线:图纸内框线。

(3)粗线:

①粗实线:外轮廓线、主要轮廓线、钢筋、结构分缝线、材料(地层)分界线、坡边线、断层、剖切符号、标题栏外框线。

②粗点画线:有特殊要求的线或其表面的表示线。

③粗双点画线:预应力钢筋。

(4)中粗线:

①中粗实线:次要轮廓线、表格外框线、地形等高线中的计曲线。

②虚线:不可见轮廓线、不可见过渡线或曲面交线、不可见结构分缝线、推测地层界线、不可见管线。

③双点画线:扩建预留范围线、假想轮廓线轴线。

(5)细线:

①细实线:尺寸线和尺寸界线、断面线、示坡线、曲面上的素线、钢筋图的构件轮廓线、重合断面轮廓线、引出线、折断线、波浪线(构件断裂边界线、视图分界线)、地形等高线中的首曲线、水位线、表格分格线、标题栏分格线、图纸外框线。

②细点画线:轴线、中心线、对称中心线、轨迹线、节圆及节线、管线、电气图的围框线。

(6)所有文本均采用0号线宽、0号线型。

注意:当A0、A1图幅中的线条或文字、数字很密集时,其线宽组合也可按A2图幅的规定执行。

各种图线的应用举例如图1-16所示。

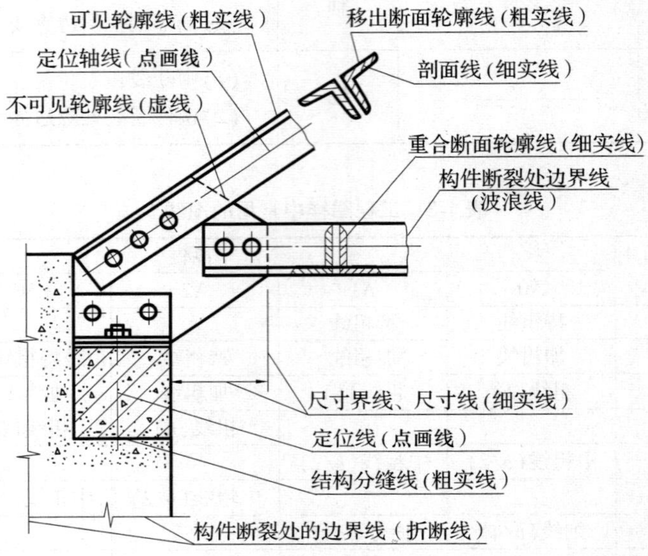

图1-16　各种图线在工程图中的应用

(二)图线的规定画法

(1)同一张图纸上同类图线的宽度应基本一致。

(2)同一张图纸上虚线、点画线的线段长度和间隔应大致相等。

(3)点画线中的"点"不是小圆点,而是小短线,大约1 mm长,点画线的首末端应是线段而不应该是点。

(4)各种图线均应在线段处相交,不应交于线段空隙或点画线的"点"上;当虚线为粗实线的延长线时,应在相接处留有空隙。

(5)用点画线表示圆的中心线时,圆心应是线段的交点,点画线两端应超出圆弧3~5 mm,当圆的直径小于10 mm时,可用细实线代替点画线。

三、比例

图样中图形与其实物相对应的线性尺寸之比称为比例。比值为1时称原值比例(1:1),

即图形与实物同样大；比值大于1时称放大比例，如2:1，即图形是实物的两倍；比值小于1时称缩小比例，如1:2，即图形是实物的二分之一。图样上的比例只反映图形与实物大小的缩放关系，图中标注的尺寸数值应为实物的真实大小，与图样的比例无关。如图1-17所示，三个图形的大小不同，但标注的尺寸数值完全相同。即它们表达的是形状和大小完全相同的一个物体。

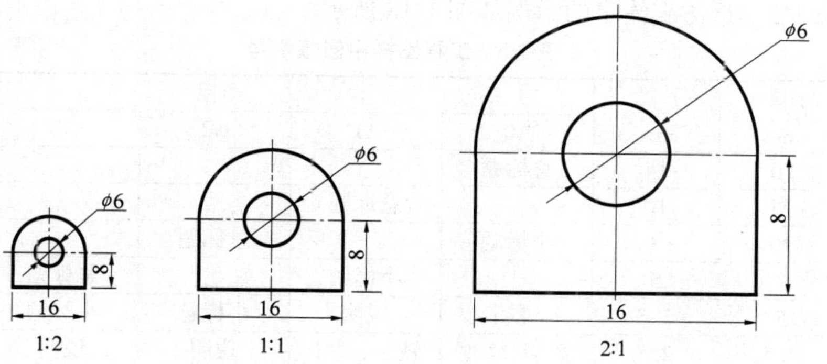

图1-17　尺寸数值与绘图比例无关

注意：不论采用何种比例绘图，标注的尺寸数值总是物体实际大小的尺寸数值。

绘图时，应采用表1-4规定的比例，并应选用表中常用的比例。

表1-4　绘图比例

种类	比例
原值比例	1:1
放大比例	5:1　2:1 $5\times10^n:1$　$2\times10^n:1$　$1\times10^n:1$
缩小比例	1:2　1:5　1:10 $1:2.5\times10^n$　$1:2\times10^n$　$1:5\times10^n$　$1:1\times10^n$

注：n为正整数。

在图纸上必须注明比例，当整张图纸只用一种比例时，应统一注写在标题栏内，否则应区别注写。

注意：当采用1:M的缩小比例时，M最好为100的整数倍。

四、字体

字体是指图中文字、字母、数字的书写形式；即文字的风格式样，又称书体，是图样中的重要内容。图样上除绘制物体的图形外，还要用汉字填写标题栏、说明事项；用数字标注尺寸；用字母注写各种代号或符号。制图标准对图样中的汉字、数字、字母的字型和大小做了规定。手工制图图样中要求书写时必须做到字体工整、笔画清楚、间隔均匀、排列整齐。

字体的高度即字体的号数（简称字号），用h表示。图样中字号分为2.5、3.5、5、7、10、14、20号七种，字高单位mm。如果需要写更大的字，其字体高度应按$\sqrt{2}$的比率递增，以便适应计算机绘图中的操作。绘图用字库宜采用操作系统自带的True Type字库。

注意：工程图中的“5号”字不同于书刊中的“五号”字。工程图中的“5号”字相当于书刊中的“四号”字高(4.93 mm),而“五号”字高为3.7 mm。弄清字号间的关系有助于CAD中的文本标注。

(一)汉字

汉字应尽可能书写成长仿宋体,并应采用国家正式公布实施的简化字。A0图幅汉字最小字高不宜小于3.5 mm,其余图幅不宜小于2.5 mm,字宽宜为字高的70%~80%。图幅字号见表1-5。长仿宋体字的示例如图1-18所示。

表1-5 工程图样中图幅字号

字号	字高/mm	字宽/mm	图幅				
			A0	A1	A2	A3	A4
20	20	14	总标题				
14	14	10		总标题			
10	10	7	小标题		总标题		
7	7	5		小标题		总标题	
5	5	3.5	说明	说明	小标题	小标题	标题
3.5	3.5	2.5	数字、尺寸	数字、尺寸	说明	说明	
2.5	2.5	1.8			数字、尺寸	数字、尺寸	数字、尺寸、说明

注:当A0、A1图幅中的线条或文字、数字很密集时,其字号也可按A2图幅的规定执行。

10号

字体端正 笔画清楚 排列整齐 间隔均匀

7号

长仿宋最高低正常死水位板墩中边支柱平立剖总布置图厂房
坝闸施枢纽河流电墙护坡垫底层沉陷温度伸缩缝回填挖土

5号

技术要求对称不同轴垂线相交行径跳动弯曲形位移允许偏差内外左右检验数值范围应符合于等级精热处理

3.5号

弹簧花键联接可变换集散整流电压阻容器波导管钮子绝缘环真空泵阀门铸铁钢铜锌铬镍银锡硅塑料螺栓母钉双头密封垫片顶盖底座

图1-18 长仿宋体字示例

长仿宋体字的特点是:笔画粗细一致,挺拔秀丽,易于硬笔书写,便于阅读。根据制图标准规定,长仿宋体字的基本笔画概括为八种,基本书写方法如表1-6所示。

长仿宋体字的书写要领是:横平竖直、起落有锋、结构匀称、填满方格。

(1)横平竖直。横笔基本水平,为书写方便允许稍微向右上方倾斜一点。竖笔必须铅直,要刚劲有力。

(2)起落有锋。每一笔画的起笔收笔均呈三角形状或尖端状。

表 1-6　长仿宋体基本笔画书写方法

笔画名称	结构	运笔方法	字例	说明
横			二下上丹	横宜平，可稍向上倾斜
竖			卜中川平	竖要直，不可倾斜
撇			月少方任千戈	起笔重而有锋，收笔渐细而尖
捺			公木造走长入	起笔细挺劲而渐粗，收笔转平轻轻回提，锋如刀刃
点			太寸宗江心点	点多为斜点，起笔细而渐粗，收笔回折成三角形，其他不同位置的点可略加变化
挑			物挑地刁	起笔重而有锋，挺劲斜上，收笔渐尖
钩			打消冗必民飞电元	钩乃附于其他笔画中，作为收尾，常转折上挑，形如鹤嘴
折			国日马晴回眼	系横与竖连笔形成，故转折处应兼有横的收笔和竖的起笔之特点

(3)结构匀称。笔画布局要均匀紧凑。根据每个字体的结构特点，恰当安排各组成部分所占的比例。下面分述长仿宋字的几种基本结构形式。

单不分。指不能拆分的独体字，如水、木、尺、寸、大等。书写时笔画的长短与平直要安排匀称，重心要平稳。

竖重叠。指上下可分为两部分或三部分的字，如鱼、架、量、审、盖等。书写时上下中心要对正，要上紧下松，注意下托上盖。

横排列。指左右可分为两部分或三部分的字，如利、洞、坝、和、侧等。书写时左右中心应看齐，占格比例要适宜，偏旁位置需互让，笔画少的要上提。

多面围。指从几面去围住中间另一部分的字，如习、区、图、圆、回等。书写时靠边直笔向里缩，被围部分居内中。

(4)填满方格。为了使字体大小一致，初学者一定要按字号打好字格，然后书写。除多面围的字体外,一般的字体在书写时都要使主要笔画触及字格的 4 边,即填满方格。但是,切不可每一笔都顶满格。

长仿宋体字初练时宜用 10 号字,应特别注意起笔、运笔、收笔、转折,必须做到运笔流畅、笔锋突出。练字不能急于求成,要分三步进行:第一步先练基本笔画,第二步练偏旁部首,第三步练整字。只有多看多写,持之以恒,才能水到渠成。

(二)数字和字母

数字和字母可以写成竖笔铅直的直体,也可以写成竖笔与水平线成 75°的斜体。工程图样中常用斜体,如图 1-19 所示。

五、尺寸标注

标注是在图纸上对绘制图线、图形所注出的文字命名或说明。标注尺寸应严格遵守国家标准中有关尺寸注法的规定,以保证尺寸标注的正确、清晰。

码 1-3 微课:尺寸标注

标注尺寸的基本要求是:

(1)构件的真实大小应以图样上所注的尺寸数值为依据,与图形的大小及绘图的精确度无关。

(2)图样中标注的尺寸单位,除标高、桩号及规划图(以 km 为单位)、总布置图的尺寸以 m 为单位外,其余尺寸以 mm 为单位,图中不必说明。当采用其他尺寸单位时,必须在图纸中加以说明。

下面介绍尺寸标注的一般规则,关于物体及工程图样的尺寸注法,将在以后有关章节中分别介绍。

(一)尺寸组成

在图样上标注一个完整的尺寸一般包括尺寸界线、尺寸线、尺寸起止符号和尺寸数字等四部分,如图 1-20 所示。

(1)尺寸界线:用来限定所注尺寸的范围。用细实线绘制。一般自图形的轮廓线、轴线或中心线处引出,轮廓线、轴线或中心线也可作为尺寸界线。绘制尺寸界线时,引出线与轮廓线之间一般留有 2~3 mm 的间隙。

(2)尺寸线:用来表示尺寸的方向。用细实线绘制,其两端箭头应指到尺寸界线。图样中的轮廓线、轴线或中心线等其他图线及其延长线均不能作为尺寸线。

(3)尺寸起止符号:采用箭头,其形式如图 1-21(a)所示;必要时可以用 45°的细短画线,其方向为尺寸界线顺时针转 45°,长度为 3 mm,如图 1-21(b)所示。当尺寸线的两端采用 45°的细短画线时,尺寸线与尺寸界线必须垂直。

注意:标注圆弧半径、直径、角度、弧长时,尺寸起止两端一律采用箭头。

(4)尺寸数字:用阿拉伯数字注写在尺寸线上方的中部(线性尺寸也允许注写在尺寸线的中断处)。水平方向尺寸数字的字头朝上,铅直方向尺寸数字的字头朝左,倾斜方向尺寸数字的字头要偏左上方或右上方,如图 1-22 所示。尽可能避免在图 1-22 所示的 30°范围内标注尺寸,当无法避免时可按图 1-23 所示的形式标注。

尺寸数字不可被任何图线或符号所通过,当无法避免时,必须将其他图线或符号断开,如图 1-24 所示。

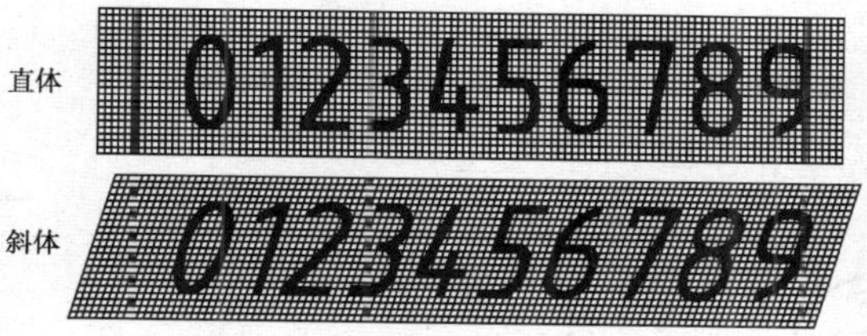

(a) 阿拉伯数字

(b) 大写拉丁字母

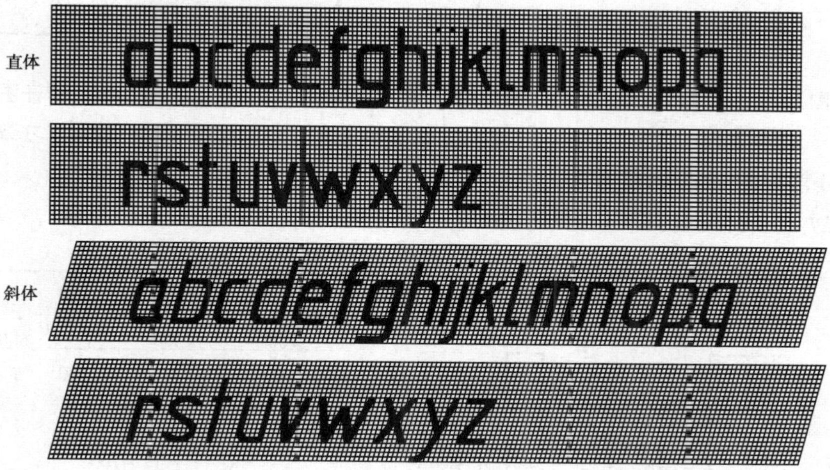

(c) 小写拉丁字母

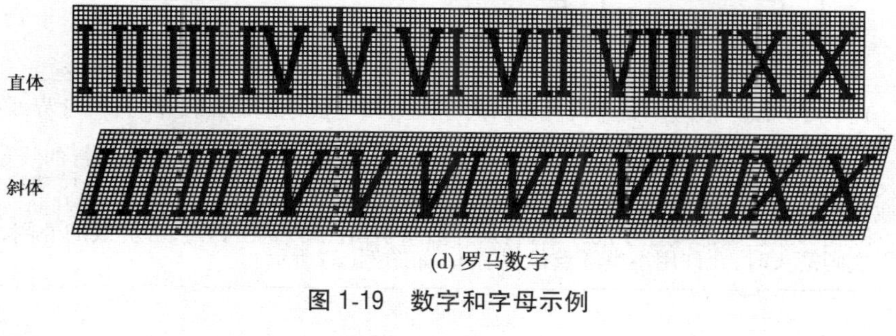

(d) 罗马数字

图 1-19　数字和字母示例

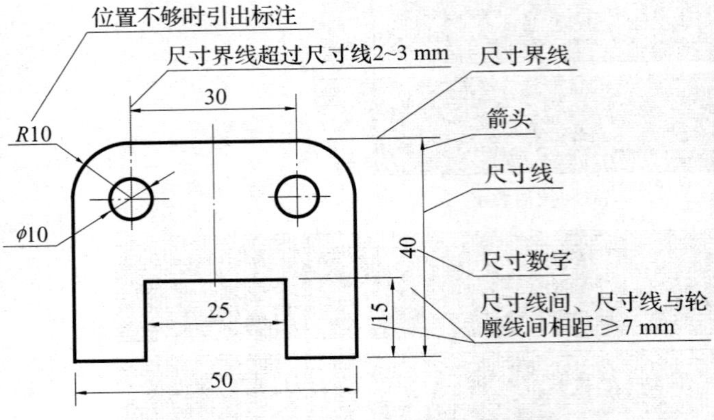

图 1-20　尺寸的组成及标注示例

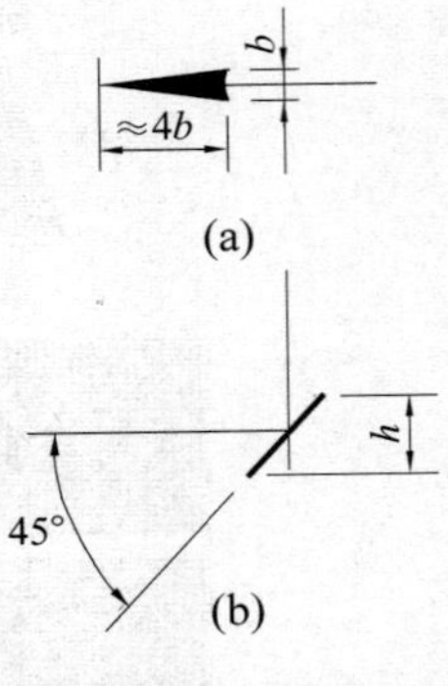

图 1-21　箭头和 45°斜线的画法

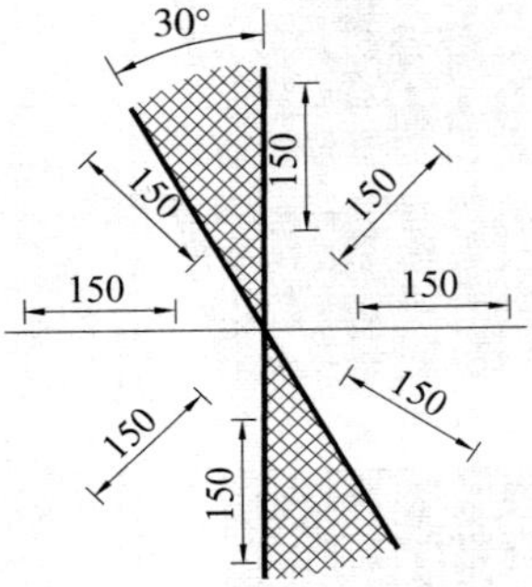

图 1-22　尺寸数字注写方位

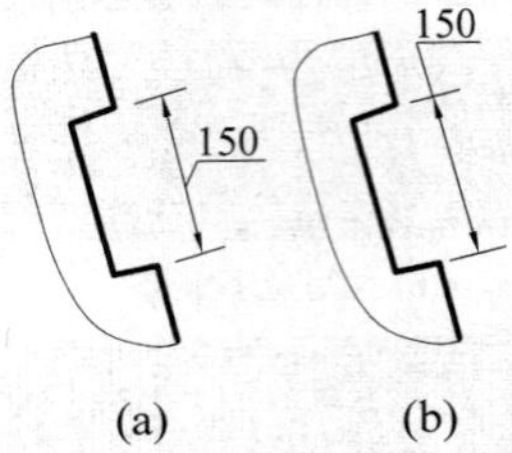

图 1-23　在 30°范围内尺寸数字的注法

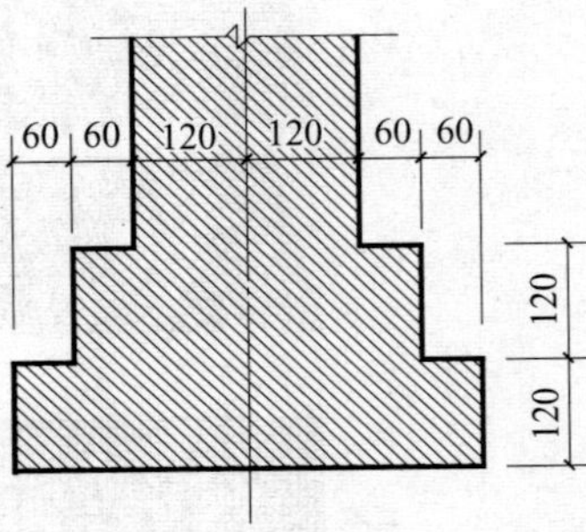

图 1-24　断开图线注写尺寸数字

(二) 常见尺寸的标注方法

常见尺寸的标注方法如表 1-7 所示。

表 1-7　常见尺寸的标注方法

线性尺寸注法	图例	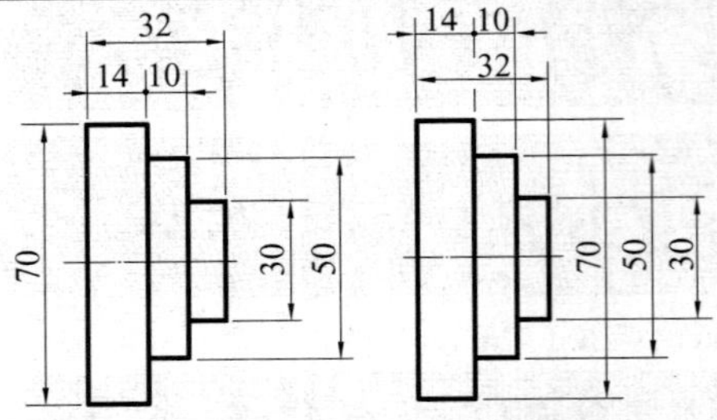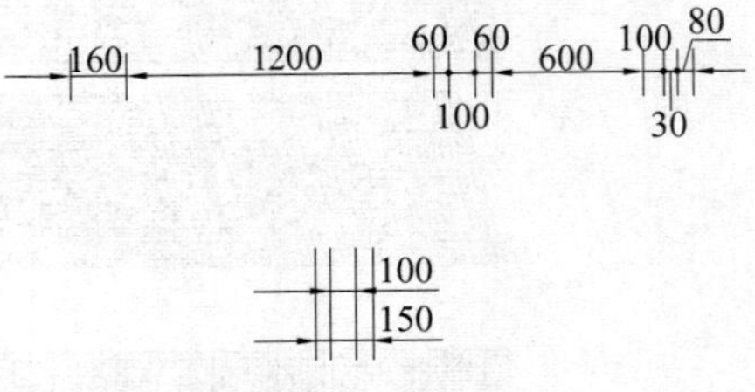
	说明	1. 尺寸界线一般应垂直于尺寸线。尺寸线必须与被标注的线段平行,尺寸界线超出尺寸线 2~3 mm。 2. 同一方向相邻的线性尺寸,应排列在同一尺寸线上;同一方向相互平行的线性尺寸,其尺寸线相互平行,间距应大于 7 mm,且小尺寸注内层,大尺寸注外层,避免尺寸界线与尺寸线相交。但第一道尺寸线距图样最外轮廓线的距离不宜小于 10 mm,如图例(a)、(b)所示。 3. 相邻而连续的线性小尺寸,可将尺寸数字引出注写或注写在尺寸界线的外侧,中间部分无法画箭头时,允许用小黑圆点代替箭头,如图例(c)所示

续表 1-7

圆和圆弧尺寸注	图例	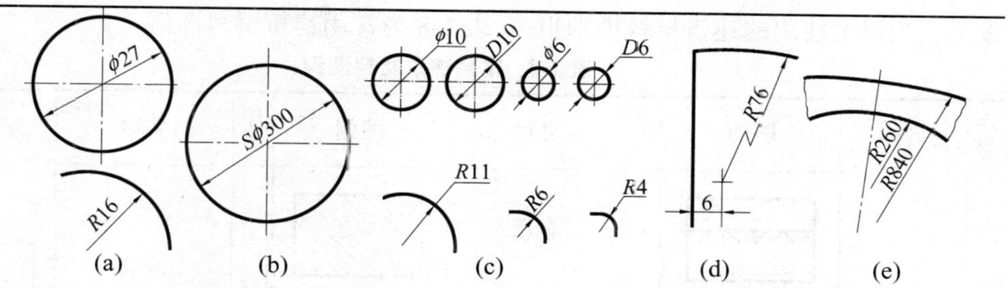
	说明	1. 标注圆的直径和圆弧半径时，其尺寸线必须通过圆心，箭头指到圆弧；完整的圆及大于半圆的圆弧标注直径，并在尺寸数字前加注符号“ϕ”或“D”（一般金属材料用“ϕ”，其他材料用“D”）；小于或等于半圆的圆弧标注半径，并在尺寸数字前加注符号“R”，如图例（a）所示。标注球面直径时，应在符号“ϕ”或“R”前加注符号“S”，如图例（b）所示。 2. 小圆及圆弧的直径、半径尺寸注法可按图例（c）的形式标注。 3. 当圆弧的半径过大或在图纸范围内无法标注其圆心位置时，可按图例（d）的形式标注。当不需要标出其圆心位置时，可按图例（e）的形式标注
角度尺寸注法	图例	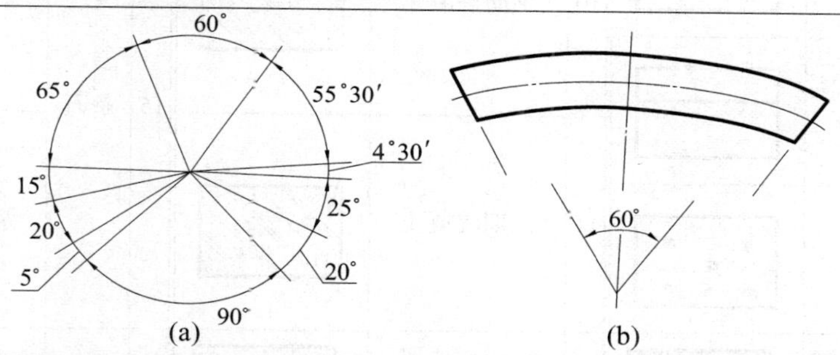
	说明	1. 标注角度的尺寸界线应沿径向引出，尺寸线是以角顶点为圆心的圆弧；角度数字一律水平书写，一般写在尺寸线的中断处，必要时也可写在尺寸线的上方或外面，也可引出标注，如图例（a）所示。 2. 当圆弧半径过大或图纸内无法标出其圆心角时，可按图例（b）的形式标注
坡度注法	图例	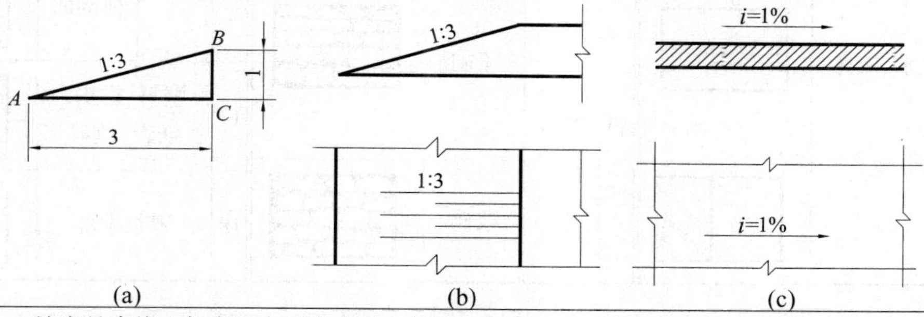
	说明	1. 坡度是直线上任意两点的高度差与其水平距离之比，即坡度＝两点间高度差/两点间水平距离。坡度的大小是指比值的大小，如图例（a）所示。 2. 坡度一般采用 $1:l$ 的标注形式，如 1:3，如图例（b）所示。 3. 当坡度较缓时，坡度可用百分数表示，在相应的图中应画箭头，以示下坡方向，如 $i=1\%$，如图例（c）所示

六、建筑材料图例

图例即用代表性图形示意地表示某种被绘对象。在剖视图和断面图中，常需要根据建筑物所用的材料画出建筑材料图例,使图样中能够清楚地表示材料类别而便于生产和施工。工程上使用的建筑材料类别很多,表1-8为常用建筑材料图例。

表1-8　常用建筑材料图例

序号	名称	图例
1	岩石	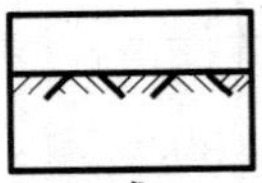 或 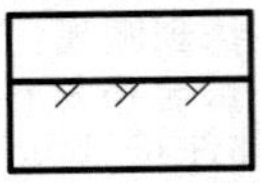
2	天然土壤	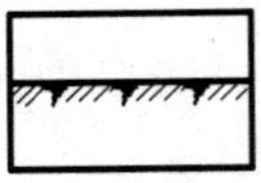
3	夯实土	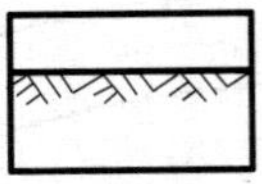
4	回填土	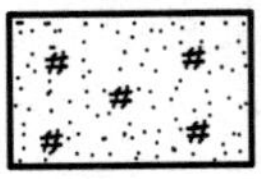
5	黏土	
6	水、液体	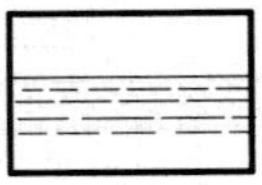
7	砖	
8	金属	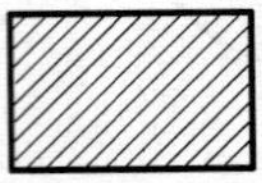
9	混凝土	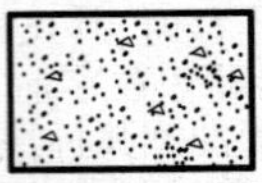
10	钢筋混凝土	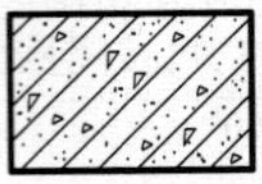
11	二期混凝土	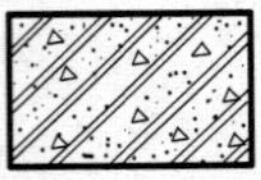
12	砂、灰土、水泥砂浆	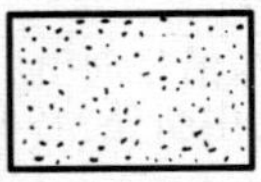
13	块石　干砌	
	块石　浆砌	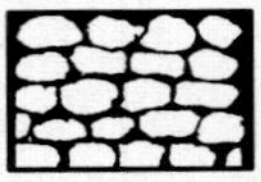
14	玻璃透明材料	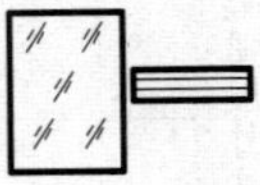
15	条石　干砌	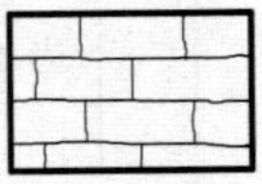
	条石　浆砌	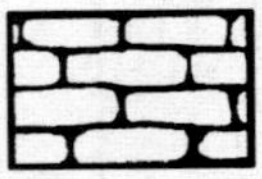
16	木材　纵剖面	
	木材　横剖面	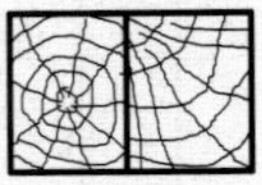
17	塑料、橡皮、沥青、填料	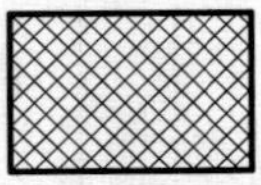
18	灌浆帷幕	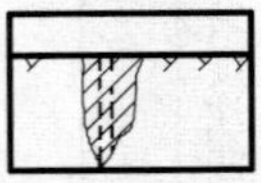

第三节　几何作图

在工程图样中,尽管各种物体的结构和形状的复杂程度不同,但其图形轮廓都是由直线、圆弧和其他一些曲线组成的几何图形。因此,应掌握这些图形的作图方法和技巧,以提高绘图速度和质量。

一、等分线段及圆周

等分线段及圆周的方法如表 1-9 所示。

表 1-9　等分线段及圆周

<table>
<tr><td rowspan="2">等分线段</td><td>二等分</td><td>1. 已知线段 AB，试将其二等分</td><td>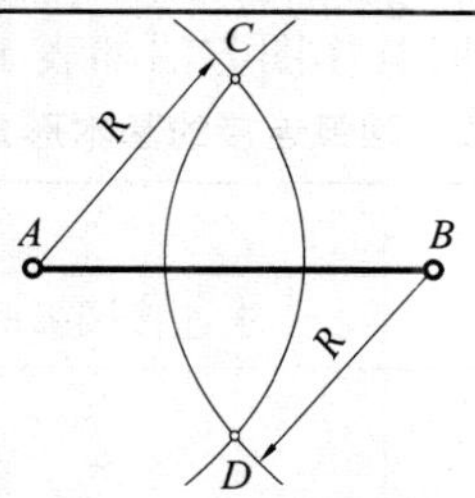2. 分别以 A、B 为圆心，以大于 AB/2 为半径作圆弧，交于 C、D 两点</td><td>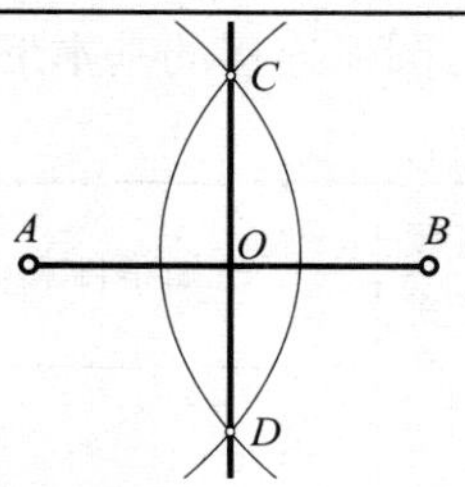3. 连接 CD 与 AB 相交于 O，则 OA＝OB</td></tr>
<tr><td>任意等分</td><td>1. 作已知线段任意等分，以五等分为例</td><td>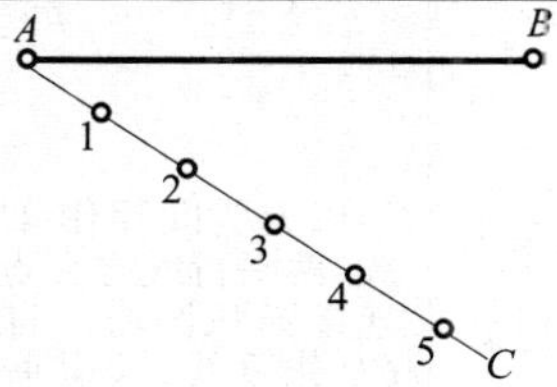2. 过 A 点作任意直线 AC，自 A 点起在 AC 直线上截取五等份，得 1、2、3、4、5 点</td><td>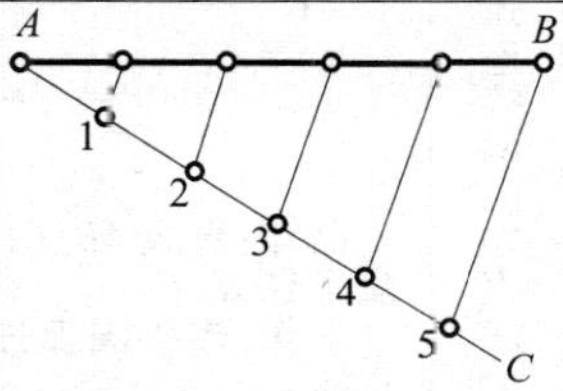3. 连接 B、5 两点，过其余各点分别作平行于 B5 的直线，交 AB 线段得 4 个等分点</td></tr>
<tr><td rowspan="2">等分圆周作正多边形</td><td>三等分及六等分</td><td>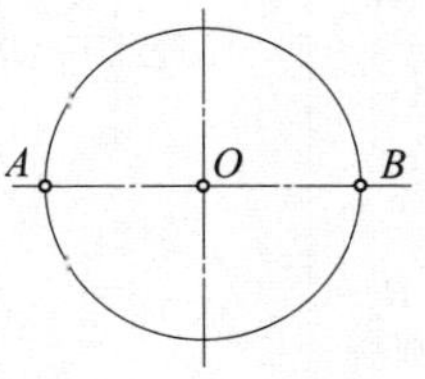1. 以 AB 为直径作圆</td><td>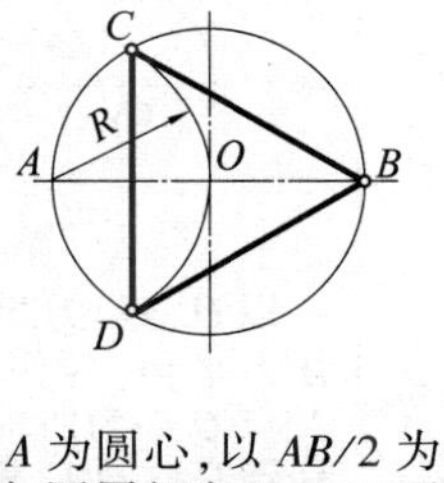2. 以 A 为圆心，以 AB/2 为半径，作圆弧与圆周相交于 C、D 两点，C、D、B 即为圆周的 3 个等分点，连接各点即为正三边形</td><td>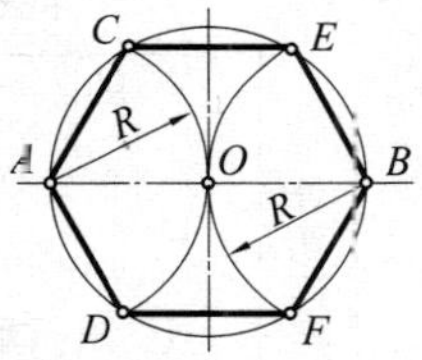3. 以 B 点为圆心，以 AB/2 为半径，作圆弧与圆周相交于 E、F 两点，连接 B、F、D、A、C、E 各点，即得所求正六边形</td></tr>
<tr><td>任意等分（以五等分为例）</td><td>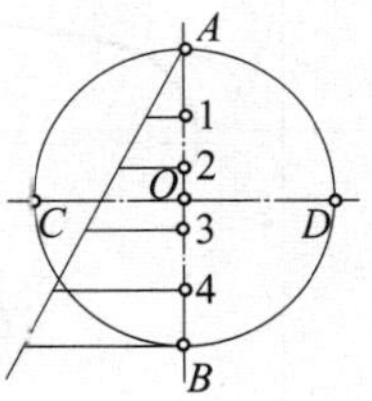1. 以 AB 为直径作圆，等分直径为五份，得 1、2、3、4 各点</td><td>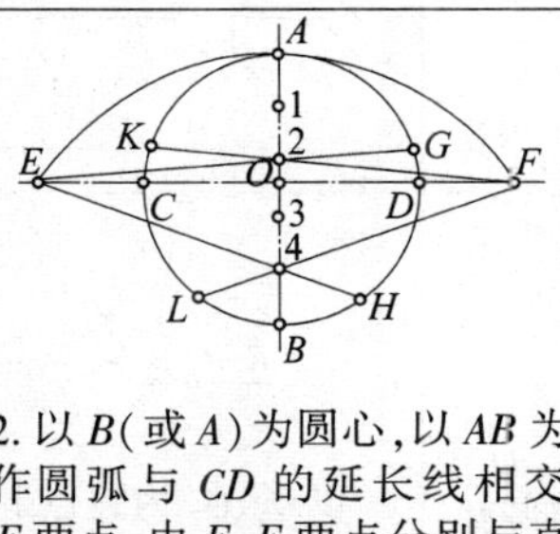2. 以 B(或 A)为圆心，以 AB 为半径作圆弧与 CD 的延长线相交于 E、F 两点，由 E、F 两点分别与直径 AB 上的偶数（或奇数）等分点 2、4 连接，并延长与圆周相交于 G、H、K、L 四点</td><td>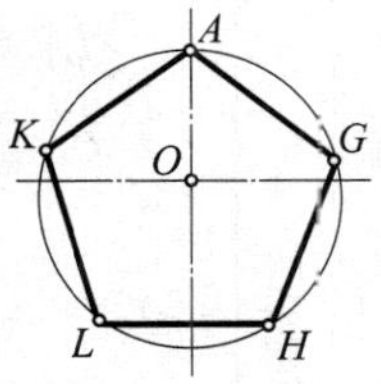3. 连接 AK、KL、LH、HG、GA 即得正五边形</td></tr>
</table>

二、圆弧连接

绘制图样时,经常需要用一段圆弧光滑地连接相邻两已知线段。这种用一圆弧光滑地连接两线段的作图方式称为圆弧连接。圆弧连接的关键在于找准连接弧圆心位置与切点,圆弧连接的基本形式有三种,其作图方法如表 1-10 所示。

表 1-10　圆弧连接的基本形式及其作图方法

连接形式	已知条件和作图要求	作图方法：求连接圆弧圆心和切点	作图方法：画连接圆弧
用圆弧连接两已知直线	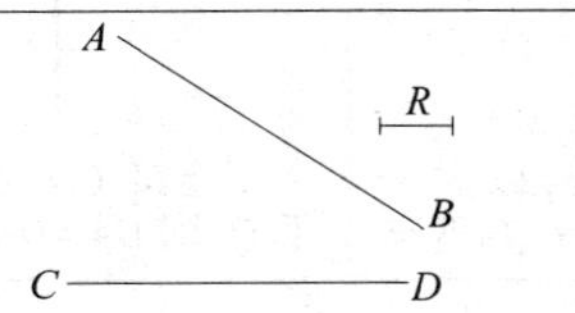 已知:直线 AB、CD 和连接圆弧半径 R。求作:连接圆弧连接两已知直线	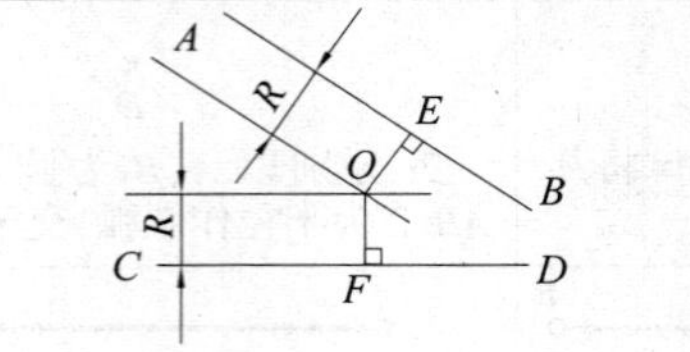 以 R 为间距作 AB、CD 的平行线,两平行线之交点 O 即为所求连接圆弧圆心。自点 O 向 AB、CD 作垂线,求得垂足 E、F 即为切点	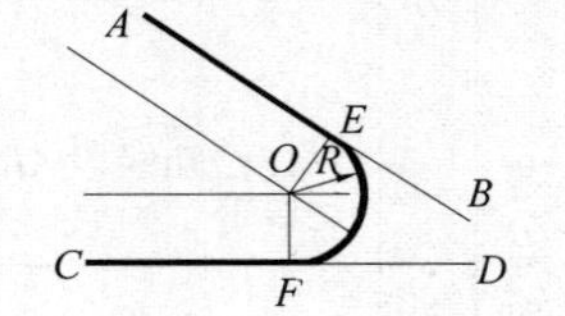 以 O 为圆心,以 R 为半径,作圆弧连接 E、F 两点
用圆弧连接两已知圆弧：外切连接	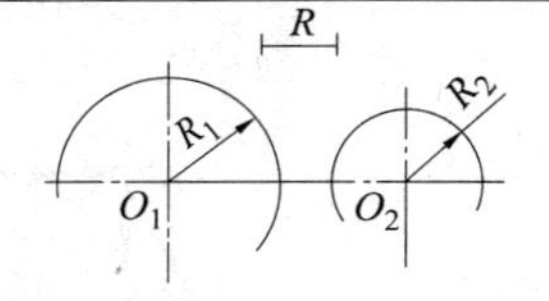 已知:两圆弧的圆心 O_1、O_2,半径 R_1、R_2,连接圆弧半径 R。求作:连接圆弧与两已知圆弧外切连接	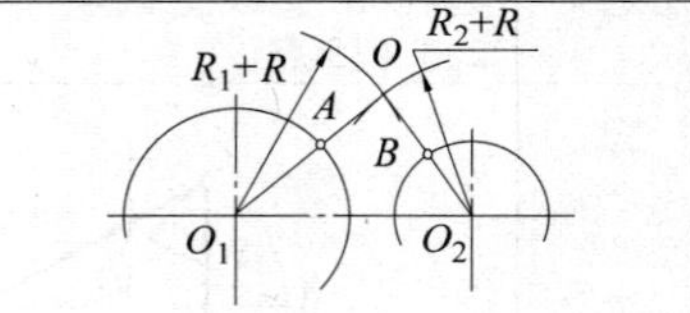 以 O_1、O_2 为圆心,以 R_1+R、R_2+R 为半径,各作一圆弧,两圆弧交点 O 即为所求连接圆弧圆心。作连心线 OO_1 和 OO_2,分别交两已知圆弧于 A、B 点,A、B 即为切点	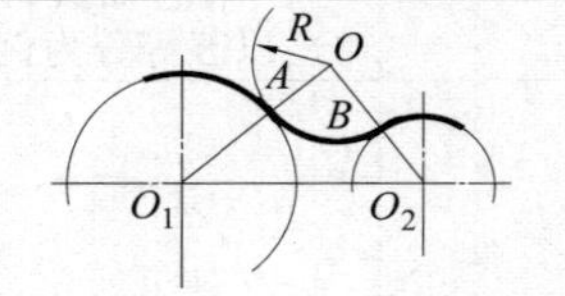 以 O 为圆心,以 R 为半径,作圆弧连接 A、B 两点
用圆弧连接两已知圆弧：内切连接	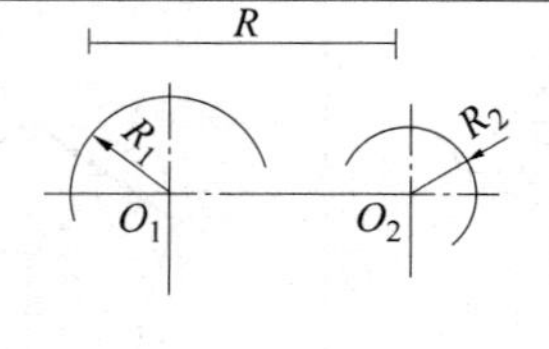 已知:两圆弧圆心 O_1、O_2,半径 R_1、R_2,连接圆弧半径 R。求作:连接圆弧与两已知圆弧内切连接	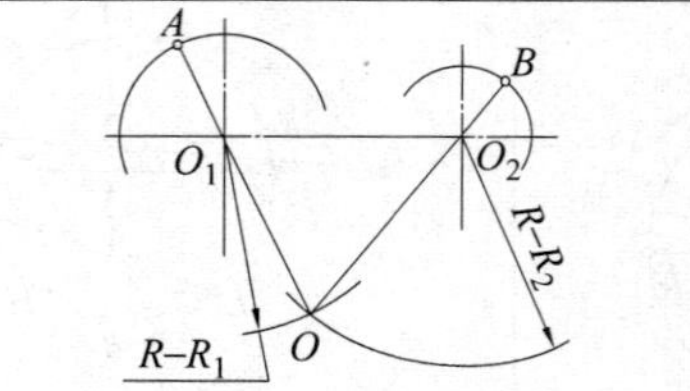 以 O_1、O_2 为圆心,以 $R-R_1$、$R-R_2$ 为半径各作一圆弧,两圆弧交点 O 即为所求连接圆弧圆心。作连心线 OO_1 和 OO_2,分别交两已知圆弧于 A、B 点,A、B 点即为切点	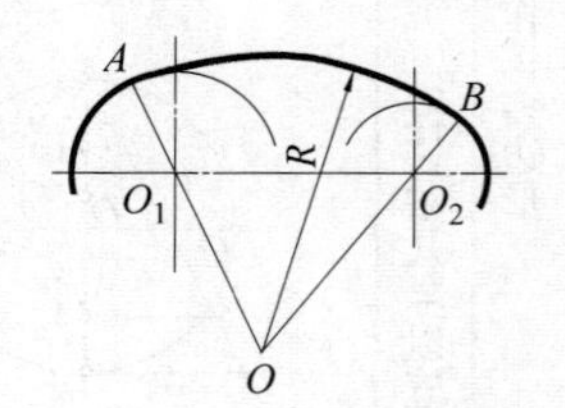 以 O 为圆心,以 R 为半径,作圆弧连接 A、B 两点

续表 1-10

连接形式	已知条件和作图要求	作图方法	
		求连接圆弧圆心和切点	画连接圆弧
用圆弧连接一直线和一圆弧	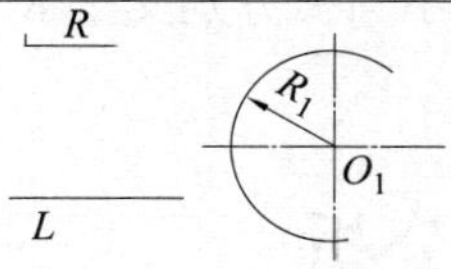 已知：直线 L，圆弧圆心 O_1、半径 R_1，连接弧半径 R。 求作：连接圆弧连接直线 L 并与已知圆弧外切连接	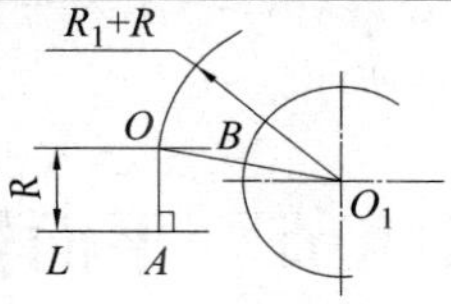 以 R 为间距作直线 L 的平行线与以 O_1 为圆心、R_1+R 为半径所画的圆弧交于点 O，即为所求连接圆弧的圆心。由点 O 作直线 L 的垂线，得垂足 A。作连心线 OO_1，与圆弧 O_1 交于点 B，则 A、B 点即为切点	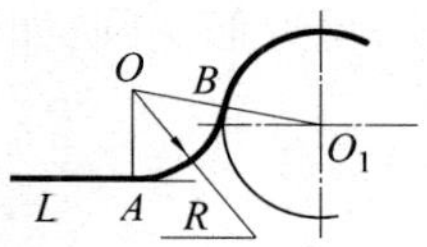 以 O 为圆心，以 R 为半径，作圆弧连接 A、B 两点

注意：圆弧连接的实质，就是使连接圆弧与相邻的已知线段相切，以达到光滑连接的目的。因此，圆弧连接的作图步骤可归结如下：

(1)求连接圆弧的圆心。

(2)找出连接点即切点的位置。

(3)在两切点之间画出连接弧。

三、椭圆的画法

椭圆是非圆闭合曲线，常用的绘制方法是四圆心法。所谓四圆心法，就是用四段圆弧光滑连接成近似椭圆的方法。

如图 1-25 所示，已知椭圆的长、短轴 AB 和 CD，用四圆心法作椭圆。

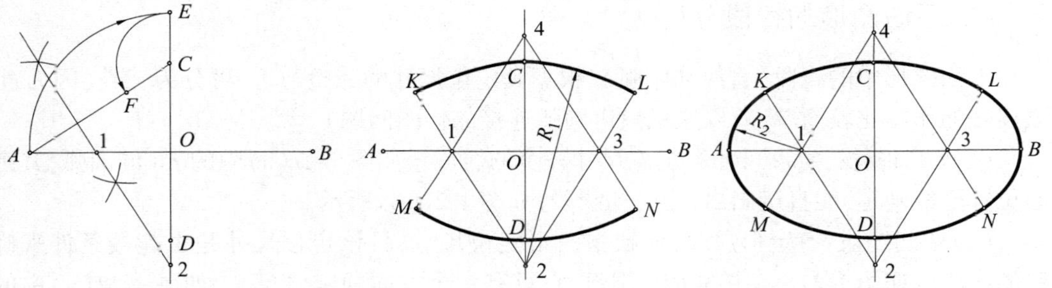

(a)　(b)　(c)

图 1-25　四圆心法画近似椭圆

(1)连接 AC，以 O 为圆心、OA 为半径作圆弧，交 CD 的延长线于 E 点。再以 C 为圆心、CE 为半径画圆弧交 AC 于点 F；作 AF 的中垂线，交长轴于 1 点，交短轴或短轴的延长线于 2 点，如图 1-25(a)所示。

(2)作 1 和 2 的对称点 3 和 4，即得四段圆弧的圆心；将四个圆心点两两相连，并适当延长,得四段圆弧的分界线,如图1-25(b)所示。

(3)分别以2点、4点为圆心,以 $R_1=2C$ 为半径画圆弧,并与各延长线分别交于 K、L、M、N 四点,这四点就是各段圆弧的连接点(切点),如图1-25(b)所示。

(4)分别以1点、3点为圆心,以 $R_2=1A$ 为半径,作两个小圆弧分别交于 K、L、M、N 四点,即得近似椭圆,如图1-25(c)所示。

第四节　平面图形的分析

平面图形是由许多线段连接而成的,画图前可对图形进行尺寸分析和线段分析,以便明确平面图形的画图步骤,准确快速地画出图形,并标注完整的尺寸。

一、平面图形的尺寸分析

平面图形中的尺寸,按其作用可分为两类:

(1)定形尺寸。用于确定线段的长度、圆弧的直径(或半径)和角度大小等的尺寸,称为定形尺寸,如图1-26中的50、20、*R*10、60°等。

(2)定位尺寸。用于确定线段在平面图形中所处位置的尺寸,称为定位尺寸,如图1-26中的30、21等。

定位尺寸通常以图形的对称线、中心线或某一轮廓线作为标注尺寸的起点,这些起点被称为尺寸基准。如图1-26中两圆的水平方向定位尺寸30是以对称线作为基准的,高度方向的定位尺寸21则是以底部轮廓线作为基准的。

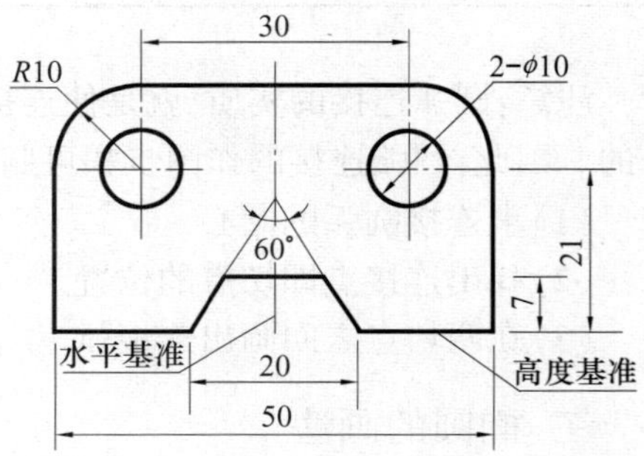

图1-26　平面图形的尺寸分析

二、平面图形的线段分析

平面图形中的线段(直线或圆弧),根据其定位尺寸的完整与否,可分为三类(因为直线连接的作图比较简单,所以这里只讲圆弧连接的作图问题)。

(1)已知线段:定形尺寸和定位尺寸齐全的线段。如图1-27(a)中的*R*8的圆弧,其圆心位置已经确定,能直接画出,为已知线段,如图1-27(b)所示。

(2)中间线段:有定形尺寸,但缺少一个定位尺寸,且该定位尺寸是由连接条件来确定的线段。如图1-27(a)中的*R*50圆弧,它只有一个方向的定位尺寸;如图1-27(a)中的 $\phi30$,另一定位尺寸要借助与*R*8已知圆弧的连接来确定,为中间线段,如图1-27(c)所示。

(3)连接线段:缺少定位尺寸,需要与两端相邻线段连接的条件才能确定位置的线段。如图1-27(a)中的*R*30圆弧,是由过线段(长8)的右端和与*R*50圆弧外切连接的两个条件来确定它的圆心位置,如图1-27(d)所示。

由此可以确定作图步骤:先画已知线段,再画中间线段,最后画连接线段。

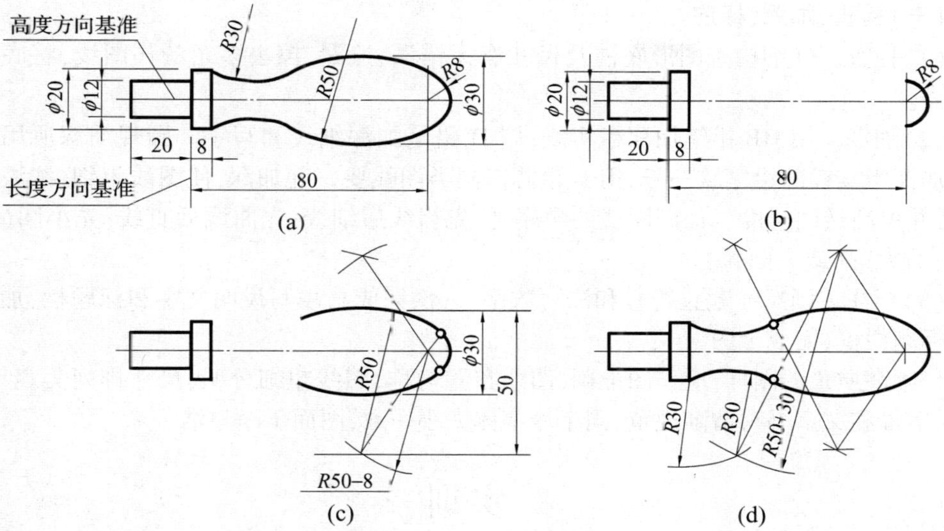

图 1-27　平面图形的线段分析

第五节　绘图步骤与方法

一、绘图步骤

(1)画基准线。

(2)画已知线段。

(3)画中间线段。

(4)画连接线段。

图 1-27 所示为手柄的绘图步骤。

二、绘图方法

(一)准备

(1)阅读有关资料,了解所画图样的内容和要求,做到心中有数。

(2)擦净制图仪器和工具,摆放在绘图桌的搁物板上,便于取用。削好各种硬度的铅笔和圆规用铅芯备用。

(3)按要求选择图纸幅面,然后用胶带纸将图纸固定在图板的适当位置。图纸要摆正放平,并使图纸下边缘距离图板下缘宽一个丁字尺的尺身。

(二)画底稿

(1)用 H 或 2H 铅笔按标准规定,轻而细地画出图框及标题栏。

(2)确定比例,布置图形,画出各图形的基准线,使各图形在图框内布置均匀。

(3)按先画已知线段,再画中间线段,最后画连接线段的步骤,依次画出各平面图形。

(4)画尺寸界线和尺寸线。

(三)检查、加深、标注

(1)检查。仔细检查图形底稿及尺寸有无错误、遗漏,擦去多余的作图线,将底稿清理干净。

(2)加深。用 HB 铅笔加深粗实线,用 H 铅笔加深细线和写字。圆规加深所用铅芯应比加深粗实线的铅笔软一号,用 B 铅芯。同类图线要一起加深,使图线粗细、浓淡保持一致,并提高绘图速度。加深图线的顺序是:先粗线后细线;先曲线后直线;先小圆(或小圆弧)后大圆(或大圆弧)。

(3)标注。画尺寸起止符号和注写数字(一次完成),填写说明文字和标题栏,加深图框和标题栏框,完成全图。

一幅高质量的图样,应作图准确,图形布置匀称,图线粗细分明,尺寸排列美观易读,数字、字母和文字书写清晰规范,同字号字体大小一致,图面干净整洁。

实训一

实训目的:熟悉制图标准和图线的应用,掌握平面图形的绘制和尺寸标注。

实训内容:绘制简单的平面图形(见图 1-28)。

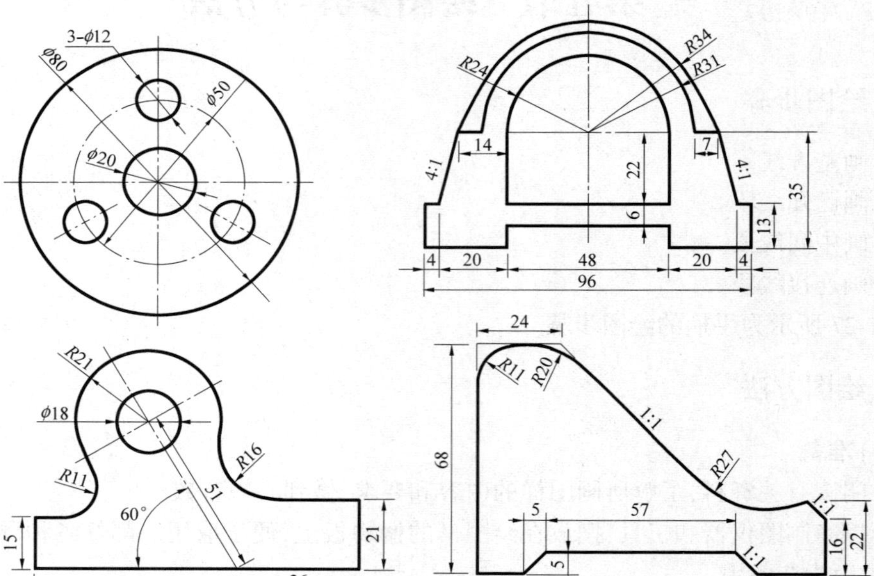

图 1-28　平面图形

实训要求:用 A4 的图幅(210×297)绘制;要求图线和标注尺寸符合制图标准;采用比例为 1:1;图名为平面图形;图号为 SX1。

实训步骤:

(1)准备好绘图工具并将图纸固定在图板上。

(2)先画图框再确定绘图位置。

(3)用各种图线绘制平面图形。
(4)标注尺寸。
(5)填写标题栏。
提示：
(1)采用校用作业标题栏。
(2)切记标注尺寸时箭头不要过大。
实训小结：(由实训者自行总结实训过程，如掌握了哪些技能，哪些知识点还欠缺)

复习思考题

一、思考题

1. 常用的制图工具有哪些？如何使用？
2. GB 中对图幅和图线作了哪些具体的规定？
3. 平面图形的分析包括哪些内容？

二、选择题(将正确的答案代号填在括号里)

1. GB 中规定 A3 图幅 $B\times L$ 的尺寸是(　　)。
　(a)210×297　(b)420×594　(c)841×1 189　(d)297×420
2. 分别用 1∶5、1∶10、1∶20 的比例画同一个物体时，哪个图形最大？(　　)
　(a)1∶5　(b)1∶10　(c)1∶20　(d)一样大
3. 各种图线的宽度有粗、中、细之分，它们的宽度比例是(　　)。
　(a)1∶2∶4　(b)2∶4∶1　(c)4∶2∶1　(d)4∶1∶2

三、判断题(正确的打"√"、错误的打"×")

1. (　)不留装订边的所有图幅的图框，到图纸边缘的距离 e 值都是 10 mm。
2. (　)角度数字标注的书写方向是水平书写。
3. (　)图上所标注的尺寸数字代表的是物体的实际尺寸。

第二章　投影的基本知识

【学习要求】

了解投影的基本概念和分类,理解正投影的基本原理,掌握三视图的形成及其投影规律。

【主要内容】

投影方法、投影的基本特性和物体的三视图。

【课程思政】

上善若水,厚德载物。党的二十大报告提出:“教育是国之大计、党之大计。培养什么人、怎样培养人、为谁培养人是教育的根本问题。育人的根本在于立德。全面贯彻党的教育方针,落实立德树人根本任务,培养德智体美劳全面发展的社会主义建设者和接班人。”立德树人,全面发展,润物无声,无私奉献。

第一节　投影方法

码 2-1　微课:投影方法

一、投影的概念

物体在阳光或灯光的照射下,在地面或墙面上会产生影子,这就是投影现象。人们在长期的生产实践中,将物体与影子之间的关系经过科学的抽象、总结,从而形成了投影法。工程界广泛采用投影的方法表达物体,以实现三维物体与二维图形的相互转换。

如图 2-1(a)所示,影子只反映物体的外形轮廓;而投影则须按投影法原理,把物体的所有内外表面轮廓全部显示出来,如图 2-1(b)所示。

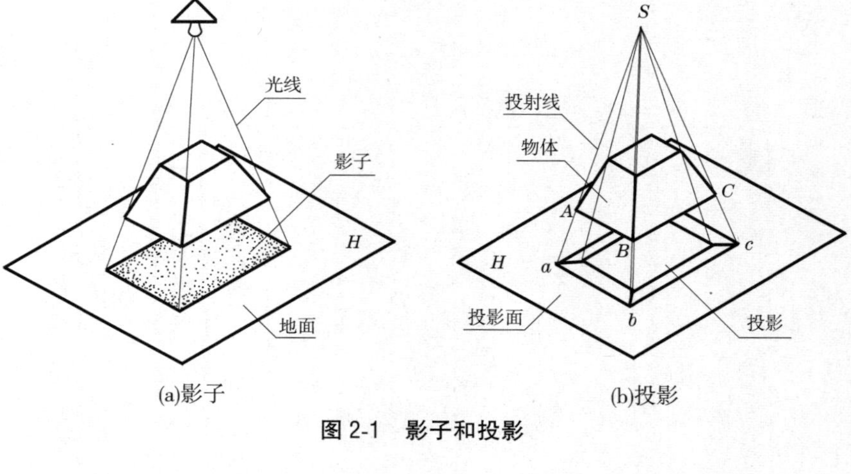

图 2-1　影子和投影

投影法，就是投影线通过物体向选定的投影面投射，并在该面上得到图形的方法。

投影（投影图），就是根据投影法，通过物体的一组投射线向投影面投射，在投影面上得到的图形，称为物体在该投影面上的投影。

投影面，是在投影法中得到投影的平面。

产生投影时必须具备的三个基本条件是投影线、被投影的物体和投影面。

须注意的是，工程制图中的投影与物体的影子是有区别的，投影必须按投影法原理，把物体的所有内外表面轮廓全部表示出来，影子则只需反映物体的外形轮廓。

二、投影法的分类

根据投射线的类型（平行或交会）、投射线与投影面的相对位置（垂直或倾斜）的不同，投影法分为以下两类。

（一）中心投影法

投射线会交于一点的投影法为中心投影法。会交点用 S 表示，称为投射中心，如图 2-2 所示。采用中心投影法绘制的图形一般不反映物体的真实大小，但立体感好，多用于绘制建筑物的透视图。

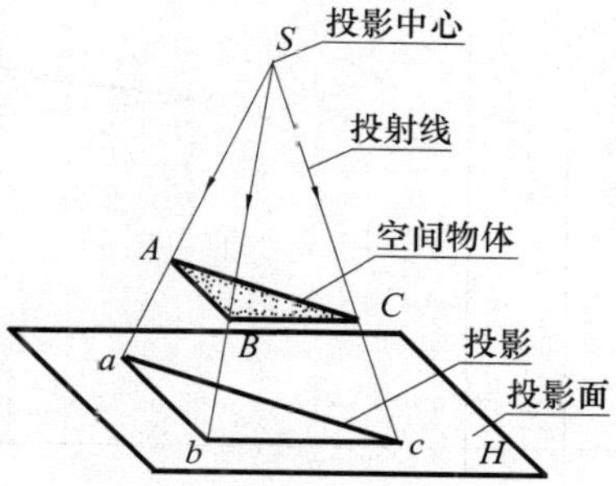

图 2-2 中心投影法

（二）平行投影法

投射线相互平行的投影法为平行投影法。用平行投影法投影所得到的图形称为平行投影，如图 2-3 所示。

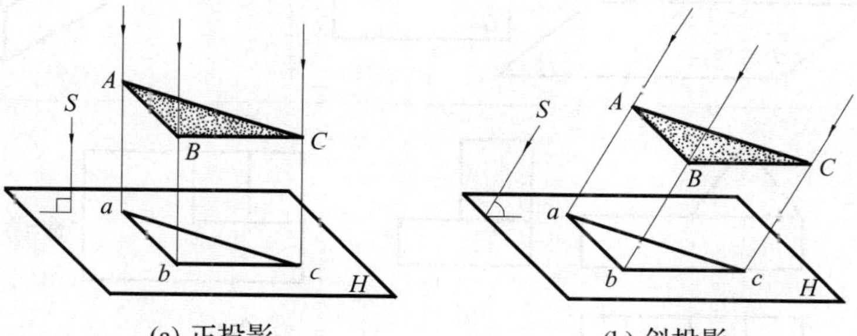

(a) 正投影　(b) 斜投影

图 2-3 平行投影法

在平行投影法中，根据投射线与投影面的倾角不同，又可分为两种：

(1)投射线垂直于投影面的平行投影法称为正投影法；由正投影法得到的投影为正投影，如图 2-3(a)所示。

(2)投射线倾斜于投影面的平行投影法称为斜投影法；由斜投影法得到的投影为斜投影，如图 2-3(b)所示。

采用正投影法绘制图样时，若将几何元素平行于投影面，其投影可以反映它的真实形状和大小，不仅作图方便，而且度量性好，故工程图样广泛采用正投影法来绘制。

注意，本书中若无特殊说明，所述“投影”均指“正投影”。

三、常见的图样

工程上常用的投影图有透视图、标高投影图、轴测投影图和多面正投影图,如表 2-1 所示。

表 2-1　工程上常用的投影图

类型		图例
中心投影法	透视图	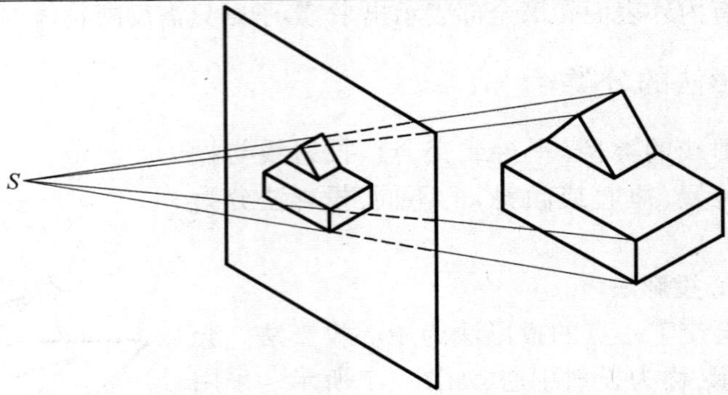
平行投影法	标高图	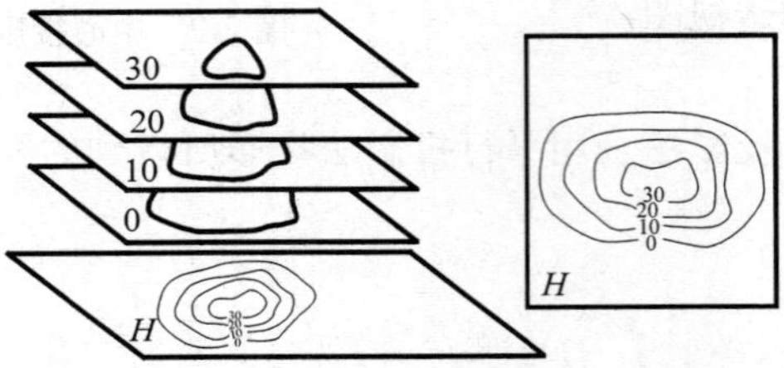
平行投影法	轴测图	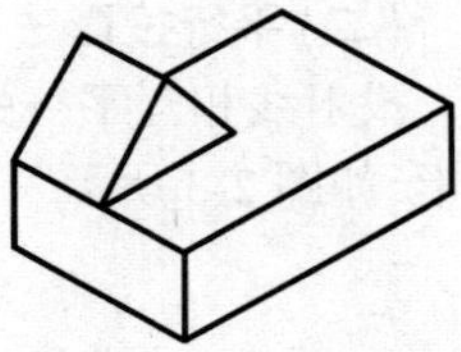
平行投影法	三视图	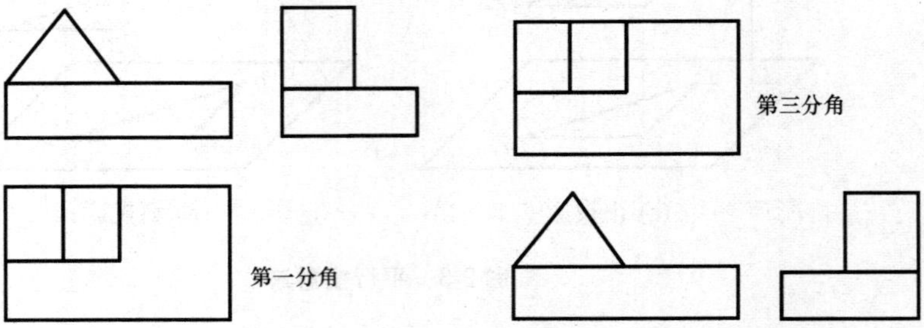

第二节　投影的基本特性

一、真实性

平行于投影面的直线或平面图形,在该投影面上的投影反映线段的实长或平面图形的实形,这种投影特性称为真实性,如图 2-4 所示。

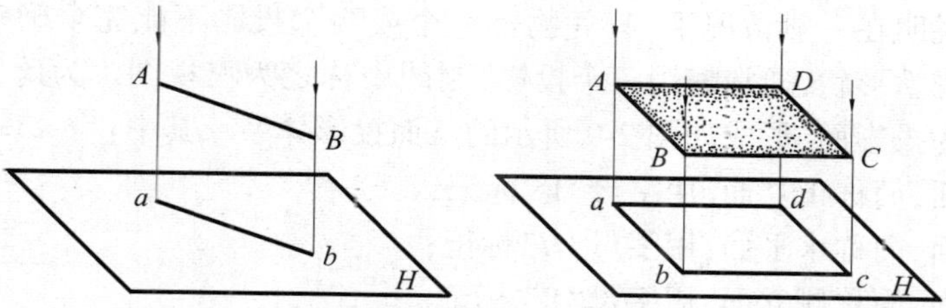

图 2-4　直线、平面平行于投影面时的投影

二、积聚性

垂直于投影面的直线或平面图形，在该投影面上的投影积聚成一点或一条直线，这种投影特性称为积聚性，如图 2-5 所示。

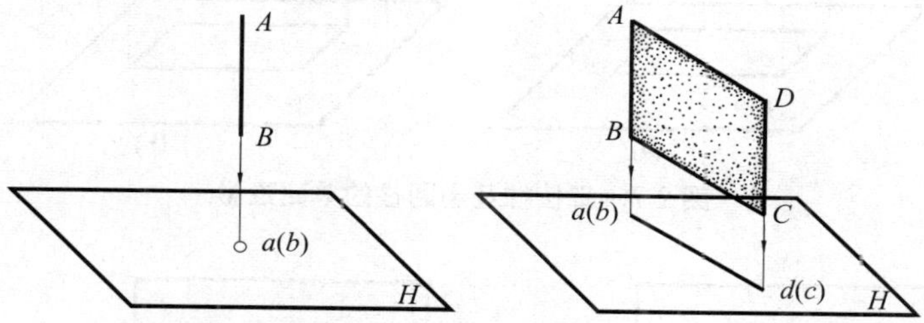

图 2-5　直线、平面垂直于投影面时的投影

三、类似性

倾斜于投影面的直线或平面图形，在该投影面上的投影长度变短或是一个比实形小，但形状相似、边数相等的图形，这种投影特性称为类似性，如图 2-6 所示。

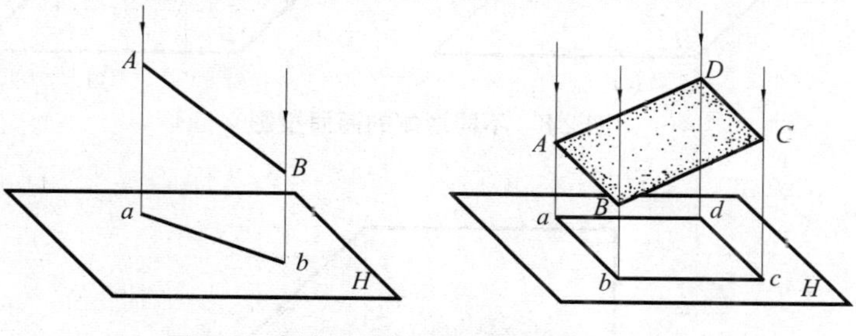

图 2-6　直线、平面倾斜于投影面时的投影

第三节　物体的三视图

码 2-2　微课：物体的三视图

一、三视图的形成

(一)投影面的设立

如图 2-7、图 2-8 所示，不同形状的物体，它们在同一投影面上的投

影是相同的。说明在一般情况下,只凭物体一个或两个投影不能完全确定物体的形状。要反映物体的完整形状,通常需用三个投影,制图中称之为三视图。为此,设置三个互相垂直的平面作为投影面,形成如图2-9所示的三面投影体系。其中:

正立投影面,简称正立面,用字母“V”标记;

水平投影面,简称水平面,用字母“H”标记;

侧立投影面,简称侧立面,用字母“W”标记。

投影面两两相交得到三根互相垂直的投影轴 OX、OY 和 OZ。三根轴的交点 O 称为原点。

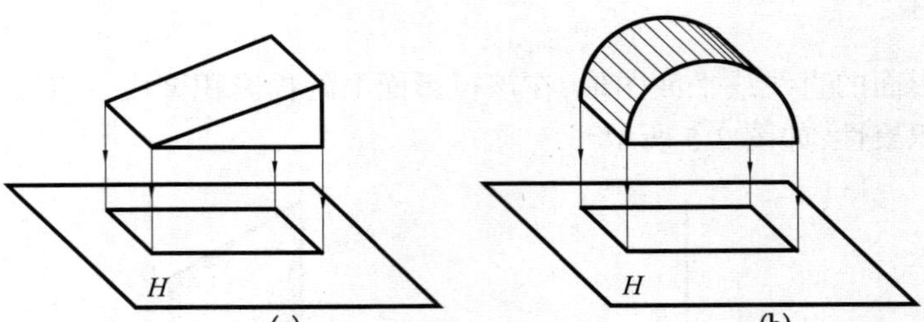

图2-7 三棱柱及半圆柱的单面投影

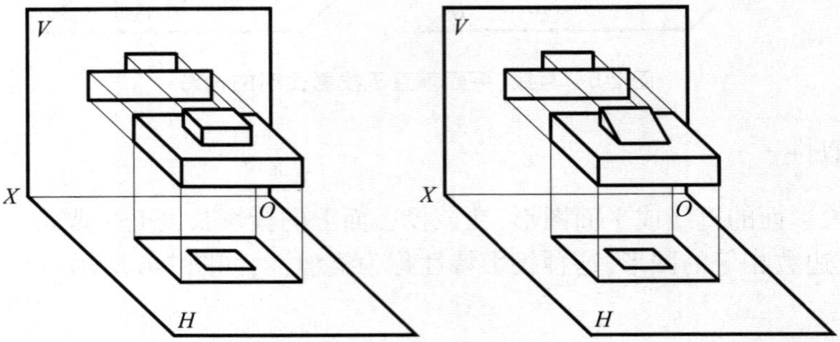

图2-8 不同形体的两面投影

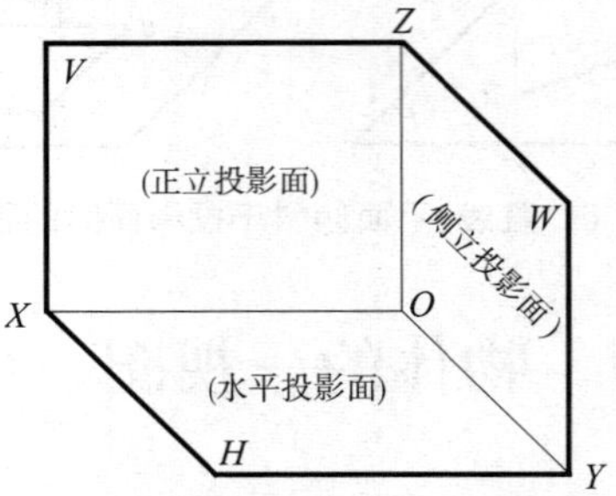

图2-9 三面投影体系

(二)分面进行投影

如图2-10(a)所示,现将被投影的物体置于三投影面体系中,并尽可能使物体的几个主要表面平行或垂直于其中的一个或几个投影面(使物体的底面平行于 H 面,物体的前、后端面平行于 V 面,物体的左、右端面平行于 W 面),以利视图能反映物体的真实形状。保持物体的位置不变,将物体分别向三个投影面作投影,就得到了物体的三视图。其中:

主视图:物体在正立面上的投影,即从前向后看物体所得的视图;

俯视图:物体在水平面上的投影,即从上向下看物体所得的视图;

左视图:物体在侧立面上的投影,即从左向右看物体所得的视图。

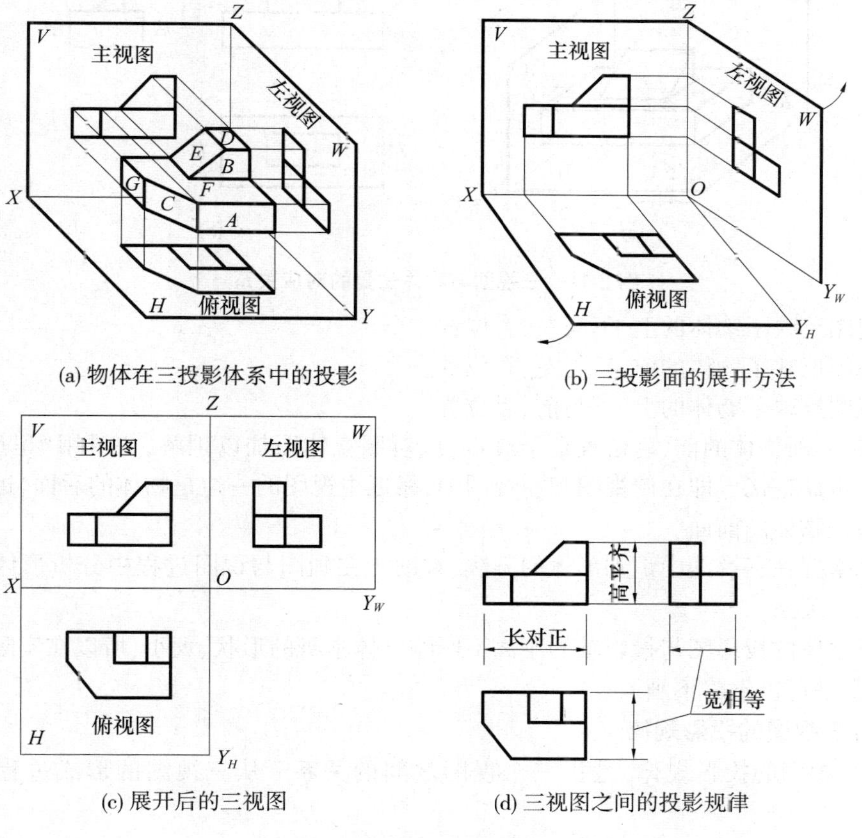

图 2-10　三视图的形成及投影规律

(三)三投影面的展开

为使三个视图位于同一平面上,需将互相垂直的三个投影面展开成一个平面。方法如图 2-10(b)所示:V 面不动,H 面绕 OX 轴向下旋转 90°;W 面绕 OZ 轴向右旋转 90°,使它们与 V 面在同一个平面内。这时 Y 轴被一分为二,随 H 面转至下方的标记为 Y_H,随 W 面转至右方的标记为 Y_W,展开后的三视图如图 2-10(c)所示。因为平面是无限大的,原用以表示三个投影面范围的边框已无意义,可以不画,三条轴线亦可省略,所画三视图如图 2-10(d)所示。

二、三视图的分析

(一)视图与物体的对应关系

物体有前、后、上、下、左、右六个方位，在三视图中，每个视图反映四个方位，如图2-11(a)所示。

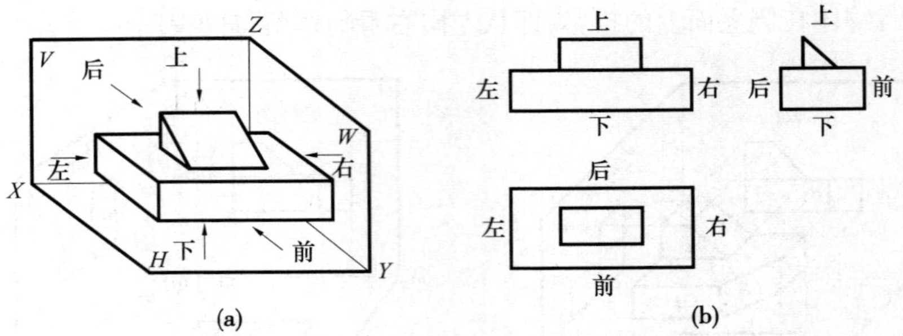

图2-11　三视图与物体位置的对应关系

主视图反映了物体的上、下与左、右位置。

俯视图反映了物体的前、后与左、右位置。

左视图反映了物体的上、下与前、后位置。

注意：判断物体的前、后位置是个难点，应对照立体图加以理解，并可用“里后外前”这四个字帮助记忆。即在俯视图和左视图中，靠近主视图的一边是物体的后面，远离主视图的一边是物体的前面。

熟练掌握在三视图中识别形体的方法，有助于在画图与识图过程中分析形体各部分之间的位置关系。

由于立体的投影图与投影轴的距离不影响立体本身的形状、大小，所以在实际工程图样中，投影轴可以省略不画。

(二)三视图的投影规律

(1)三视图的投影规律，是指三个视图之间的关系。从三视图的形成过程中可以看出：

(2)主视图反映物体的长度(X方向)和高度(Z方向)；

(3)俯视图反映物体的长度(X方向)和宽度(Y方向)；

(4)左视图反映物体的高度(Z方向)和宽度(Y方向)。如图2-10(d)和图2-11(b)所示。

因为三视图是在物体安放位置不变的情况下，从三个不同的方向投影所得，它们共同表达一个物体，并且每两个视图中就有一个共同尺寸，所以三视图之间存在如下的度量关系：

(1)主视图和俯视图“长对正”，即长度相等，并且左右对正；

(2)主视图和左视图“高平齐”，即高度相等，并且上下平齐；

(3)俯视图和左视图“宽相等”，即在作图中俯视图的竖直方向与左视图的水平方向对应相等。

“长对正、高平齐、宽相等”是三视图之间的投影规律，是画图和读图的重要依据。不论物体的总体轮廓还是局部结构，都必须遵循这一投影规律。

三、三视图的画法

画物体的三视图时，我们必须利用前面所学的正投影法原理和几何要素的投影特性以及三视图之间的投影关系、投影规律。如要得到形体的主视图，观察者设想自己置身于物体的正前方观察形体，视线垂直于正立投影面；为了获得俯视图，物体保持不动，观察者自上而下地俯视物体，视线垂直于水平投影面；要画左视图，从左向右观察物体，视线垂直于侧立投影面。

初学者最好根据教学模型练习画三视图，并注意以下几点：

(1)首先应把模型位置摆平放正，同时选定主视图方向。

(2)开始作图前，应先确定出视图的位置，画出作图基准线，如中心线或某些边线。

(3)分析模型上各部分形体的几何形状和位置关系，并根据其投影特性(真实性、积聚性、类似性)画出形体各面的投影。

(4)底稿要画得轻而细，以便修改，作图完成后再描粗加深。

(5)要注意作图顺序，应先画出具有真实性或积聚性的那些表面。对于具有积聚性的面，宜先画出其积聚成直线的投影，这样就便于画出其在另外两个视图中的类似性投影。

(6)作图所需尺寸可在模型上量取，每个尺寸只可量取一次。相邻视图之间相应投影的尺寸关系应保持长对正、高平齐、宽相等。保持宽相等有两种方法，如图 2-12 所示，用量取法和辅助线法。当辅助线为斜角线时，先要定出 p 点，再过 p 点用三角板引出 45°斜线即可；当辅助线为圆弧时，先要定出圆心 O 点，然后画出 1/4 圆即可。

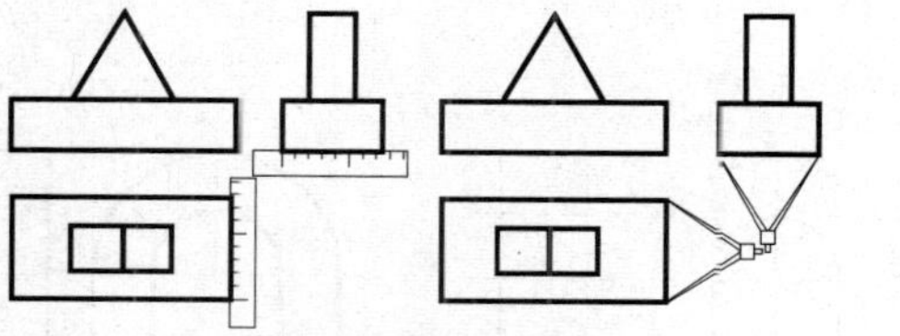
(a)量取法(直尺和分规)

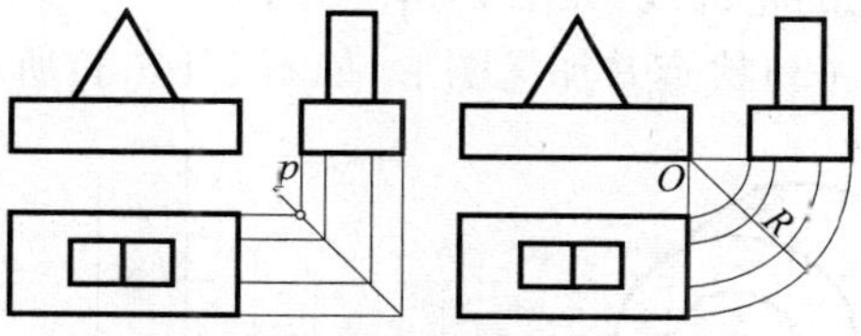

(b)辅助线法(45°斜角线和圆弧)

图 2-12　保持宽相等的方法

三视图的画法步骤：

(1)根据轴测图选主视方向。

(2)画定位(基准)线及大体形状(一般先画主视图)。

(3)画细部结构形状。

(4)完成三视图，描粗加深。

【例 2-1】　作如图 2-13(a)所示柱体的三视图。

分析：

该立体可分为左、右两部分，左边部分和右边部分均为长方体，两部分之间底面平齐，顶面平齐，且前后对称。

作图：

(1)作左边部分长方体的三视图，如图 2-13(b)所示，主视图、俯视图和左视图均为矩形，反映正面、顶面、侧面的实形。

(2)作右边部分长方体的三视图，如图 2-13(c)所示，三个投影均为矩形，反映实形。

(3)检查并加深图形，如图 2-13(d)所示。

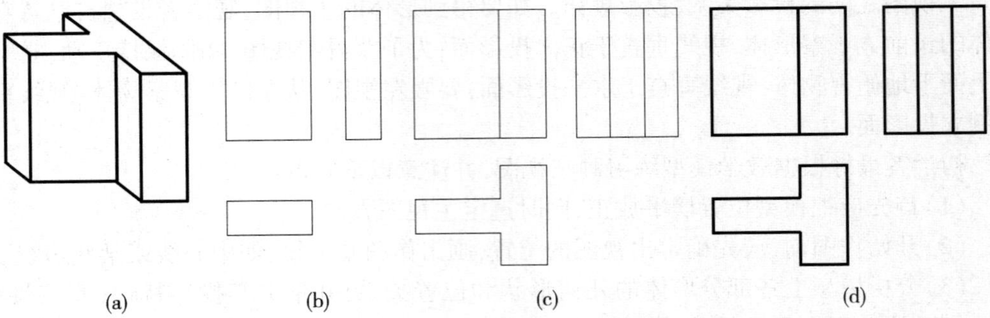

图 2-13　三视图的画法(一)

【例 2-2】　如图 2-14(a)所示，作出涵洞的三视图。

分析：

该立体为半圆头柱体叠放在长方体上，且前后、左右平齐，中间挖掉一个与其外形相似的半圆头柱体和长方体。

作图：

(1)作长方体、半圆头柱体的三视图，主视图反映实形，如图 2-14(b)所示。

(2)作开挖半圆孔和长方体的三视图，主视图反映实形，另外两面视图为虚线，为看不见的轮廓线，如图 2-14(c)所示。

(3)检查并加深图形，如图 2-14(d)所示。

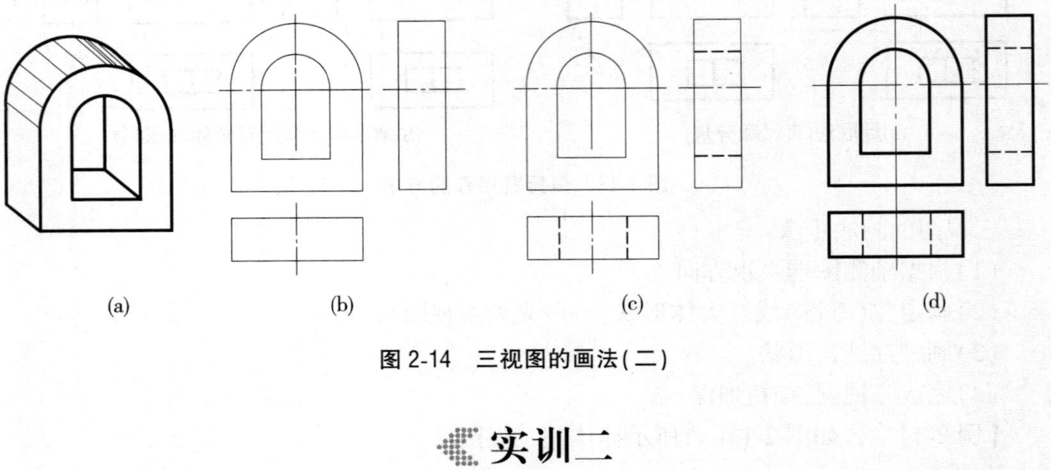

图 2-14　三视图的画法(二)

实训二

实训目的：理解正投影的基本原理，掌握三视图的形成及其投影规律。

实训内容：根据立体图绘制物体的三视图(见图 2-15)。

实训要求：用 A4 的图幅(210×297)绘制；要求图线和标注尺寸符合制图标准；采用比例为 1∶1；图名为三视图；图号为 SX2。

实训步骤：

(1) 准备好绘图工具并将图纸固定在图板上。先画图框再确定绘图位置。

(2) 按投影规律绘制物体的三视图。

(3) 检查和加深作图结果，并标注尺寸、填写标题栏。

提示：

(1) 画图时要体会投影规律的应用。

(2) 弄清各视图之间及其空间位置的对应关系。

实训小结：(由实训者自行总结实训过程，如掌握了哪些技能，哪些知识点还欠缺)

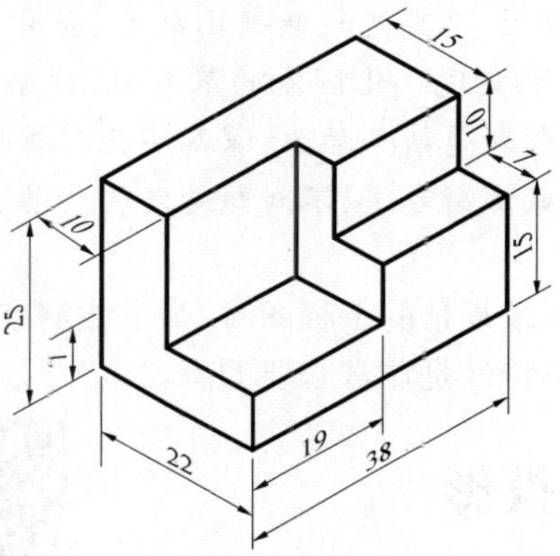

(a)

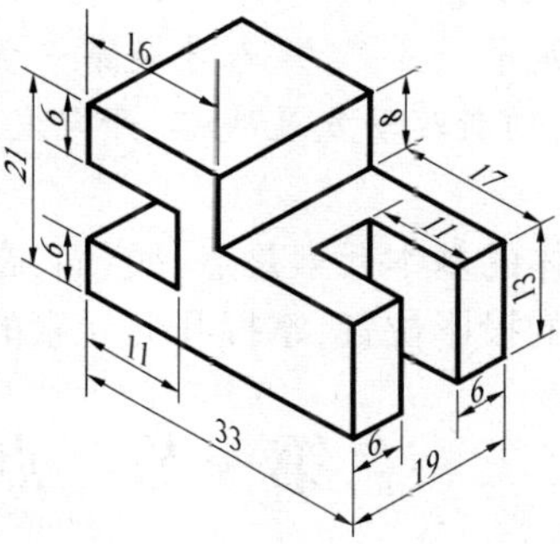

(b)

图 2-15　三视图

复习思考题

一、思考题

1. 形成投影的三个必要条件是什么？

2. 在所学三视图正投影法中，投影面、观察者、物体三者的相对位置是什么？

3. 三视图是怎样形成的？

二、选择题(将正确的答案代号填在括号里)

1. 三视图采用的投影法是(　　)。

(a) 斜投影法　(b) 中心投影法　(c) 多面正投影法　(d) 标高投影法

2. 当直线、平面与投影面平行时，该投影面上的投影具有(　　)。

(a) 积聚性　(b) 真实性　(c) 类似性　(d) 收缩性

三、判断题(正确的打"√"、错误的打"×")

1. (　) 三面投影体系中，展平各投影面的方向时 H 面永不动。

2. (　) 左视图反映了物体的上下前后方位。

3. (　) 三视图中"宽相等"是指左视图与俯视图两个视图之间的关系。

第三章 点、直线、平面的投影

【学习要求】

掌握点、直线、平面的投影特性，理解投影变换的原理。

【主要内容】

点的投影、直线的投影、平面的投影和投影变换的基本方法。

【课程思政】

科教兴国，人才强国。党的二十大报告提出："实施科教兴国战略，强化现代化建设人才支撑。教育、科技、人才是全面建设社会主义现代化国家的基础性、战略性支撑。必须坚持科技是第一生产力、人才是第一资源、创新是第一动力，深入实施科教兴国战略、人才强国战略、创新驱动发展战略，开辟发展新领域新赛道，不断塑造发展新动能新优势。"

组成物体的基本元素是点、线、面，在绘制较复杂的工程图时，为了能够准确地确定物体细部结构的投影位置，掌握几何元素的投影特性是非常必要的。

第一节 点的投影

码 3-1 微课：点的投影

一、点在三投影面体系中的投影

空间点在投影面上的投影仍然是点。为了统一，规定空间点用大写字母表示，如 A、B、C 等；水平投影用相应的小写字母表示，如 a、b、c 等；正面投影用相应的小写字母加撇表示，如 a'、b'、c'；侧面投影用相应的小写字母加两撇表示，如 a''、b''、c''。

将点 A 置于三投影面体系中，由点 A 分别向三个投影面作投射线，在三个投影面上得到其相应的垂足 a'、a、a''。如图 3-1(a)所示，a'称为点 A 的正面(V 面)投影；a 称为点 A 的水平(H 面)投影；a''称为点 A 的侧面(W 面)投影。投影面体系展开后，如图 3-1(b)所示，点的三个投影在同一平面内，称为点的三面投影图。在绘制点的三面投影图时，习惯将投影面的边框线省略不画，如图 3-1(c)所示。

应当注意：投影面展开后，同一条 OY 轴旋转后被一分为二。

二、点的坐标

若将三投影面体系看成空间直角坐标系，即投影面为坐标面，投影轴为坐标轴，O 为坐标原点，则点的空间位置可用一组直角坐标表示，例如 $A(x,y,z)$，其三个直角坐标分别表示了空间点到三个投影面的距离。从图 3-1(a)中可看出点的直角坐标与点的投影及点 A 到投影面的距离的关系为：

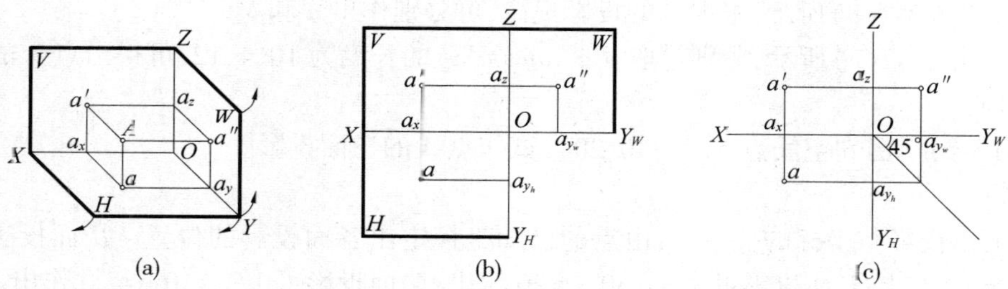

图 3-1　点的三面投影

(1)点 A 的 x 坐标 $=a'a_z=aa_y=$ 点到 W 面的距离 Aa'';

(2)点 A 的 y 坐标 $=aa_x=a''a_z=$ 点到 V 面的距离 Aa';

(3)点 A 的 z 坐标 $=a'a_x=a''a_y=$ 点到 H 面的距离 Aa。

由此可知,点的 H 面投影由点的 x、y 两坐标决定;点的 V 面投影由点的 x、z 两坐标决定;点的 W 面投影由点的 y、z 两坐标决定。

三、点的投影规律

由图 3-1 可知,点 A 的 V 面投影和 H 面投影共同反映点 A 的 x 坐标;点 A 的 V 面投影和 W 面投影共同反映点 A 的 z 坐标;点 A 的 H 投影和 W 投影共同反映点 A 的 y 坐标。由此可得出点的三面投影规律:

(1)点的 V 面投影和 H 面投影的连线垂直于 OX 轴,即 $aa'\perp OX$(长对正);

(2)点的 V 面投影和 W 面投影的连线垂直于 OZ 轴,即 $a'a''\perp OZ$(高平齐);

(3)点的 H 面投影至 OX 轴的距离等于点的 W 面投影至 OZ 轴的距离,即 $aa_x=a''a_z$,同时 $aa_{y_h}\perp OY_H$,$a''a_{y_w}\perp OY_W$(宽相等)。

为了表示点的水平投影到 OX 轴的距离等于侧面投影到 OZ 轴的距离,即 $aa_x=a''a_z$,点的水平投影和侧面投影的连线相交于自点 O 所作的 45°角平分线,如图 3-1(c)所示。

【例 3-1】　已知点 A 和点 B 的两面投影,如图 3-2(a)所示,分别求其第三面投影,并求出点 A 的坐标。

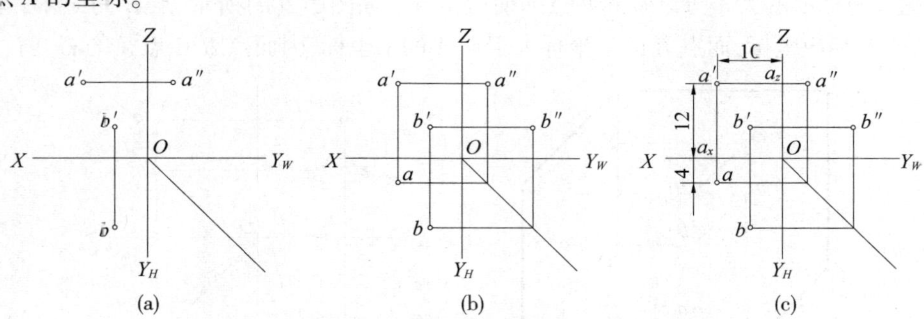

图 3-2　已知点的两面投影求第三面投影

分析:

先按投影规律作出第三投影,然后量取坐标。

作图:

(1)如图 3-2(b)所示,根据点的投影规律,可分别作出 a 和 b''。

(2)如图 3-2(c)所示,分别量取 $a'a_z$、aa_x、$a'a_x$ 的长度为 10、4、12,可得出点 A 的坐标(10,4,12)。

【例 3-2】 已知空间点 A(30,10,20),试作点 A 的三面投影。

分析:

根据点投影与坐标的关系,可由点的已知坐标定出各面投影的位置。H 面投影可由 $x=30$,$y=10$ 作出;V 面投影可由 $x=30$,$z=20$ 作出;W 面投影可由 $y=10$,$z=20$ 作出。

作图:

(1)作相互垂直的投影轴,分别从各投影轴上截取 $x=30$,$y=10$,$z=20$,如图 3-3(a)所示。

(2)由各坐标点分别作所在投影轴的垂线,分别相交于 a、a'和 a''三点,即得 A 点的三面投影,如图 3-3(b)所示。

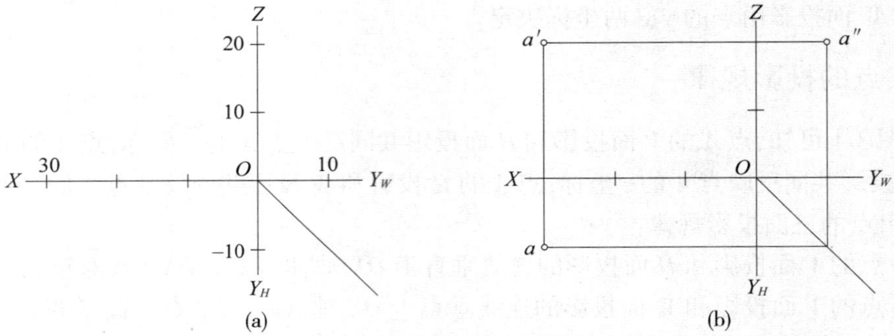

图 3-3　根据点的坐标作点的三面投影

四、两点之间的相对位置关系

观察分析两点的各个同面投影之间的坐标关系,可以判断空间两点的相对位置。根据 x 坐标值的大小可以判断两点的左右位置;根据 z 坐标值的大小可以判断两点的上下位置;根据 y 坐标值的大小可以判断两点的前后位置。如图 3-2(c)所示,点 B 的 x 和 z 坐标均小于点 A 的相应坐标,而点 B 的 y 坐标大于点 A 的 y 坐标,因而点 B 在点 A 的右、前、下方。

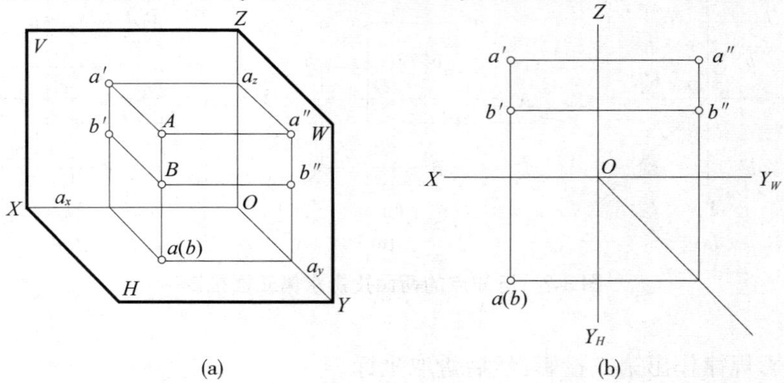

图 3-4　重影点

若 A、B 两点无左右、前后距离差，点 A 在点 B 正上方或正下方，两点的 H 面投影重合（见图 3-4），则点 A 和点 B 称为对 H 面投影的重影点。同理，若一点在另一点的正前方或正后方，则两点是对 V 面投影的重影点；若一点在另一点的正左方或正右方，则两点是对 W 面投影的重影点。

重影点需判别可见性。根据正投影特性，可见性的区分应是前遮后、上遮下、左遮右。图 3-4 中的重影点应是点 A 遮挡点 B，点 B 的 H 面投影不可见。规定不可见点的投影加括号表示。

注意：重影点必有两对同名坐标相等，需要用不相等的第三坐标判别投影的可见性，坐标值大的可见；反之则不可见。

第二节 直线的投影

码 3-2 微课：直线的投影

一般情况下，直线的投影仍是直线，如图 3-5（a）中的直线 AB。在特殊情况下，若直线垂直于投影面，直线的投影可积聚为一点，如图 3-5（a）中的直线 CD。

直线的投影可由直线上两点的同面投影连接得到。如图 3-5（b）所示，分别作出直线上两点 A、B 的三面投影，将其同面投影相连，即得到直线 AB 的三面投影图。

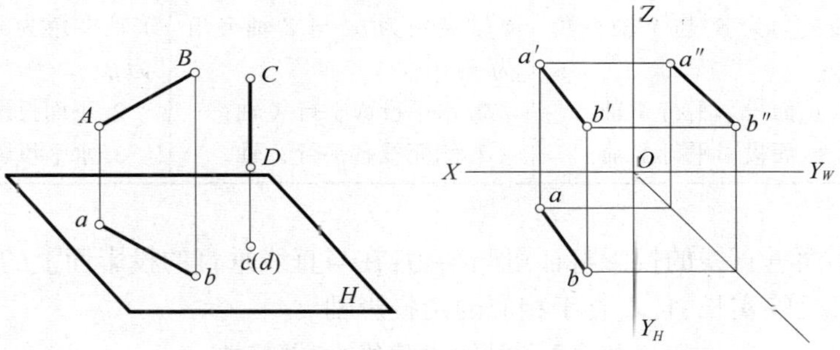

(a) (b)

图 3-5 直线的投影

一、各种位置直线的投影特性

在三面投影体系中，直线对投影面的相对位置可以分为三种：投影面平行线、投影面垂直线、一般位置直线。前两种为投影面特殊位置直线，后一种为投影面一般位置直线。

（一）投影面平行线

与投影面平行的直线称为投影面平行线，它与一个投影面平行，与另外两个投影面倾斜。与 H 面平行的直线称为水平线，与 V 面平行的直线称为正平线，与 W 面平行的直线称为侧平线。它们的投影图及投影特性见表 3-1。规定直线（或平面）对 H、V、W 面的夹角分别用 α、β、γ 表示。

注意，投影面平行线的投影特征可归纳为：在与直线平行的投影面上的投影为一斜线，反映实长，并反映直线与其他两投影面的倾角；其余两投影小于实长，且平行相应两投影轴。

(二) 投影面垂直线

与投影面垂直的直线称为投影面垂直线，它与一个投影面垂直，与另外两个投影面平行。与 *H* 面垂直的直线称为铅垂线，与 *V* 面垂直的直线称为正垂线，与 *W* 面垂直的直线称为侧垂线。它们的投影图及投影特性见表 3-2。

表 3-1　投影面平行线的投影特性

名称	水平线	正平线	侧平线
轴测图	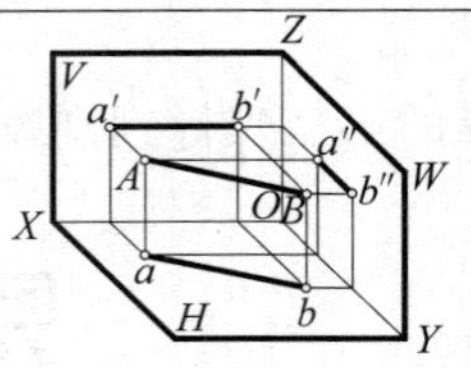	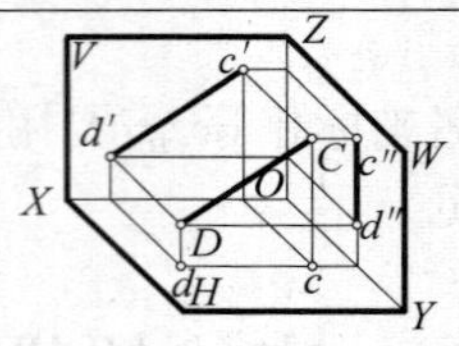	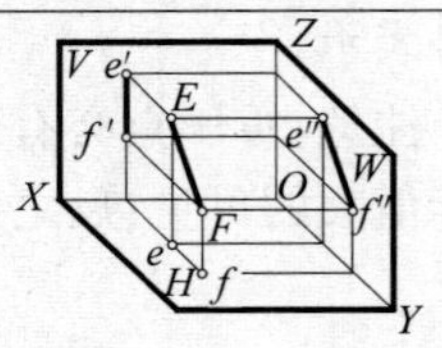
投影图	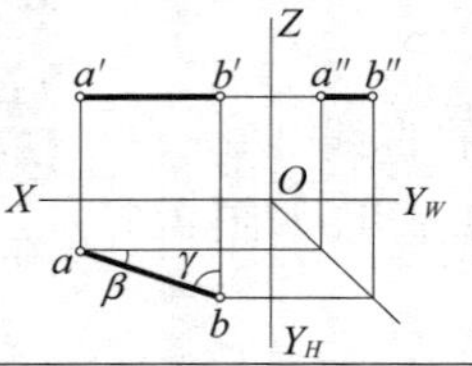	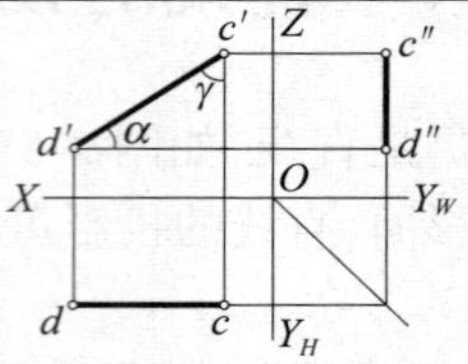	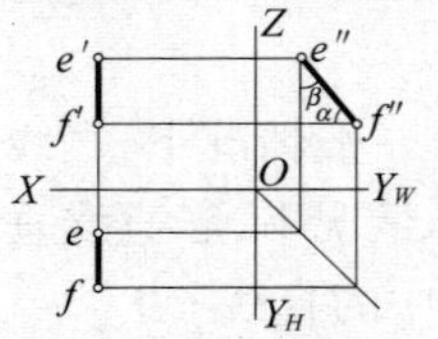
投影特性	1. 水平投影反映实长，与 *X* 轴夹角为 β，与 *Y* 轴夹角为 γ； 2. 正面投影平行 *X* 轴； 3. 侧面投影平行 *Y* 轴	1. 正面投影反映实长，与 *X* 轴夹角为 α，与 *Z* 轴夹角为 γ； 2. 水平投影平行 *X* 轴； 3. 侧面投影平行 *Z* 轴	1. 侧面投影反映实长，与 *Y* 轴夹角为 α，与 *Z* 轴夹角为 β； 2. 正面投影平行 *Z* 轴； 3. 水平投影平行 *Y* 轴

注意，投影面垂直线的投影特征可归纳为：在与直线垂直的投影面上的投影积聚为一点，其他两投影反映实长，且垂直于相应的两投影轴。

表 3-2　投影面垂直线的投影特性

名称	铅垂线	正垂线	侧垂线
轴测图	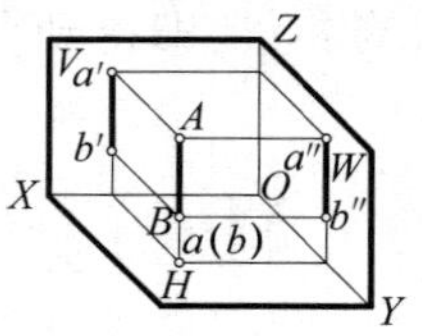	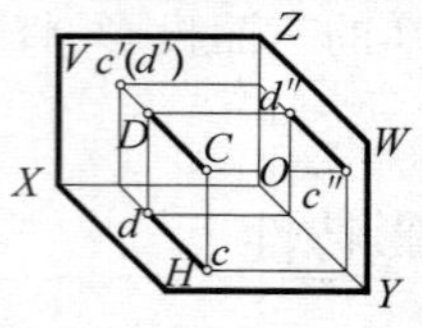	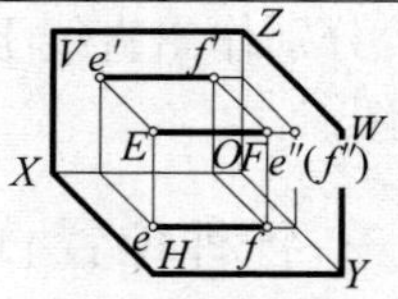
投影图	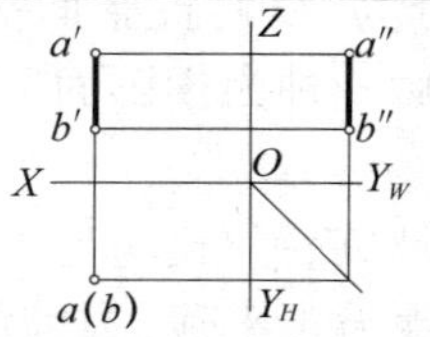	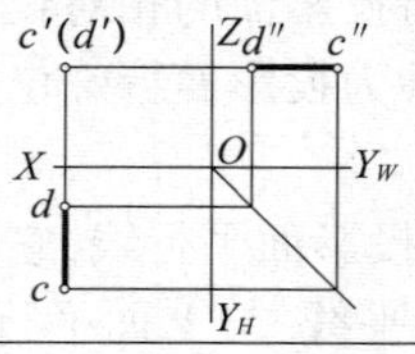	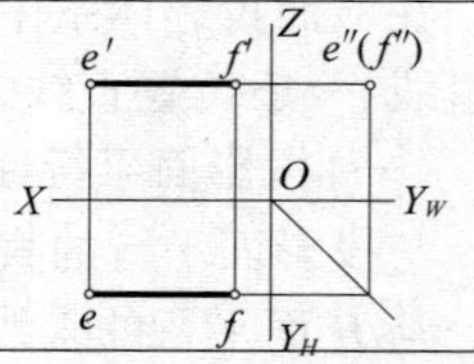
投影特性	1. 水平投影积聚为一点； 2. 正面投影和侧面投影都平行于 *Z* 轴，并反映实长	1. 正面投影积聚为一点； 2. 水平投影和侧面投影都平行于 *Y* 轴，并反映实长	1. 侧面投影积聚为一点； 2. 正面投影和水平投影都平行于 *X* 轴，并反映实长

（三）一般位置直线

一般位置直线与三个投影面都倾斜，因此在三个投影面上的投影都不反映实长，投影与投影轴之间的夹角也不反映直线与投影面之间的夹角，如图 3-6 所示。

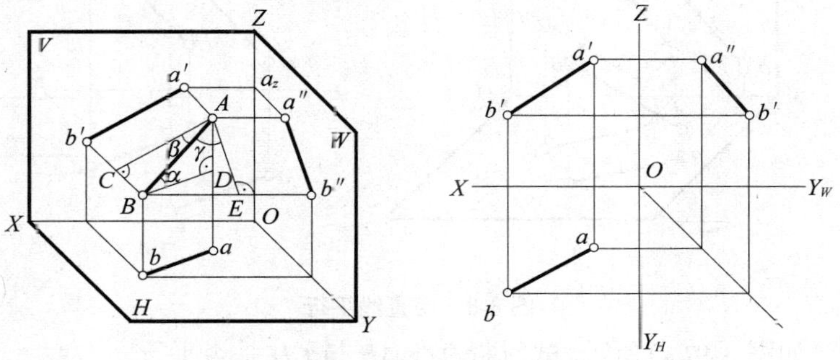

图 3-6　一般位置直线的投影

二、直线上点的投影特性

（一）从属性

根据点和直线的投影特性，属于直线的点的投影在直线的同面投影上。如图 3-7(a) 所示，C 属于直线 AB，则 c 在 ab 上，c' 在 $a'b'$ 上，同理 c'' 在 $a''b''$ 上。

码 3-3　微课：直线上点的投影及两直线的相对位置

（二）定比性

点分线段之比投影后保持不变。图 3-7 中 C 点将 AB 分为 2∶1 两段，在求作 C 点的投影时，只需将 AB 的任意一个投影分为 2∶1，即可求得 C 点的投影。

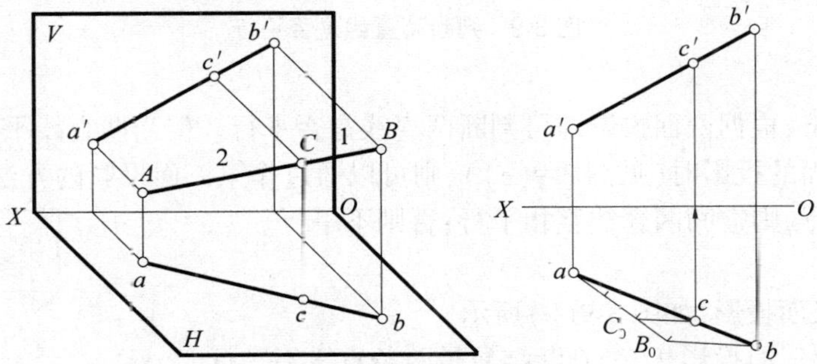

图 3-7　属于直线的点的投影

三、两直线的相对位置

空间两直线的相对位置分三种情况：平行、相交、交叉。平行和相交两直线属于共面直线，交叉两直线属于异面直线。相交和交叉关系中包含垂直关系。

（一）两直线平行

如图 3-8 所示，根据平行投影特性和初等几何知识，可以证明如下投影特性：如果空间两直线互相平行，则两直线的同面投影必互相平行；反之亦然。

根据此投影特性,可以画出平行两直线的投影,也可以判断空间两直线是否平行。

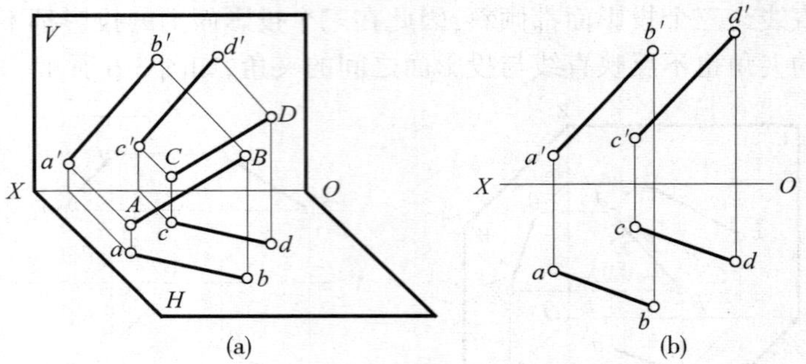

图 3-8 两直线平行

【例 3-3】 如图 3-9(a)所示,试判断直线 AB 与 CD 是否平行。

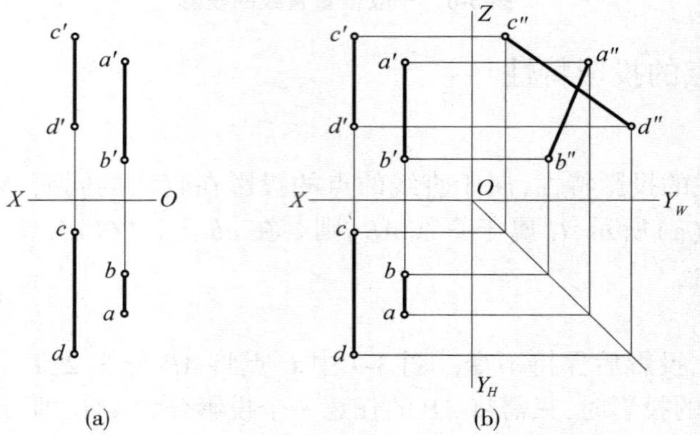

图 3-9 判断两直线是否平行

分析:

一般情况下,根据两面投影即可判断两直线是否平行。但当两直线平行某投影面,又未画出该投影面的投影时(见图 3-9(a)),则可以通过作第三面投影的方法判断。若第三面投影互相平行,则空间两直线互相平行;否则不平行。

判断:

(1)作第三面投影,如图 3-9(b)所示。

(2)由于第三面投影相交,判断结果是两条直线不平行。

(二)两直线相交

如图 3-10 所示,如果空间两直线相交,则两直线的同面投影必相交,且交点的投影必符合点的投影规律;反之亦然。

根据此投影特性,可以判断空间两直线是否相交。

【例 3-4】 如图 3-11(a)所示,试判断直线 AB 与 CD 是否相交。

分析:

一般情况下,根据两面投影即可判断两直线是否相交。但当两直线之一平行于某投影面,又未画出该投影面的投影时,如图 3-11(a)所示,则投影图上的交点可能是重影点。可以通过作第三面投影的方法或定比的方法判断。

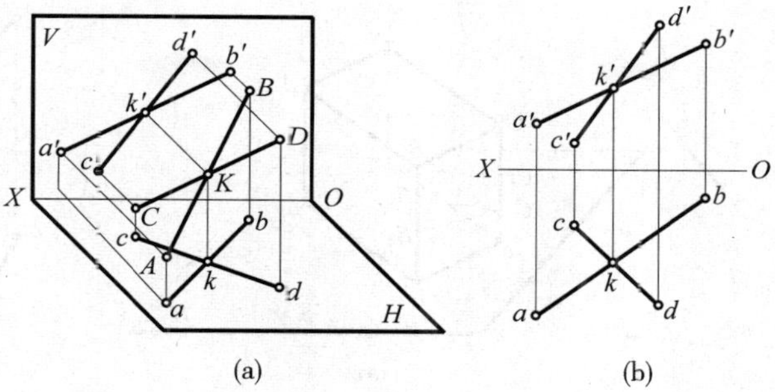

图 3-10 两直线相交

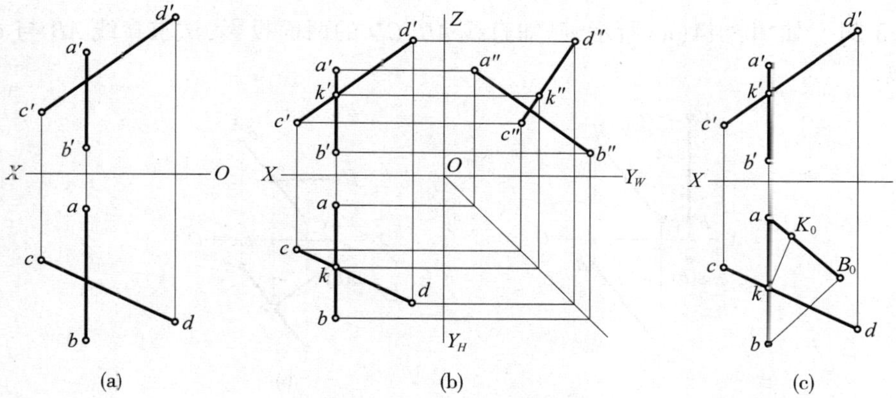

图 3-11 判断两直线是否相交

判断:

(1)方法一是作第三面投影,如图 3-11(b)所示。

(2)方法二是按定比的方法作图,如图 3-11(c)所示。

(3)判断结果是两条直线不相交。

(三)两直线交叉

如图 3-12 所示,空间两直线既不相交又不平行,称为两直线交叉。交叉两直线不存在共有点,在投影图中虽然有时同面投影相交,但交点不符合点的投影规律,其仅为两直线上的重影点。重影点要判别可见性。

(四)两直线垂直

两直线垂直(相交垂直或交叉垂直),一般情况下投影不反映直角,但在特定条件下投影反映直角。

直角投影定理:两直线互相垂直,若其中一条直线为投影面平行线,则两直线在该投影面上的投影一定互相垂直。如图 3-13(a)所示,AB 与 B_1C_2 即为交叉垂直,AB 与 BC_1 即为相交垂直。证明过程略。

直角投影定理逆定理:若相交两直线在某投影面上的投影互相垂直,且其中一条直线为该投影面的平行线,则两直线在空间必互相垂直,如图 3-13(b)所示。

利用直角投影定理及其逆定理,可以绘制某些空间垂直两直线的投影图或判断两直线在空间是否垂直,它是解决垂直问题的基础。

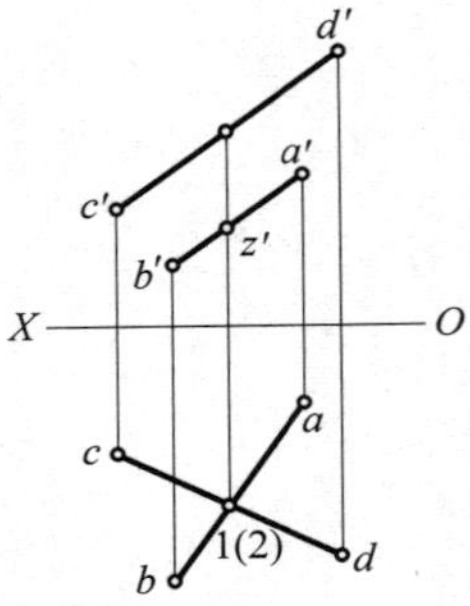

图 3-12 两直线交叉

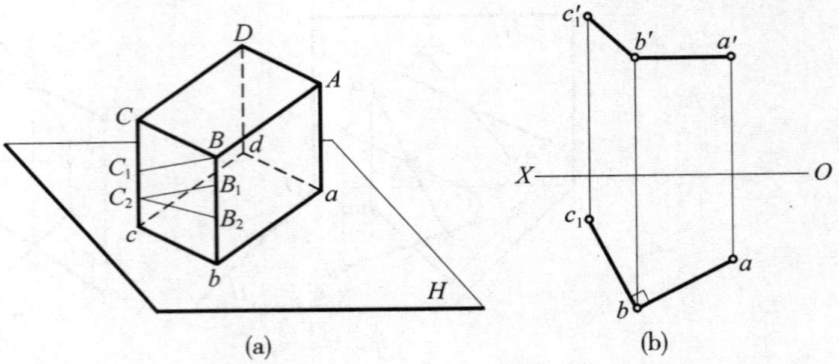

图 3-13 直角投影定理证明

【例 3-5】 如图 3-14(a)所示,已知直线 *AB*、*CD* 的两面投影,试求直线 *AB* 与 *CD* 之间的距离。

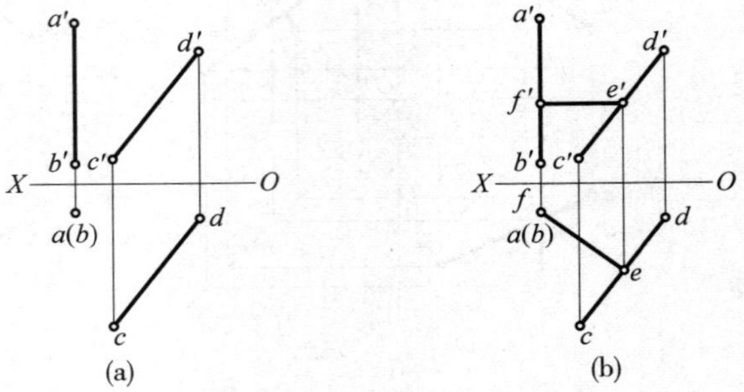

图 3-14 求两直线之间的距离

分析:

直线 *AB*、*CD* 之间的公垂线(与 *AB*、*CD* 都垂直相交的直线)的实长,就是两直线之间的距离。题中因为 *AB* 为铅垂线,所以公垂线为水平线,再根据直角投影定理,该公垂线的水平投影必垂直于 *cd*。

作图[见图 3-14(b)]:

(1)过 $a(b)$ 作直线垂直 *cd* 于 *e*,求出 e'。

(2)过 e' 作出水平线 $e'f'$(*EF* 的正面投影)。*EF* 即为所求公垂线,其水平投影 *ef* 长度即为实长,亦即直线 *AB* 与 *CD* 之间的距离。

第三节 平面的投影

码 3-4 微课:平面的投影

一、平面的表示法

由初等几何可知,不属于同一直线的三点确定一平面。因此,可由下列任意一组几何元素的投影表示平面(见图 3-15):

(1)不在同一直线上的三个点。

(2)一直线和不属于该直线的一点。

(3)相交两直线。

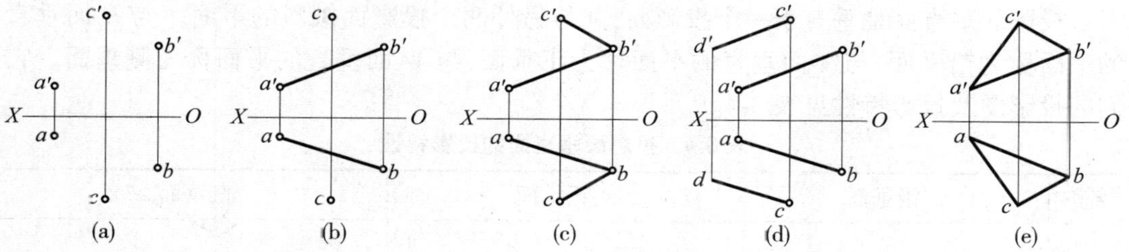

图 3-15　平面表示法

(4)平行两直线。

(5)任意平面图形。

二、各种位置平面的投影特性

在三投影面体系中,平面和投影面的相对位置关系与直线和投影面的相对位置关系相同,可以分为三种:投影面平行面、投影面垂直面、一般位置平面。前两种为投影面特殊位置平面,后一种为投影面一般位置平面。

(一)投影面平行面

投影面平行面是平行于一个投影面,并与另外两个投影面垂直的平面。与 H 面平行的平面称为水平面,与 V 面平行的平面称为正平面,与 W 面平行的平面称为侧平面。它们的投影图及投影特性见表 3-3。

表 3-3　投影面平行面的投影特性

名称	水平面	正平面	侧平面
轴测图	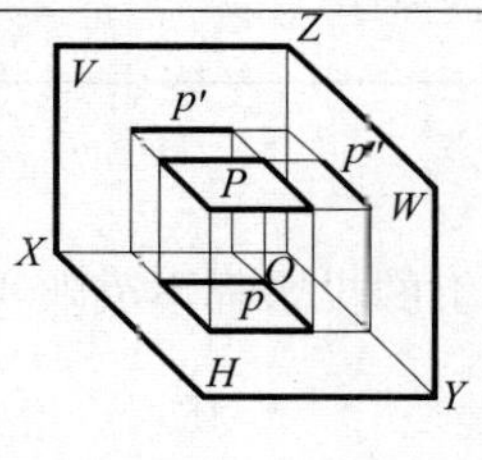	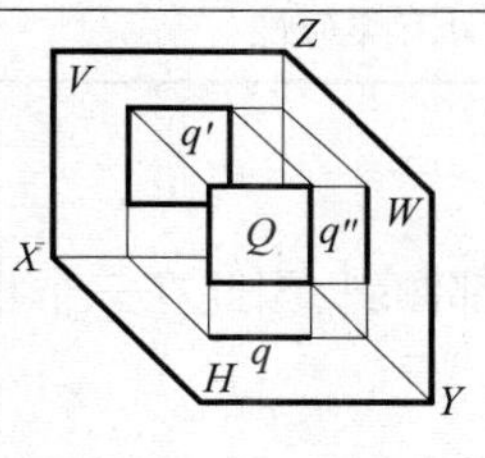	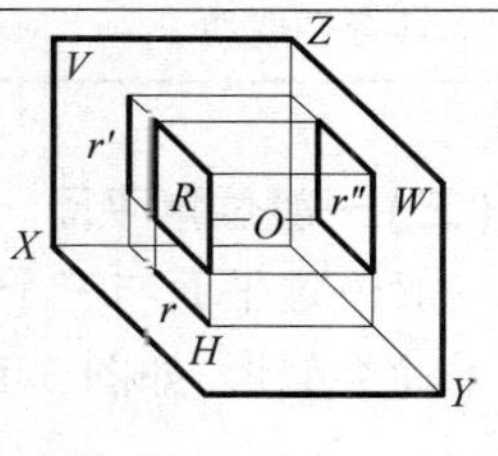
投影图	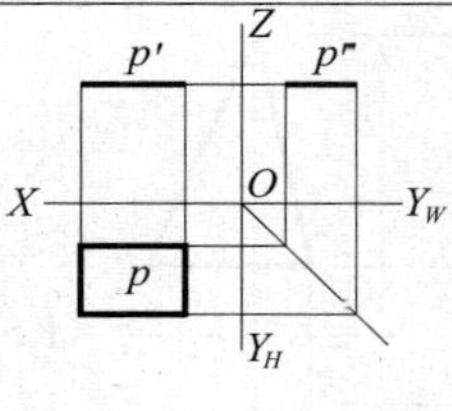	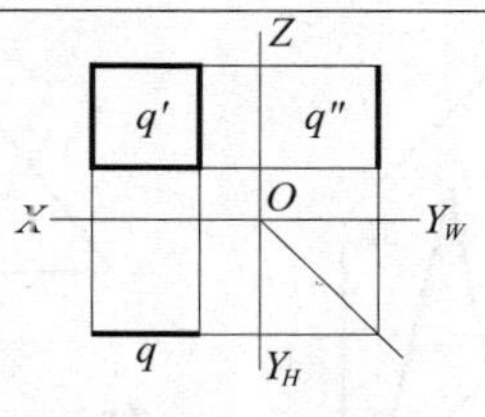	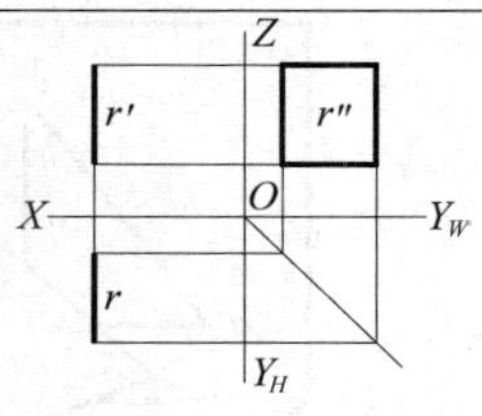
投影特性	1. 水平投影反映实形; 2. 正面投影积聚成平行于 X 轴的直线; 3. 侧面投影积聚成平行于 Y 轴的直线	1. 正面投影反映实形; 2. 水平投影积聚成平行于 X 轴的直线; 3. 侧面投影积聚成平行于 Z 轴的直线	1. 侧面投影反映实形; 2. 正面投影积聚成平行于 Z 轴的直线; 3. 水平投影积聚成平行于 Y 轴的直线

（二）投影面垂直面

投影面垂直面是垂直于一个投影面，并与另外两个投影面倾斜的平面。与 H 面垂直的平面称为铅垂面，与 V 面垂直的平面称为正垂面，与 W 面垂直的平面称为侧垂面。它们的投影图及投影特性见表 3-4。

表 3-4　投影面垂直面的投影特性

名称	铅垂面	正垂面	侧垂面
立体图	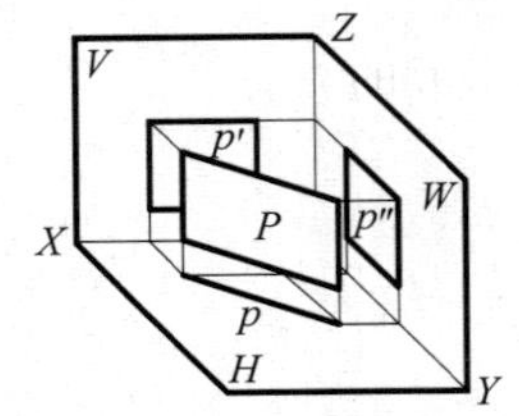	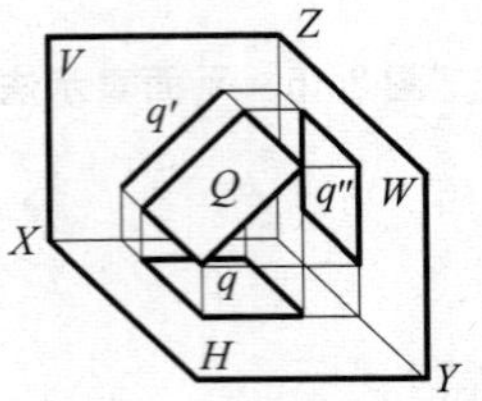	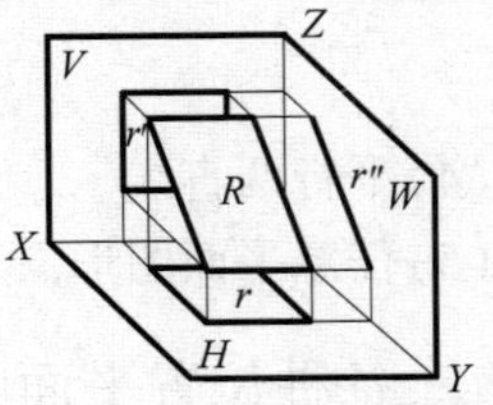
投影图	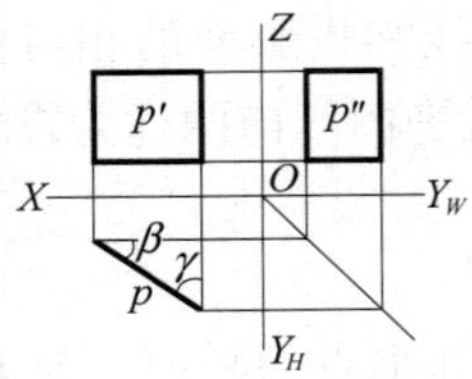	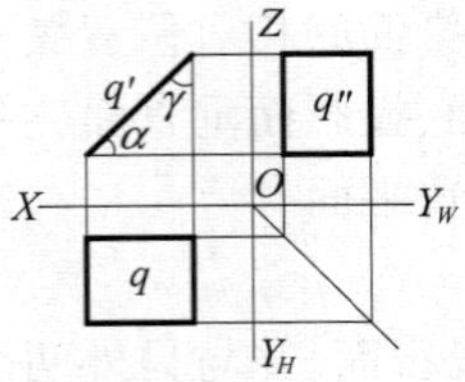	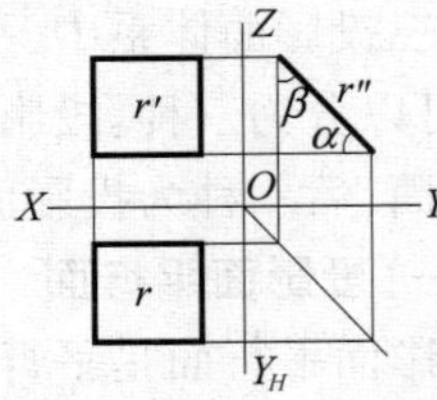
投影特性	1. 水平投影积聚成直线，与 X 轴夹角为 β，与 Y 轴夹角为 γ； 2. 正面投影和侧面投影具有类似性	1. 正面投影积聚成直线，与 X 轴夹角为 α，与 Z 轴夹角为 γ； 2. 水平投影和侧面投影具有类似性	1. 侧面投影积聚成直线，与 Y 轴夹角为 α，与 Z 轴夹角为 β； 2. 正面投影和水平投影具有类似性

（三）一般位置平面

一般位置平面与三个投影面都倾斜，因此在三个投影面上的投影都不反映实形，而是缩小了的类似形，如图 3-16 所示。

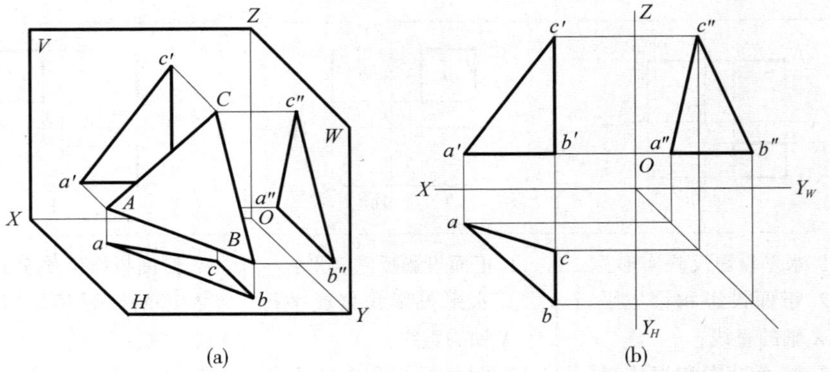

图 3-16　一般位置平面的投影

三、平面上的点和直线

点和直线属于平面的几何条件如下：

(1)属于平面的点，必属于平面内的已知直线。

(2)属于平面内的直线，必通过属于平面的两点，或通过属于平面的一点且平行于平面内一已知直线。

根据上述几何条件，可作属于平面内的点和直线，也可判定点和直线是否属于平面。

【例 3-6】　如图 3-17(a)所示，已知点 K 的水平投影和点 L 的两面投影，且点 K 属于 $\triangle ABC$，试求点 K 的正面投影并判断点 L 是否属于 $\triangle ABC$ 所确定的平面。

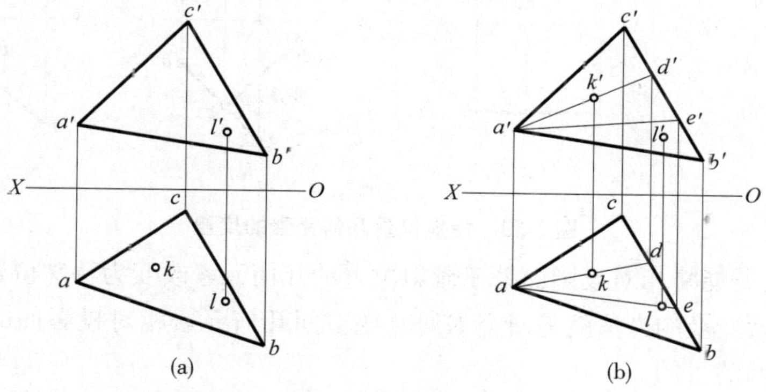

图 3-17　属于平面的点的有关问题

分析：

依据点和直线属于平面的几何条件，先作辅助线，再判定。

作图[见图 3-17(b)]：

(1)分别连接 a 和 k、a 和 l，并延长与 bc 相交。

(2)求出属于平面的两条直线的正面投影；根据属于直线的点的投影特性，作出 k'。

(3)判定 L 不在平面上。

属于平面的投影面平行线具有投影面平行线的投影特性，同时又与所属平面保持从属关系。

【例 3-7】　如图 3-18 所示，已知 $\triangle ABC$ 平面，试在平面上过点 A 作正平线，过点 C 作水平线。

分析：

如图 3-18 所示，根据水平线和正平线的投影特性，水平线的正面投影平行于 X 轴，正平线的水平投影平行于 X 轴。

作图：

(1)分别过 a 和 c' 作 X 轴的平行线 ad 和 $c'e'$。

(2)根据投影关系分别求出 $a'd'$ 和 ce，AD 即为平面上的正平线，CE 即为平面上的水平线。

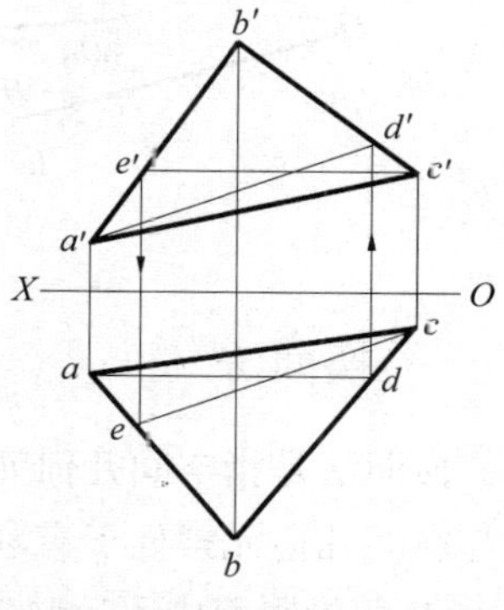

图 3-18　在平面上作水平线和正平线

第四节　投影变换的基本方法

由前两节中对几何元素及其相对位置的投影分析可知，当几何元素相对于投影面处于特殊位置时,它们的投影具有积聚性并可能反映实长、实形及某些真实夹角等,比较容易解决其定位或度量问题,如图 3-19 所示。

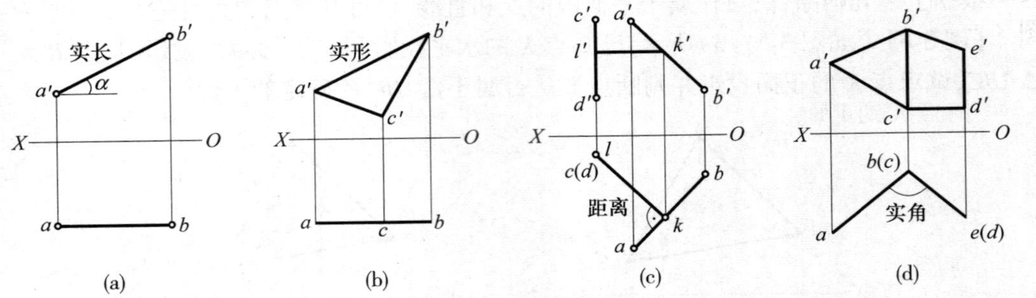

图 3-19　特殊位置几何元素的度量

由此想到,若能将相对投影面处于倾斜位置的几何元素改变为特殊位置,那么解题就方便多了。投影变换的方法就是研究如何改变空间几何元素相对投影面的相对位置,从而达到简化解题的目的。

常用投影变换的基本方法有两种:换面法和旋转法,如图 3-20 所示。

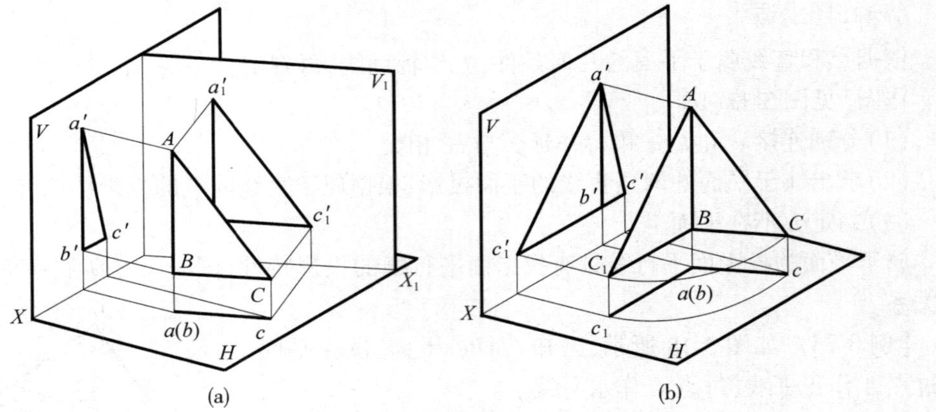

图 3-20　投影变换的基本方法

一、换面法

换面法是指空间几何元素保持不动,用新的投影面替换原有的某个投影面,使新投影面与空间几何元素处于有利于解题的位置。如图 3-20(a)所示,处于铅垂位置的三角形在 V、H 两投影面中不反映实形,现作一个与 H 面垂直的新投影面 V_1,并平行于三角形确定的平面,将三角形向 V_1 面投影,则在该面上得到反映该平面实形的投影。

换面法中,选择的新投影面必须处于有利于解题的位置,并且必须垂直于原投影面体系中的一个投影面,组成一个新的两投影面体系。

(一)换面法的基本规律

点是最基本的几何元素,因此必须首先掌握点的投影变换规律。

1. 变换 H 面

如图 3-21(a)所示,以新的投影面 H_1 替换基本投影面 H,保留投影面 V,H_1 与 V 面的交线为 X_1 轴,空间点 A 在 H_1 面上的投影用 a_1 表示,将投影面展开得到新的投影体系,如图 3-21(b)所示。根据点的投影特性,则有:

(1)点的新投影 a_1 与不变投影 a' 的连线垂直于新的投影轴 X_1。

(2)点 A 到 V 面的距离在新、旧投影体系中是相同的,即 $a_1a_{x1}=aa_x=Aa'$。

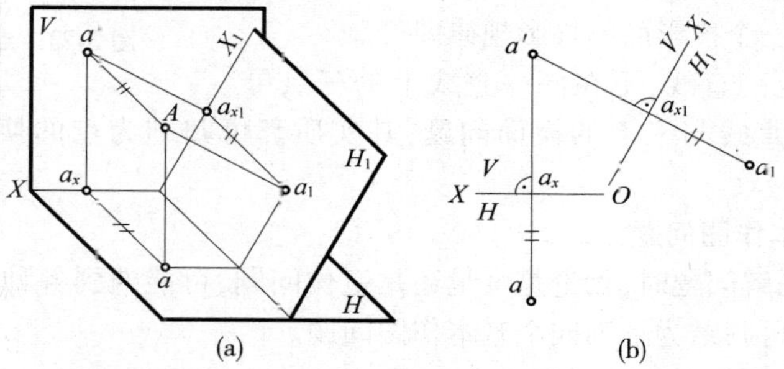

图 3-21 点的投影变换——变换 H 面

变换 H 面时点的投影图的作图步骤如下:

(1)在图上适当的位置画出新轴 X_1,以 H_1 面替换 H 面。

(2)由不变投影 a' 作直线垂直于 X_1 轴。

(3)在 X_1 轴另一侧取 $a_1a_{x_1}=aa_x$,a_1 即为 H_1 面上的新投影。

2. 变换 V 面

如图 3-22(a)所示,以新的投影面 V_1 替换基本投影面 V,保留投影面 H,V_1 与 H 面的交线为 X_1 轴,空间点 B 在 V_1 面上的投影用 b_1' 表示,将投影面展开得到新的投影体系,如图 3-22(b)所示。其投影图同样有如下特性:

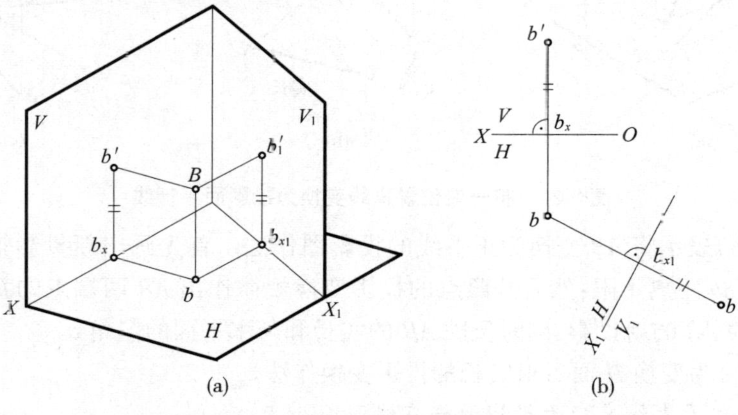

图 3-22 点的投影变换——变换 V 面

（1）点的新投影 b'_1 与不变投影 b 的连线垂直于新的投影轴 X_1。

（2）点 B 到 H 面的距离在新、旧投影体系中是相同的，即 $b'_1b_{x_1}=b'b_x=Bb$。

3. 点的二次换面或多次换面

点的二次换面是在一次换面的基础上再作一次换面，如图3-23所示。同样也可作多次换面，但要遵守两条规则：

（1）为了保证投影特性不变，新增投影面必须与保留投影面垂直。

（2）每次只能替换一个投影面，但可以交替更换。

两次或多次换面的作图方法与一次换面完全相同，只要注意前后三个投影面的投影规律即可。

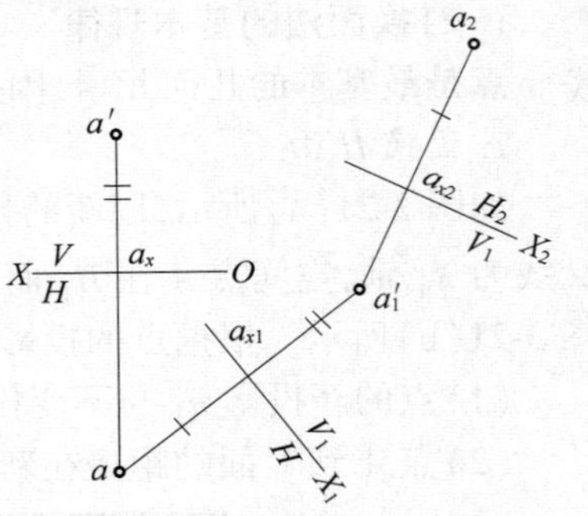

图3-23　点的二次换面

由于两点确定一直线，不在同一直线上的三点可确定一平面，因此直线与平面的换面问题，其实质都可归结为点的换面的具体运用与发展。

（二）四个基本作图问题

应用换面法图解问题时，无论是度量还是定位问题，可能遇到各种各样的情况，但从其作图过程来看，可归结为下列四个基本作图问题。

1. 将一般位置直线变换为投影面平行线

如图3-24（a）所示，AB 为一般位置直线，其 H 面和 V 面投影均不反映实长。为此可设一个新投影面 V_1 平行于 AB，用以替换 V 面，则 AB 在新的投影体系中成为一正平线。

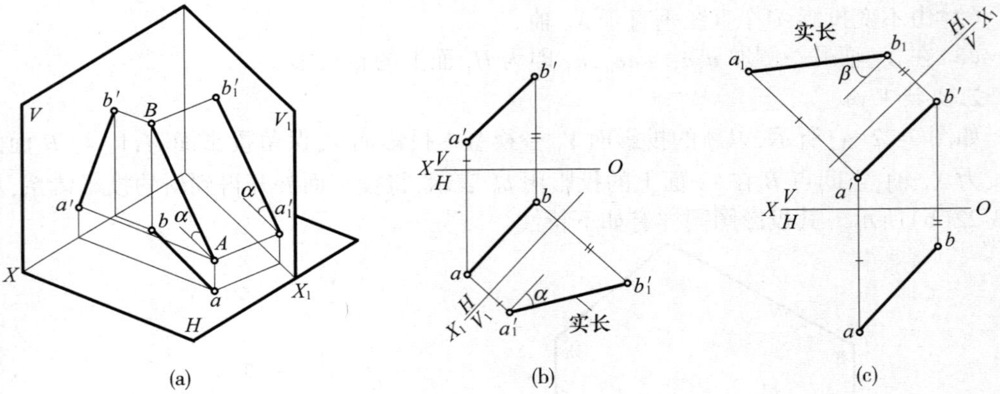

图3-24　将一般位置直线变换为投影面平行线

图3-24（b）表示将 AB 变换为正平线的投影图作法。首先画出新投影轴 X_1，X_1 必须平行于 ab，与 ab 距离不限；然后按照点的投影变换规律作出 AB 两端点的新投影 a'_1、b'_1；连接 $a'_1b'_1$ 即为 AB 的新投影，同时反映 AB 的实长和与水平面的倾角 α。

图3-24（c）为变换 H 面后求实长的投影变换作法。

2. 将一般位置直线变换为投影面垂直线

只有当直线为投影面平行线时，一次换面才能变换为投影面垂直线。将一般位置直线变换为投影面垂直线就要进行两次换面，即先将一般位置直线变换为投影面平行线，然后才能将投影面平行线变换为投影面垂直线。

具体作图如图 3-25 所示，先将一般位置直线变换为投影面平行线，再将投影面平行线变换为投影面垂直线。

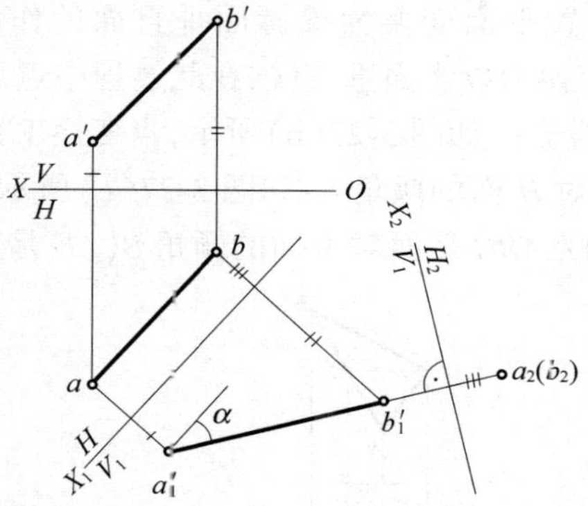

图 3-25　一般位置直线变换为投影面垂直线

【例 3-8】　如图 3-26(a)所示，用换面法求作交叉两直线 AB 和 CD 之间的公垂线 KL。

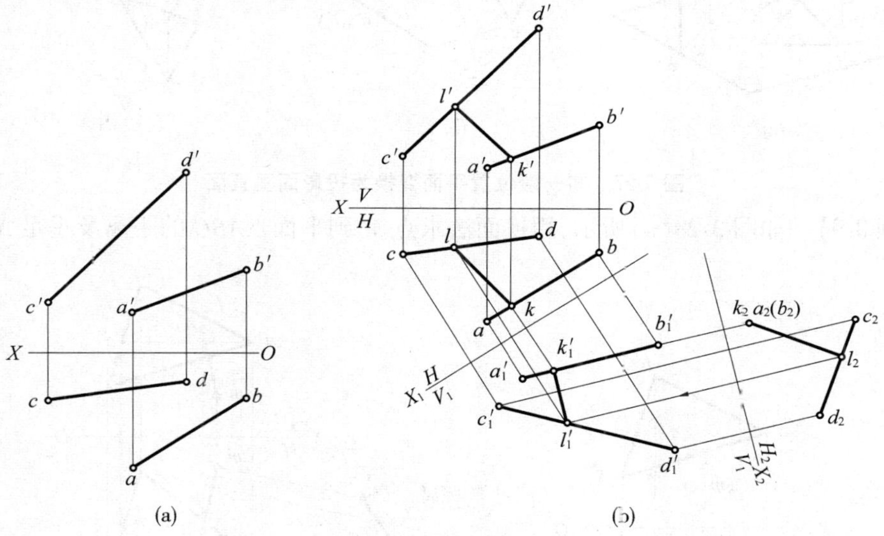

图 3-26　求交叉两直线的公垂线

分析：

由例 3-5 可知，交叉两直线中，若有一条为投影面垂直线，可以直接利用直角投影定理作出公垂线。因此，本题中只需将 AB 变换为投影面垂直线。

作图[见图 3-26(b)]：

(1)将 AB 变换为投影面平行线($a'_1b'_1$)。

(2)将 AB 变换为投影面垂直线，即可在 H_2 投影面中求出公垂线的投影 k_2l_2。

(3)由 l_2 返回求出 l'_1，过 l'_1 作 x_2 的平行线求出 k'_1，最后求出 kl 和 $k'l'$，即可得到两交叉直线之间的公垂线 KL。

3. 将一般位置平面变换为投影面垂直面

将一般位置平面变换为投影面垂直面时，新投影面既要垂直于一般位置平面，又要垂直于基本投影面。为了满足此条件，只需把一般位置平面内一条投影面平行线变成投影面垂直线即可。根据直线的投影变换可知，这种换面只需一次。

图3-27表示将一般位置平面变换为投影面垂直面的作图过程。实际上是将属于△*ABC*的一条水平线*AD*变换为投影面垂直线，在此过程中点*B*和*C*同时变换投影面，得到了△*ABC*具有积聚性的投影。如图3-27(b)所示，当变换*V*面时，积聚性投影$a_1'b_1'c_1'$与X_1轴的夹角为△*ABC*平面对*H*面的倾角α；如图3-27(c)所示，当变换*H*面时，积聚性投影$a_1b_1c_1$与X_1轴的夹角为△*ABC*平面对*V*面的倾角β(*AE*是正平线)。

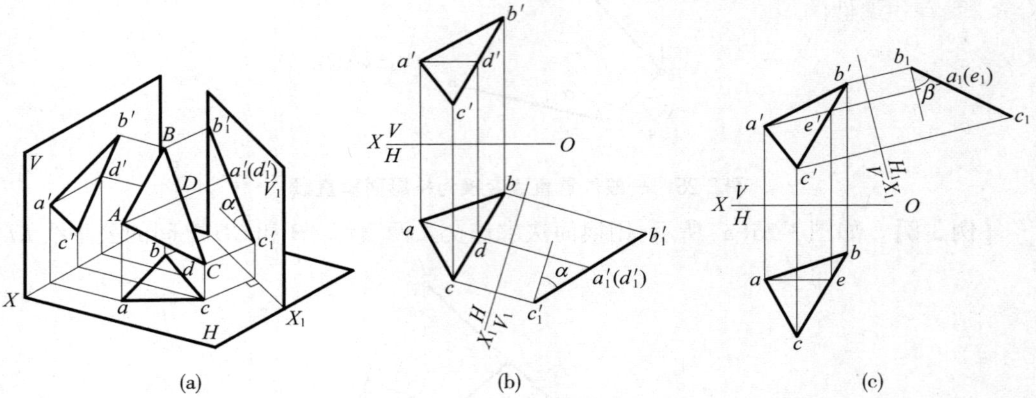

图3-27　将一般位置平面变换为投影面垂直面

【例3-9】　如图3-28(a)所示，用换面法求点*M*到平面△*ABC*的距离及垂足*N*。

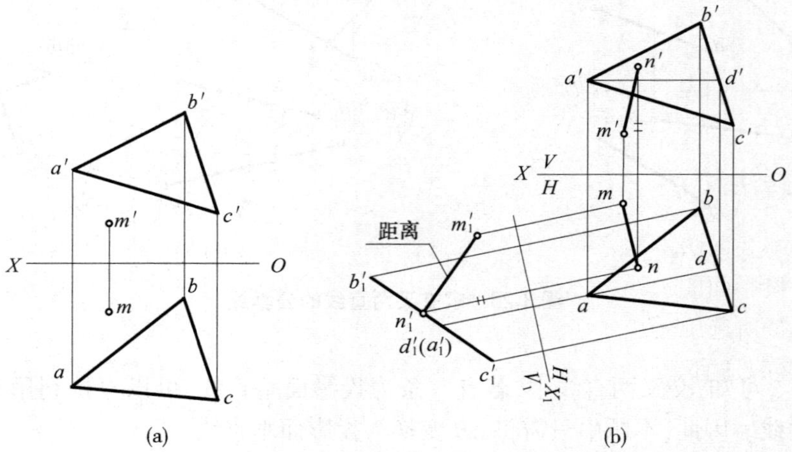

图3-28　求点到平面的距离

分析：

如果将平面变换为投影面垂直面，点到平面的垂线则为该投影面平行线，并在该投影面中反映点到平面距离的实长。

作图：

(1)将平面△ABC 变换为投影面垂直面，点 M 随之变换为点 m_1'。

(2)过点 m_1' 向平面的积聚性投影作垂线，垂足为 n_1'，$m_1'n_1'$ 即为点到平面的距离。

(3)过 n_1' 作 x_1 的垂线与过 m 作 x_1 的平行线的交点，即得垂足点 N 的水平投影。

4. 将一般位置平面变换为投影面平行面

如需将一般位置平面变换为投影面平行面，必须变换两次投影面才行。首先将一般位置平面变换为投影面垂直面，然后将投影面垂直面变换为投影面平行面。

图 3-29 表示将一般位置平面变换为投影面平行面的作图过程。先变换 H 面，将△ABC 变换为投影面垂直面，得到△ABC 具有积聚性的投影；再变换 V 面，取 X_2 轴平行于△ABC 具有积聚性的投影，求出点 A、B、C 的新投影 a_2'、b_2'、c_2'，则△$a_2'b_2'c_2'$反映△ABC 的实形。

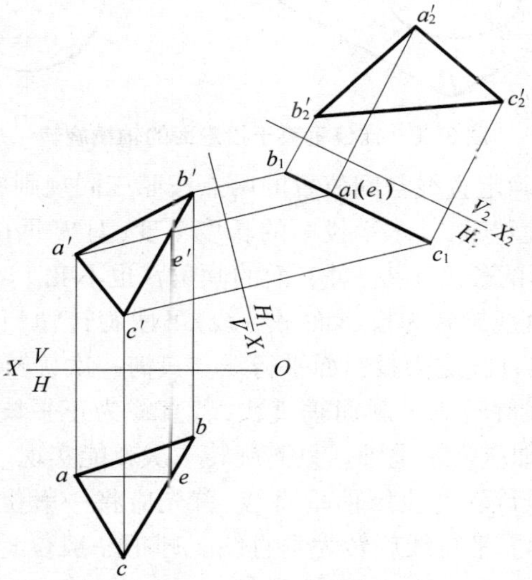

图 3-29　将一般位置平面变换为投影面平行面

二、旋转法

旋转法和换面法不同，它不需设立新投影面，而是保持投影面不动，使空间几何元素绕垂直于某投影面的轴线旋转到与另一投影面处于所需的特殊位置，如图 3-20(b)所示。

旋转法按所选旋转位置的不同可分为两大类：绕投影面垂直线旋转法和绕投影面平行线旋转法(只适宜于解决有关同一平面内的问题)。现将空间几何元素绕垂直线的旋转法概述如下：

(1)旋转轴垂直于投影面，并按解题要求可选择以正垂线为旋转轴来旋转空间几何要素。为简化作图过程可使旋转轴通过几何要素。

(2)旋转时几何要素间必须遵守绕同一旋转轴、按同一方向及旋转同一角度的三同规则，将其旋转到有利于解决定位和度量的位置。

(3)旋转空间几何要素时，点、线、面的投影规律及作图规律仍适用。

三、旋转的基本规律及其作图

(1)点绕垂直于投影面的轴线旋转时,它的旋转轨迹在该投影面上投影为一圆,而在另一投影面上的投影为平行于投影轴的直线(点旋转轨迹所在的平面为投影面的平行面),如图 3-30 所示。

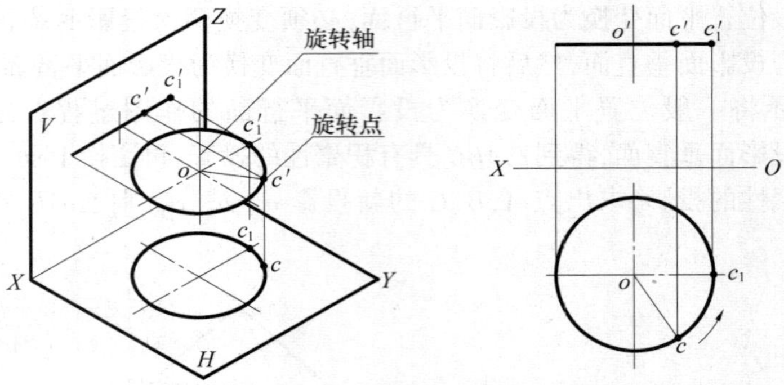

图 3-30　点绕垂直于投影面的轴线旋转

(2)旋转直线时,把确定直线空间位置的两点按照三同规则旋转。

(3)直线绕铅垂轴旋转时,其水平投影的长度不变,对 H 面的倾角 α 不变;直线绕正垂轴旋转时,其正面投影的长度不变,对 V 面的倾角 β 也不变。

(4)若将一般位置直线旋转为投影面平行线,可使旋转轴(正垂轴或铅垂轴)过直线两端点中的一端,来旋转直线成为投影面平行线。只需一次旋转就能实现。

(5)把投影面平行线旋转成投影面垂直线,若直线为正平线,其旋转轴应为正垂轴;若直线为水平线其旋转轴应为铅垂轴。只需旋转一次就能实现。

(6)把一般位置直线旋转为投影面垂直线,首先应将一般位置直线旋转为投影面平行线,然后将这一般投影面平行线旋转为垂直线。即把一般位置直线旋转成投影面垂直线,须经二次旋转(先平行后垂直)才能实现。

旋转法用来求线段实长、平面的实形以及它们和投影面的倾角等问题,作图较简便。

四、常用的旋转法应用示例

(一)将一般位置直线旋转成正平线

图 3-31 所示是将一般位置直线 AB 旋转成正平线的作图方法。

分析:首先必须选取一个合适的旋转轴。由于线段绕垂直于正面的轴旋转时 β 角不变,因此不可能绕这样的轴将 AB 直线旋转成 $\beta=0$ 的正平线,所以应选垂直于水平面的轴,而且为了作图简便,可以使旋转轴Ⅰ—Ⅰ通过线段 AB 的端点 A[如图 3-31(a)所示],这样 A 点在旋转时位置不变,只要旋转一个 B 点。要使直线 AB 成为正平线,必须在水平投影上将 b 点绕Ⅰ—Ⅰ轴旋转到使 $b_1a//OX$,然后按点的投影规律求得 b_1',再用直线连接 ab_1 和 $a'b_1'$,即得 AB 旋转成正平线的投影,它的正面投影反映了该线段的实长及对水平面的倾角 α。图 3-31(b)所示为作图方法。

将一般位置直线旋转为水平线方法与上类似。

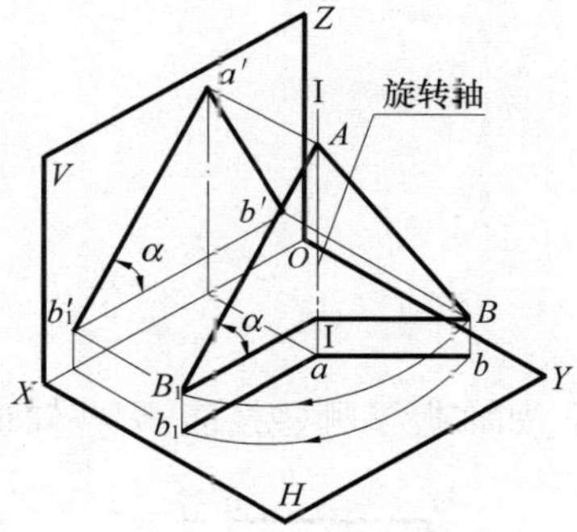

(a)

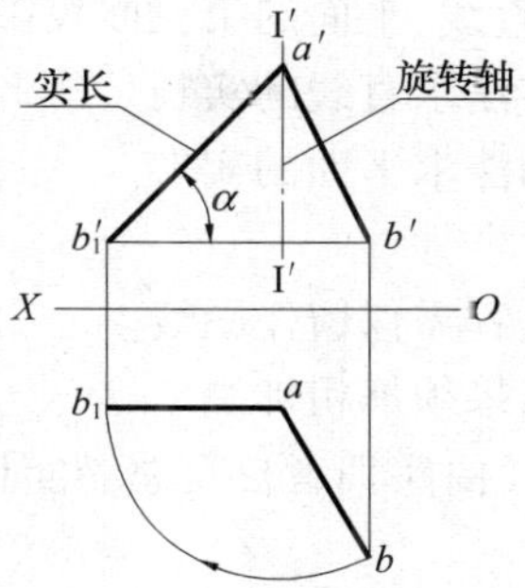

(b)

图 3-31　一般位置直线旋转成正平线

(二)将平行线(正平线)旋转成投影面垂直线(铅垂线)

图 3-32 是正平线旋转成铅垂线的作图方法。

分析:要使正平线旋转成铅垂线,应选择垂直于正面的轴 Aa',为了作图方便,可使轴通过直线的一个端点 A,然后将 A 点绕 Aa'轴旋转到使直线处于铅垂位置,具体作图如图 3-32 所示。将水平线旋转为正垂线方法与此类似。

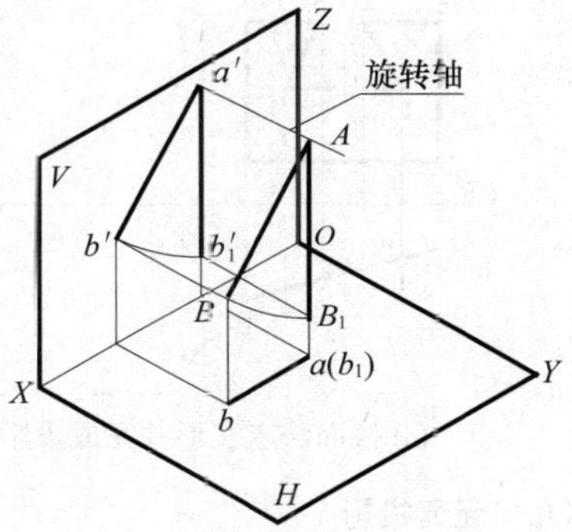

(a)

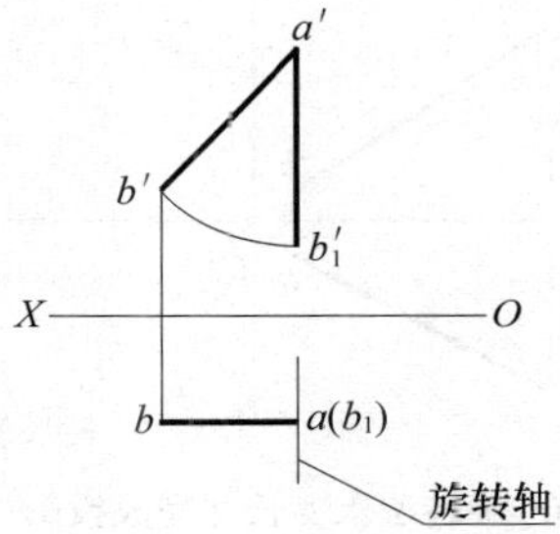

(b)

图 3-32　正平线旋转成铅垂线

从上述例子可以看出,直线绕垂直于某一投影面的轴旋转时,直线对该投影面的倾角不变。因此,要使一般位置直线旋转成投影面垂直线,必须旋转两次,即先将它旋转成某投影面的平行线,然后将它旋转成投影面垂直线。这与换面法中换两次面的情况是相似的。

实训三

实训目的:理解点、线、面的空间位置情况,掌握点、线、面的投影特性。

实训内容:几何元素的投影(见图 3-33)。

实训要求:用 A4 的图幅(210×297)绘制;要求投影正确;图名为点线面的投影图;图号为 SX3。

实训步骤:

(1)作点、直线、平面的第三面投影。

(2)用旋转法求直线的实长。

(3)用换面法求平面的实形。

提示:

(1)作图过程需保留作图线。

(2)作图结果须加粗加黑。

实训小结:(由实训者自行总结实训过程,如掌握了哪些技能,哪些知识点还欠缺)

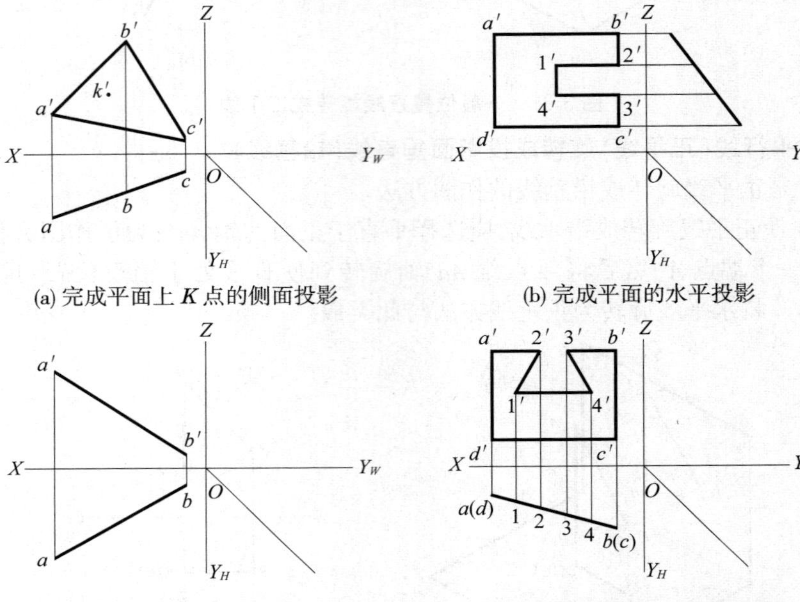

(a) 完成平面上 *K* 点的侧面投影

(b) 完成平面的水平投影

(c) 旋转法求实长并完成投影

(d) 换面法求实形并完成投影

图 3-33　基本几何元素投影

复习思考题

一、思考题

1. 重影点是怎样形成的?如何判别其可见性?

2. 各种位置直线的基本投影特性是什么?

3. 各种位置平面的基本投影特性是什么?

二、选择题(将正确的答案代号填在括号里)

1. 已知空间点 *A* 只有 *y* 坐标为零,其空间位置是(　　)。

　(a)在非轴、非原点处　　(b)在原点处　　(c)在 *X* 轴上　　(d)在 *V* 面上

2. 能在平面内取到正垂线的平面是(　　)。

　(a)侧垂面　　(b)正垂面　　(c)铅垂面　　(d)一般位置平面

3. 使用换面法求一般位置直线 *AB* 倾角 β 时,需要变换(　　)。

　(a)*V* 面　　(b)*H* 面　　(c)*W* 面　　(d)任意投影面

三、判断题(正确的打"√"、错误的打"×")

1. (　)已知空间点 $A(10,30,8)$ 和点 $B(10,20,8)$,这两个点的投影不能形成重影点。

2. (　)一般位置平面上没有特殊位置的投影面平行线。

3. (　)在一般位置平面上取点时可用辅助直线法。

第四章　立体的投影

【学习要求】

掌握基本体的投影特性,了解简单体的画图和读图方法。

【主要内容】

平面体、曲面体和简单体。

【课程思政】

教育优先,育人为先。党的二十大报告提出:“我们要坚持教育优先发展、科技自立自强、人才引领驱动,加快建设教育强国、科技强国、人才强国,坚持为党育人、为国育才,全面提高人才自主培养质量,着力造就拔尖创新人才,聚天下英才而用之。”激发爱国热情,为国家奉献,为人民服务。

最常见的立体有基本立体和简单立体。简单立体简称为简单体,是由若干平面、曲面所围成的;或者说是由基本立体经过简单的叠加和切割而成的,如图4-1所示。

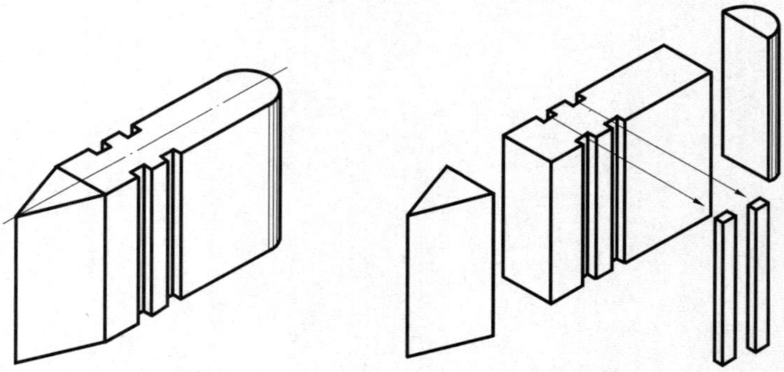

(a)　　　　(b)

图4-1　闸墩

基本立体简称基本体,根据其表面的几何性质可分为平面立体和曲面立体两大类。

平面立体简称平面体,是由若干平面围成的几何体,如棱柱体、棱锥体、棱台体等。

曲面立体简称曲面体,是由若干曲面或曲面与平面围成的几何体,如圆柱体、圆锥体、圆台体等。

第一节　平面体

码4-1　微课:平面体三视图

平面体的表面都是由平面围成的,作平面体的投影,就是作出各平面的投影。因此,分析组成立体表面之间的相对位置及对投影面的相对位置和其投影特性,为以后更深一层的学习打好基础。常见的平面体有棱柱体、棱锥体、棱台体等,如图 4-2 所示。

一、棱柱体的三视图

棱柱体根据底面与棱的关系可分为正棱柱和斜棱柱。下面以正六棱柱为例作柱体的三视图。

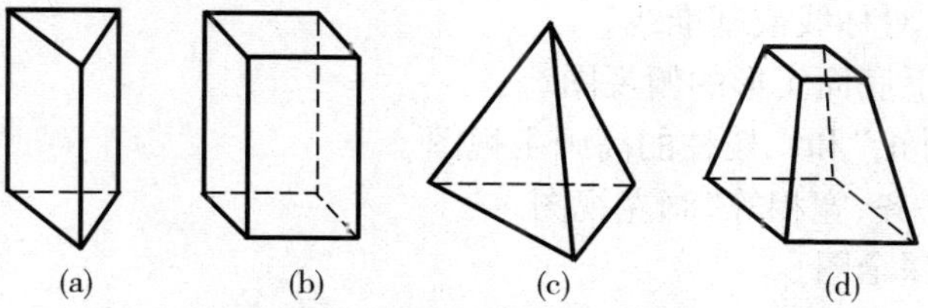

图 4-2　平面体的形体特征

(一)分析形体

图 4-3 所示基本几何体为正六棱柱,它的上下底面为全等且互相平行的六边形,六个棱面全为矩形且与底面垂直,六条棱线等长,是六棱柱的高。

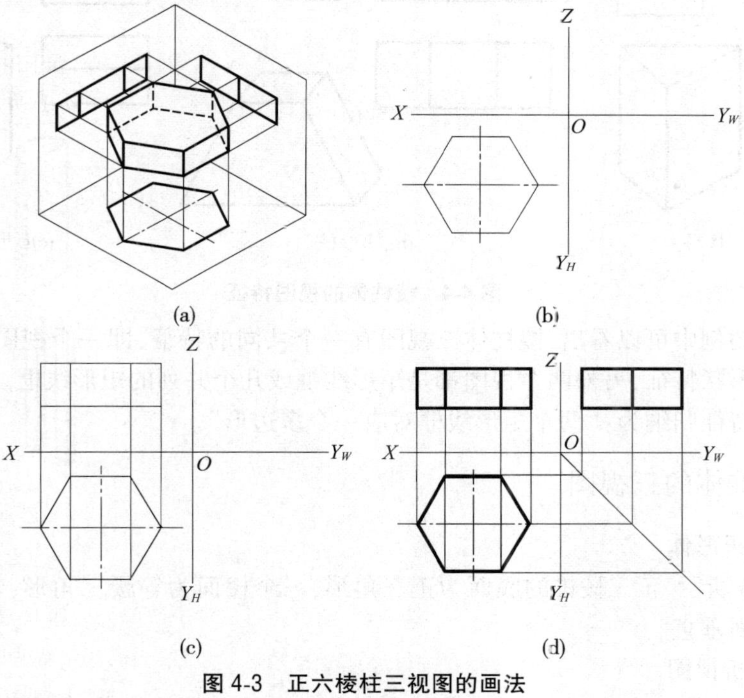

图 4-3　正六棱柱三视图的画法

(二)分析视图

在图 4-3 中,正六棱柱的上下底面平行于 H 面,且前后两个棱面平行于 V 面,则有:

(1)俯视图。由于上下两个底面均平行于水平面,所以水平投影反映正六边形的实形而且重影。它的六个棱面都垂直于水平面,其水平投影积聚在水平投影的正六边形上。

(2)主视图。为三个并排的矩形线框,中间最大的矩形线框是平行于 V 面的前后棱面的投影,反映其实形;左右两个矩形线框为其余倾斜于 V 面的棱面的投影;上下两条水平位置线是上下底面的积聚性投影。

(3)左视图。上底面和下底面的侧面投影亦积聚为两条水平的直线,其间距与正面投影的高度相同。左右四个棱面的侧面投影重影成两个矩形线框,前后两个棱面的侧面投影积聚为左右两条铅垂的直线。

注意:侧面投影中只有两个矩形线框,其总宽度与水平投影中的宽度相等。

(三)作图

(1)画中心线、对称线或基准线。

(2)画反映上下底面实形的俯视图。

(3)根据"长对正"和六棱柱的高画主视图。

(4)根据"高平齐、宽相等"画左视图。

(5)检查并加深全图。

同理分析,可画出如图 4-4 所示的各棱柱体的特征三视图。

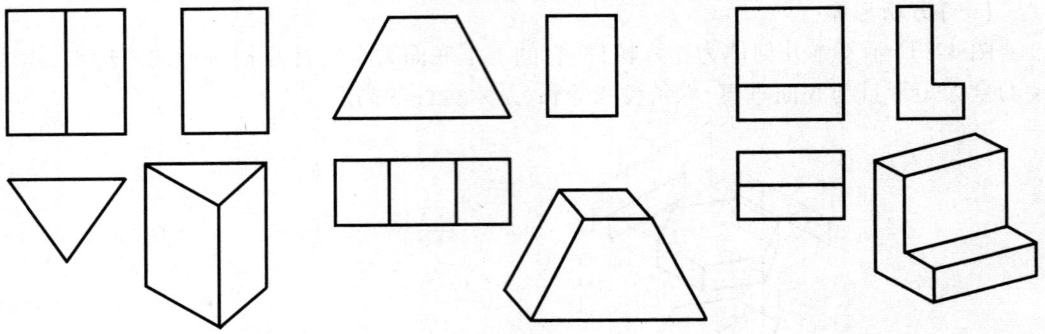

(a) 三棱柱　　(b) 梯形柱　　(c)L 形棱柱

图 4-4　棱柱体的视图特征

从这些图例中可以看出,棱柱体三视图有一个共同的特征,即一个视图为多边形,反映棱柱体的形状特征,另外两个视图都是矩形线框或几个并列的矩形线框。因此,可将棱柱体的视图特征归纳为:"两个矩形线框对应一个多边形"。

二、棱锥体的三视图

(一)分析形体

如图 4-5 所示,正三棱锥的底面为正三角形,三个棱面为等腰三角形,轴线通过底面重心并与底面垂直。

(二)分析视图

图 4-5 中三棱锥底面为水平位置,后棱面为侧垂位置,后底边线 AC 为侧垂线,则有:

(1)俯视图。外边的正三角形为正三棱锥底面的投影,反映实形;顶点 S 的投影落在正三边形的重心上,其与三个角点的连线即三条棱线的投影。

(2)主视图。外形为等腰三角形。其中,底边为正三棱锥底面的积聚投影;两条斜边、中间铅垂线是三条侧棱的投影,且左右两个棱面的投影可见,后面的一个棱面投影不可见。

(3)左视图。外形为一斜三角形。其中,底边为正三棱锥底面的积聚投影;斜边 $s''a''(c'')$ 为三棱锥后侧棱面的积聚投影;$s''b''$ 为前面棱线 SB 的投影,且反映实长(侧平线);斜三角形为左右两个棱面投影的重合,不反映实形。

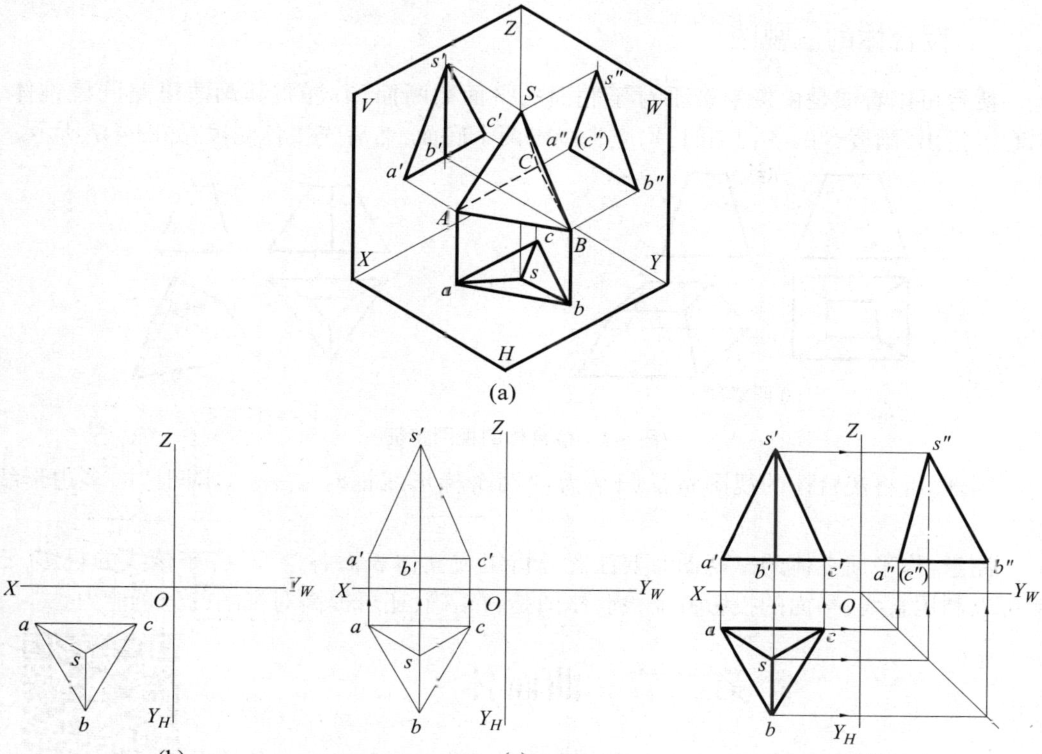

图 4-5　正三棱锥三视图的画法

(三)作图

(1)画反映底面实形的俯视图,如图 4-5(b)所示。

(2)根据点的投影规律及三棱锥的高度画主视图,如图 4-5(c)所示。

(3)根据点的投影规律,由主、俯视图完成左视图并加深全图,如图 4-5(d)所示。

同理分析,可画出如图 4-6 所示各棱锥体的三视图。

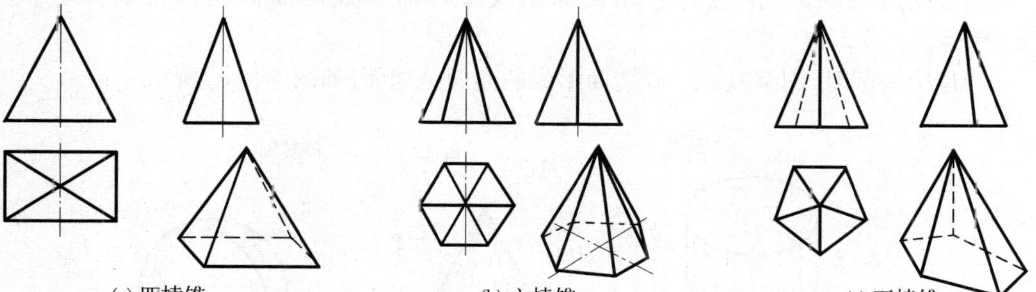

(a) 四棱锥　　(b) 六棱锥　　(c) 五棱锥

图 4-6　棱锥体的视图特征

由以上可以看出,棱锥体三视图也有一个共同的特征,即一个视图外框为反映底面实形的多边形,另外两个视图都是三角形线框或为几个共顶点的三角形线框。为此,可将棱锥体的视图特征归纳为:“两个三角形线框对应一多边形”。

三、棱台体的三视图

棱台可以看成是由棱锥被平行于底面的平面截断而形成的,其画法思路同棱锥体。同时需指出,画棱台的各视图时,均应先画出两个底面,然后连接各侧棱,如图 4-7 所示。

(a) 四棱台　　(b) 三棱台

图 4-7　棱台体的视图特征

同理,可将棱台体的视图特征归纳为:“两个梯形线框对应一‘大围小’的多边形线框”。

注意:作平面立体的三视图时要注意分析组成立体表面各个面、各条棱线的投影,不但可以利用直线、平面的投影特征检验作图是否正确,还可提高对视图的分析能力。

第二节　曲面体

码 4-2　微课:曲面体三视图

曲面体的表面是由曲面或由曲面和平面组成的。常见的曲面体有圆柱、圆锥、圆台、圆球。它们的曲表面可以看作是由一条动线绕固定轴旋转而成的,这种形体又称为回转体。动线称为母线,母线在旋转过程中的每一个具体位置称为曲面的素线。

当母线为直线时,围绕与它平行的轴线旋转而形成的曲面是圆柱面,如图 4-8(a)所示。

当母线为直线时,围绕与它相交的轴线旋转而形成的曲面是圆锥面,如图 4-8(b)所示。

当母线为圆时,围绕其直径旋转而形成的曲面是球面,如图 4-8(c)所示。

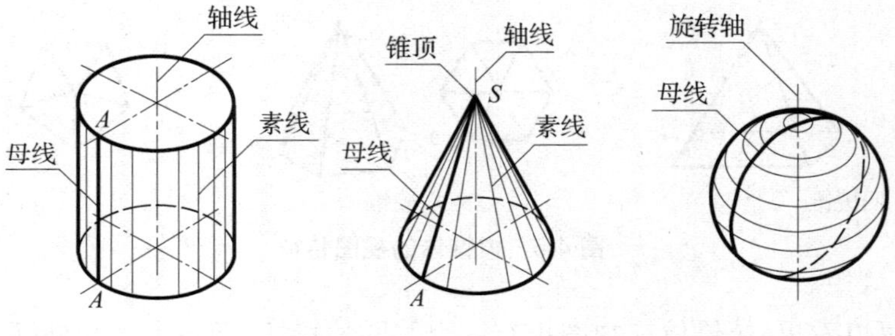

(a)　(b)　(c)

图 4-8　曲面体的形成

了解曲面的形成过程，对曲面体的投影分析及作图都是很有帮助的。

一、圆柱

（一）分析形体

圆柱由圆柱面和两个平面围成。如图 4-8(a)所示，圆柱面可看作一直线 AA（母线）绕着与它平行的直线（轴线）旋转一周所形成的曲面，母线在旋转时的任一位置叫作圆柱面的素线，由母线旋转所形成的面（曲面）叫作圆柱面，上下的两个圆形平面叫作圆柱的上、下底面。

（二）分析视图

当圆柱轴线垂直于 H 面时（如图 4-9(a)所示），则有：

(1) 俯视图为一圆。反映上下底面的实形（圆形）并且重影；圆柱面的投影积聚在该圆周上。

(2) 主视图为一矩形。上下边线为圆柱底面的积聚投影；左右两条边是左右两条轮廓素线的投影（因圆柱面是光滑面，所以主视方向只画出最左、最右两条素线的投影）。

(3) 左视图为一矩形。上下边线为圆柱底面的积聚投影；前后两条边线是前后两条轮廓素线的投影（左视方向只画出最前、最后两条素线的投影）。

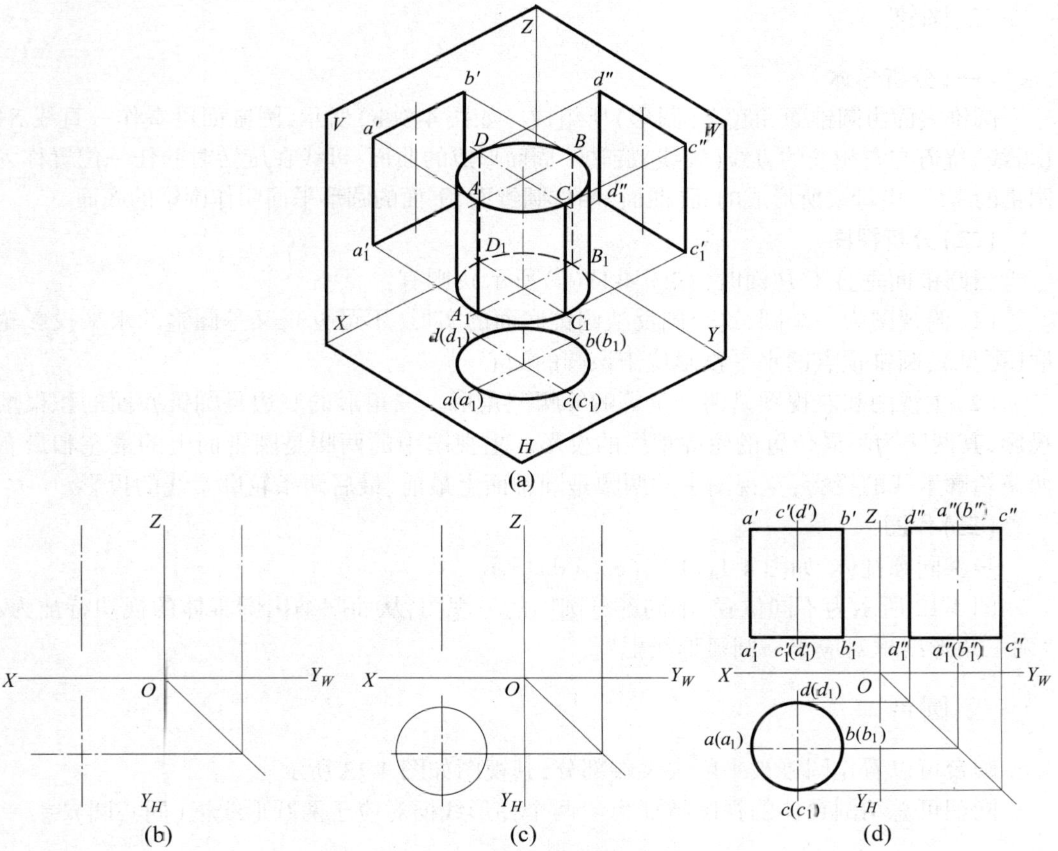

图 4-9 圆柱体三视图的画法

(三)作图

(1)画投影轴,定中心线、轴线位置,如图 4-9(b)所示。

(2)画俯视图,作圆(反映底面实形),如图 4-9(c)所示。

(3)画主视图和左视图。根据“长对正”和圆柱的高度,画出主视图;根据“高平齐、宽相等”画出左视图并加深全图,如图 4-9(d)所示。

同理可分析画出如图 4-10 所示不同位置的圆柱、半圆柱、四分之一圆柱的三视图,并可将圆柱体的视图特征归纳为:“两矩形线框对应一圆弧形线框”。

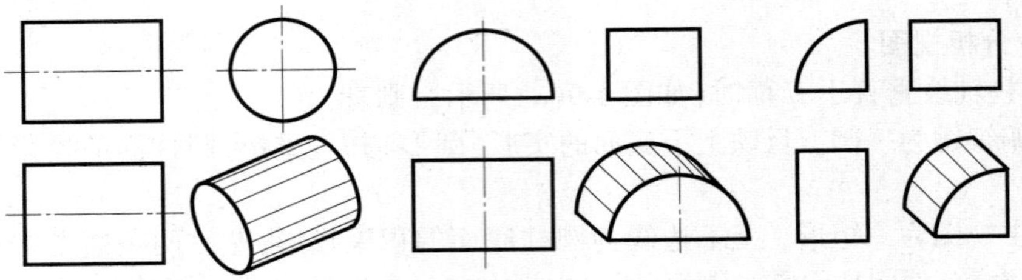

(a) (b) (c)

图 4-10 圆柱体的视图特征

二、圆锥

(一)分析形体

圆锥表面由圆锥面和底面(圆形)所组成。如图 4-8(b)所示,圆锥面可看作一直线 *SA*(母线)绕着与它相交的直线(轴线)旋转一周而形成的曲面,母线在旋转时的任一位置称为圆锥的素线,由母线所形成的面(曲面)叫作圆锥面,下面的圆形平面叫作圆锥的底面。

(二)分析视图

当圆锥面垂直于 *H* 面时(如图 4-11(a)所示),则有:

(1)俯视图为一个圆,这个圆反映圆锥底面的实形(不可见),又是圆锥的水平投影轮廓(可见);圆锥顶点的水平投影位于该圆的圆心。

(2)主视图和左视图是两个全等的等腰三角形。三角形的底边是圆锥底面的积聚性投影,其两腰为不同位置的轮廓素线的投影。主视图中的两腰是圆锥面上的最左和最右两条轮廓素线的投影;左视图中的两腰是圆锥面上最前、最后两条轮廓素线的投影。

(三)作图

步骤同圆柱体,如图 4-11(b)、(c)、(d)所示。

图 4-12 所示为不同位置、不同部分圆锥的三视图,从而归纳出圆锥体的视图特征为:“两三角形线框对应于一圆弧形线框”。

三、圆台

圆台可以看作圆锥被平削去尖端部分,其视图如图 4-13 所示。

同理可总结圆台体的视图特征为:“两个梯形线框对应于两圆形线框(同心圆)”。

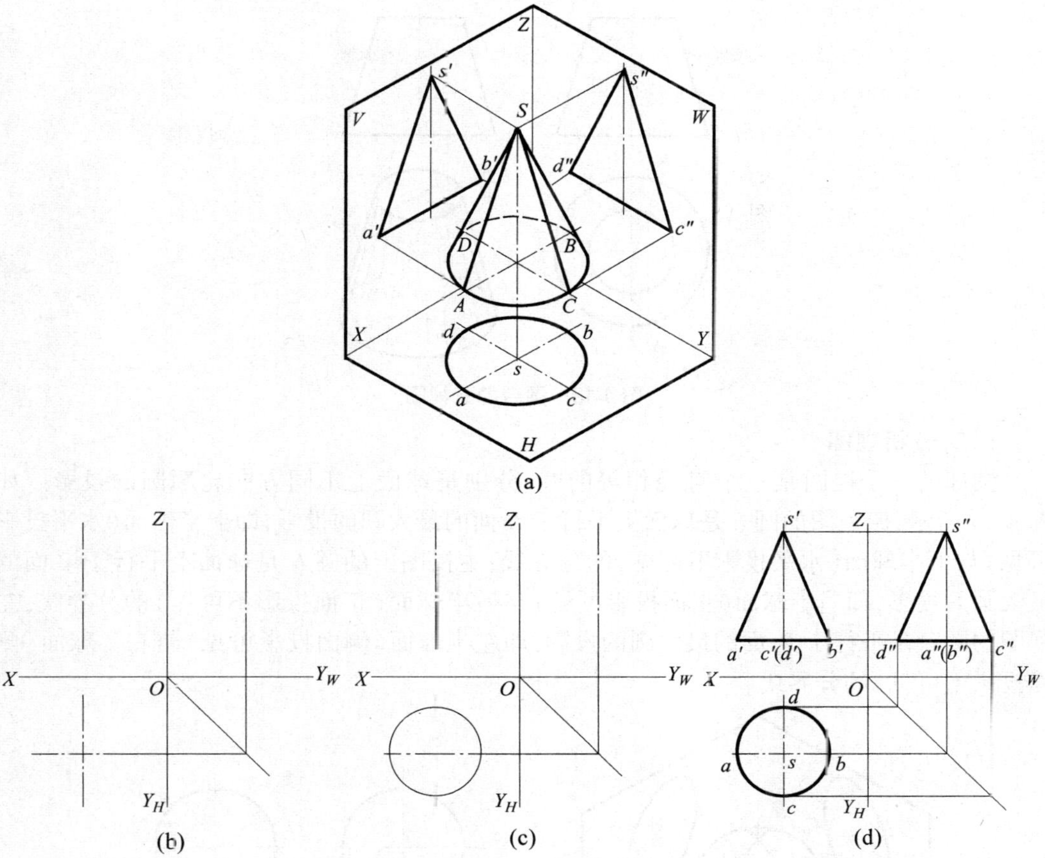

图 4-11　圆锥的三视图

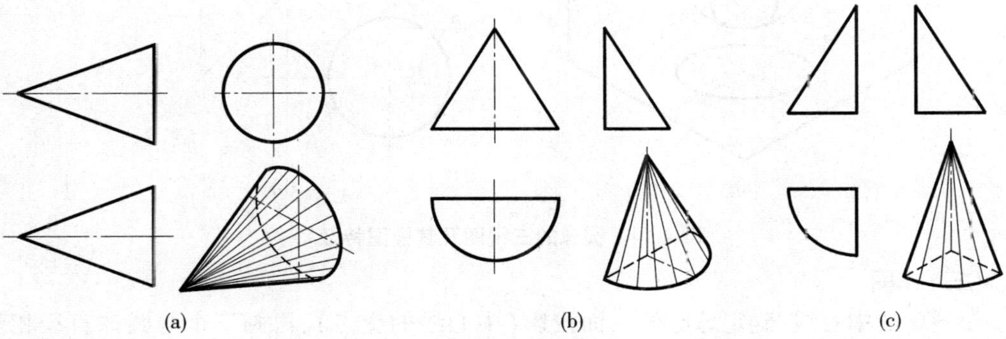

图 4-12　圆锥体的视图特征

四、圆球

(一) 分析形体

如图 4-14 所示，球面可看作一个圆围绕通过圆心的固定轴回转而形成的，此圆称为母线圆，母线圆的任一位置即为球表面的素线。

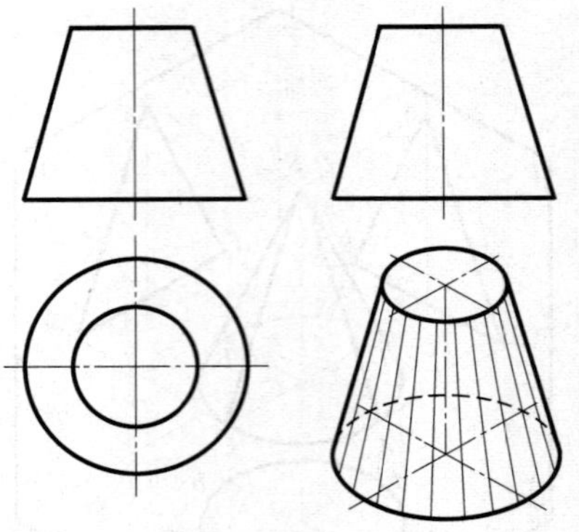

图 4-13　圆台的三视图

(二) 分析视图

圆球的三个视图是三个直径相等的圆,分别是球面上不同方向轮廓圆的投影。如图 4-14 所示,俯视图的圆 a 是球面上平行于 H 面的最大圆的投影,即上半球面(水平投影可见)与下半球面(水平投影不可见)的分界线;主视图上的圆 b'是球面上平行于 V 面的最大圆的投影,即前半球面(正面投影可见)与后半球面(正面投影不可见)的分界线;左视图的圆 c''是平行于 W 面的最大圆的投影,即左半球面(侧面投影可见)与右半球面(侧面投影不可见)的分界线。

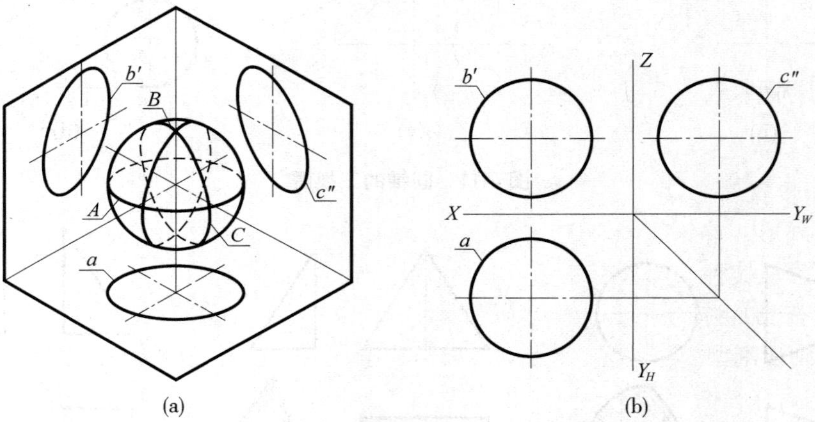

图 4-14　圆球的三视图及其视图特征

(三) 作图

先画球的中心线,确定球心的三面投影(中心线的交点),再画三个与圆球直径相等的外轮廓圆,如图 4-14(b)所示。

同理可分析得出,球及部分球体,其三个视图都有圆弧的特征,即"三圆为球"。

第三节　简单体

简单体可看作由基本体简单组合而形成的立体。因此,只有通过基本几何体的视图识读、分析、归纳，对其所表达的对象作出迅速而准确的判断，才能为识读简单体视图打好基础。简单体根据其组合形式可分为以下两种情况。

一、叠加型

作叠加型简单体时，应着重分析以下几个方面：

(1)各组成部分的形状。如图 4-15 所示，该柱体是由两个四棱柱组成的。

(2)各部分之间的相对位置。如图 4-15 所示，底部的四棱柱较大，上面的较小。

(3)叠加型简单体的作图方法：先基准后形体，先主后次，先大后小，先可见后不可见。

(a)　(b)　(c)

图 4-15　叠加型简单体的画图步骤

二、切割型

切割型简单体是由基本体直接通过切割而形成的，现以图 4-16 为例，说明该类型简单体的画图步骤。

(1)画外形。首先画未切长方体的三视图，如图 4-16(a)所示。

(2)切去三棱柱。画图应从反映其形状特征的左视图开始，如图 4-16(b)所示。

(3)检查、加粗描深。如图 4-16(c)所示。

注意：画切割型简单体时，如果有投影面的垂直面，应从具有积聚性的投影开始作图，以防止作图有误差时使面的积聚性投影不成一条直线。

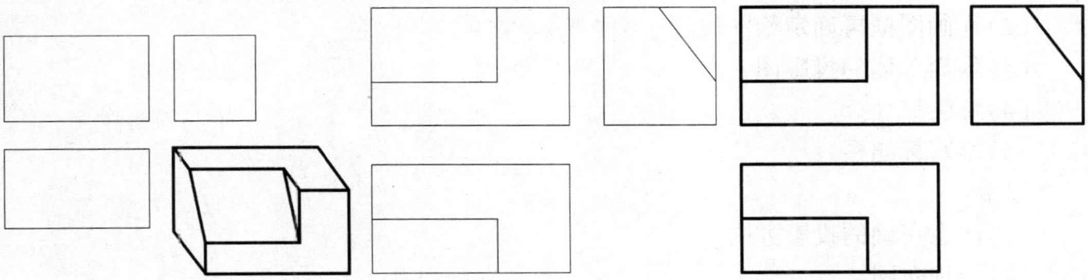

(a)　(b)　(c)

图 4-16　切割型简单体的画图步骤

实训四

实训目的:掌握基本体的投影和简单体的视图画法。

实训内容:绘制简单体的视图(见图 4-17)。

实训要求:用 A4 的图幅(210×297)绘制;要求投影正确;比例自定;图名为简单体;图号为 SX4。

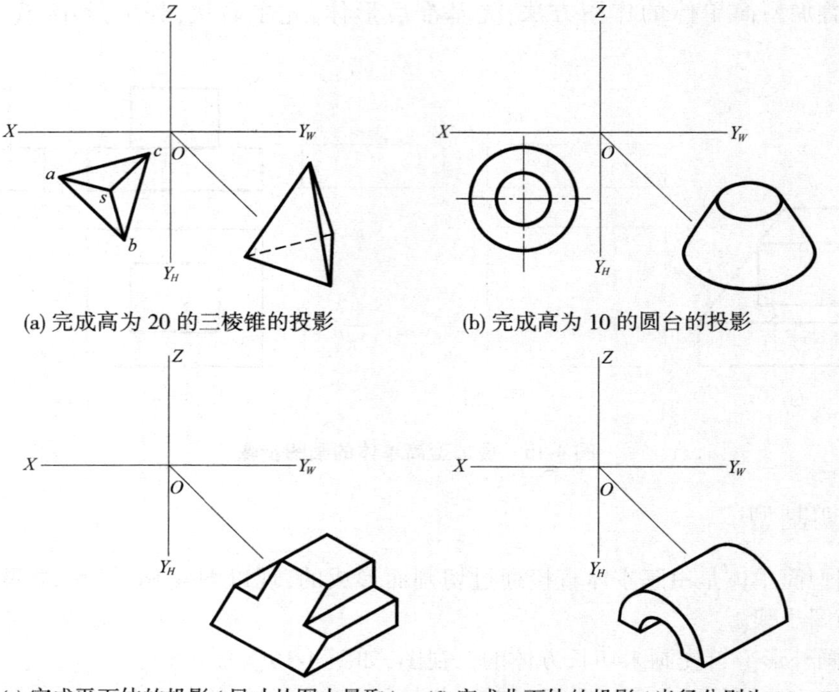

(a) 完成高为 20 的三棱锥的投影　(b) 完成高为 10 的圆台的投影

(c) 完成平面体的投影(尺寸从图中量取)　(d) 完成曲面体的投影(半径分别为 10、5)

图 4-17　基本体和简单体

实训步骤:

(1)准备好绘图工具并将图纸固定在图板上。

(2)先画图框再确定绘图位置。

(3)作简单体的投影图。

(4)标注尺寸。

(5)填写标题栏。

提示:

(1)注意正确的投影方向。

(2)合理布图。

实训小结:(由实训者自行总结实训过程,如掌握了哪些技能,哪些知识点还欠缺)

复习思考题

一、思考题

1. 常见的基本体有哪些？
2. 柱、锥、台的基本投影特征是什么？
3. 怎样画简单体的投影图？

二、选择题(将正确的答案代号填在括号里)

1. 直棱柱的一个视图反映底面实形，另两个视图的图形特征是(　　)。
　(a)三角形线框　(b)圆线框　(c)矩形线框　(d)梯形线框
2. 轴线垂直于 H 面的圆柱，其正向轮廓素线在左视图中的投影位置在(　　)。
　(a)左边铅垂线上　(b)右边铅垂线上　(c)轴线上　(d)上下水平线上
3. 圆锥的四条轮廓素线在投影为圆的视图中的投影位置在(　　)。
　(a)圆心　(b)相互垂直的中心线上
　(c)圆周上　(d)圆与中心线的四个交点上

三、判断题(正确的打"√"、错误的打"×")

1. (　)正三棱锥的三个视图的最外轮廓线都是三边形，而且都是等腰三边形。
2. (　)圆柱面的形成条件是直母线绕与其平行的轴旋转。
3. (　)曲面体的轴线和圆的中心线在三视图中必须用点画线画出。

第五章 轴测图

【学习要求】

了解轴测图的形成;掌握正等轴测图、斜二等轴测图的画法。掌握平行于坐标面的圆的正等轴测投影的规律和画法。掌握圆的斜二测投影的画法以及回转体轴测图的画法。

【主要内容】

轴测投影的基本知识、平面体轴测图的画法、曲面体轴测图的画法和轴测图的选择。

【课程思政】

德才兼备,全面发展。党的二十大报告提出:"广大青年要坚定不移听党话、跟党走,怀抱梦想又脚踏实地,敢想敢为又善作善成,立志做有理想、敢担当、能吃苦、肯奋斗的新时代好青年,让青春在全面建设社会主义现代化国家的火热实践中绽放绚丽之花。"掌握真才实学,为全面建设社会主义现代化国家做贡献。

第一节 轴测投影的基本知识

码 5-1 微课:轴测图的基本知识

多面正投影图虽然能够完整、准确地表达形体的形状和大小,并且作图简便,工程应用非常普遍,但它缺乏立体感,对于读图知识欠缺的人来说很难读懂。如果遇到比较复杂的形体,那就更难读懂了。为了帮助阅读多面正投影图,工程上常采用轴测图作为辅助性的图样。

一、轴测投影的形成

如图 5-1 所示,轴测图是根据平行投影原理,将空间形体连同确定的空间直角坐标系,一起沿不平行于任意一坐标面的方向(S)投影到一个单一投影面(P)上所得到的投影。当投影方向(S)垂直于投影面时,所得到的轴测投影称为正轴测投影,如图 5-1(a)所示。当投影方向(S)倾斜于投影面时,所得的轴测投影为斜轴测投影,如图 5-1(b)所示。

二、轴测图的要素

图 5-2 是空间点 A 和确定点 A 的直角坐标系,用平行投影法将点 A 连同坐标系一同,沿箭头 S 方向,向 P 平面投影得到轴测图的情况,轴测图的各要素如下:

(1)P 平面称为轴测投影面。

(2)轴测投影面上点 A_1 称为空间点 A 的轴测投影。

(3)确定形体空间位置的直角坐标轴 OX、OY、OZ,在轴测投影面上的投影 O_1X_1、O_1Y_1、O_1Z_1 叫作轴测轴。

(4)两轴测轴间的夹角 $\angle X_1O_1Y_1$、$\angle X_1O_1Z_1$、$\angle Y_1O_1Z_1$ 叫作轴间角。

(5)令线段 u 为各直角坐标轴上的单位长度,它在平面 P 上沿 X_1、Y_1、Z_1 轴的投影长

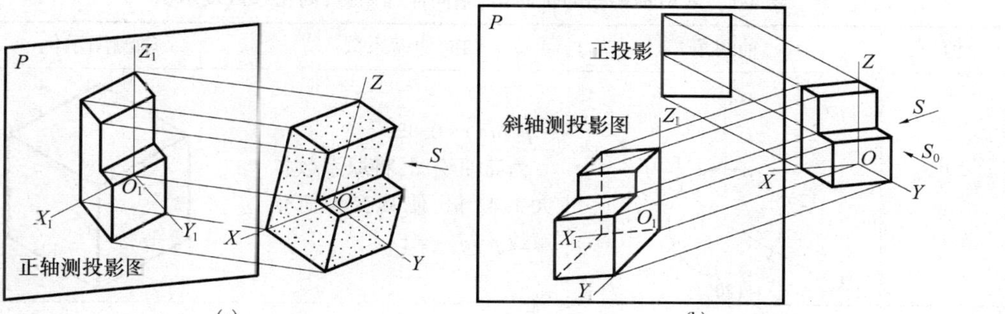

(a)　　(b)

图 5-1　轴测投影的形成

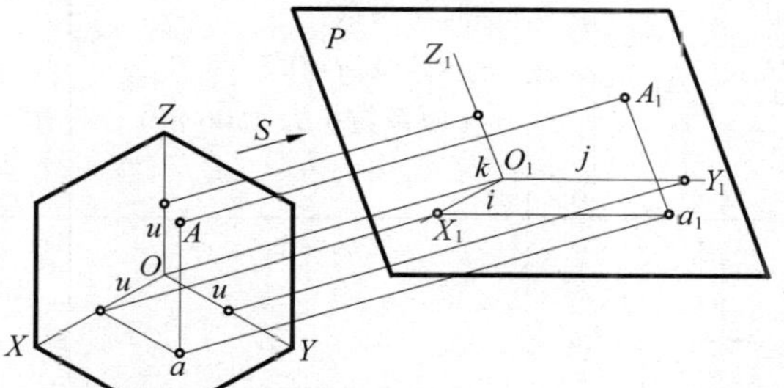

图 5-2　点的轴测投影

度分别为 i、j、k，此投影长度与单位长度 u 之比叫作轴向伸缩系数。

$p=i/u$——X 轴向伸缩系数。

$q=j/u$——Y 轴向伸缩系数。

$r=k/u$——Z 轴向伸缩系数。

根据轴向伸缩系数，就可以量度平行于该轴测轴相应的尺寸，轴测投影坐标是由轴间角和轴向伸缩系数确定的，所以轴测投影最基本的问题就是确定轴间角和轴向伸缩系数的问题。

三、轴测图的分类

根据投影方向 S 和轴测投影面 P 的相对位置关系，轴测投影可以分为两大类：

（1）正轴测投影——S 垂直于 P；

（2）斜轴测投影——S 倾斜于 P。

这两类轴测投影按其轴向伸缩系数的不同，又可分为三种：

（1）$p=q=r$，称为正（或斜）等测投影，简称正（斜）等测。

（2）$p=q\neq r$ 或 $p=r\neq q$ 或 $r=q\neq p$，称为正（斜）二等测投影，简称正（斜）二测。

（3）$p\neq q\neq r$，称为正（斜）三测投影，简称正（斜）三测。

在实际工程中，由于三测投影作图甚繁，很少采用，常用的是正等测图、正（斜）二测图。表 5-1 列出了三种常用的轴测图的轴间角、轴向伸缩系数、简化系数及用简化系数绘制的一个单位立方体轴测图示例。

表 5-1　常用轴测图的轴间角、轴向伸缩系数、简化系数及示例

种类	轴间角	轴向伸缩系数	轴测图示例
正等测	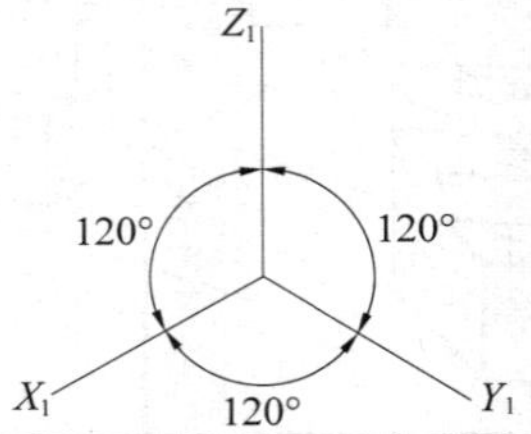	$p=q=r=0.82$ 为简便绘图,将原系数扩大 1.22 倍,使其变为简化系数 $p=q=r=1$	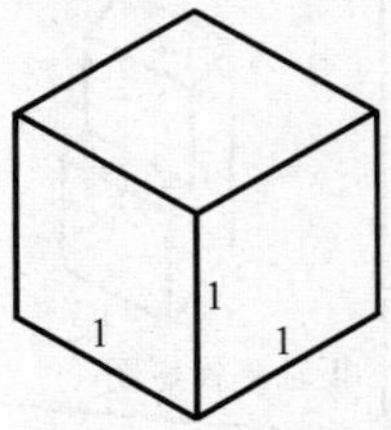
正二测	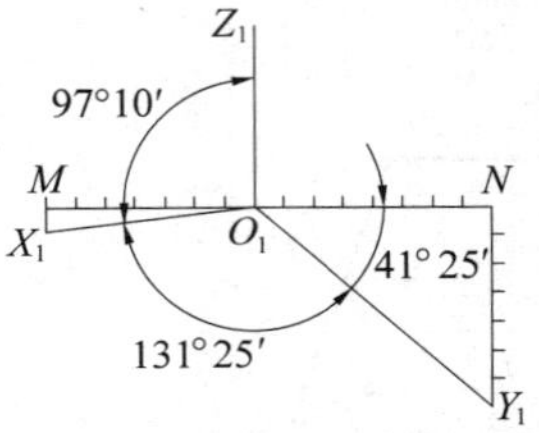	$p=r=0.94, q=0.47$ 简化系数: $p=r=1, q=0.5$ (原系数扩大 1.06 倍)	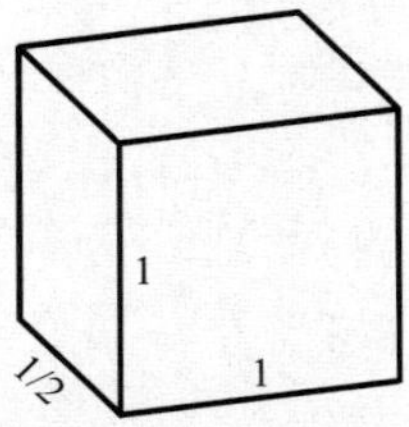
斜二测	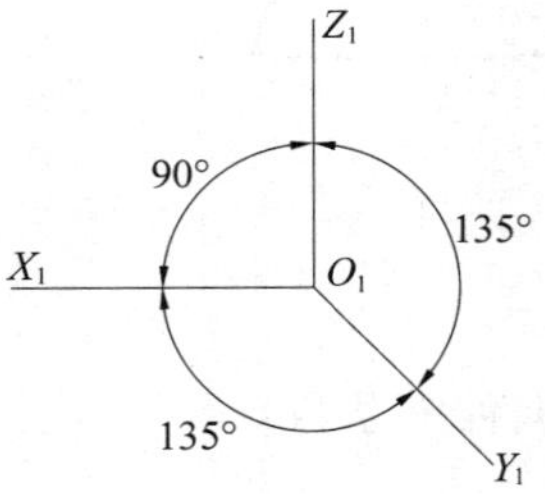	$p=r=1, q=0.5$	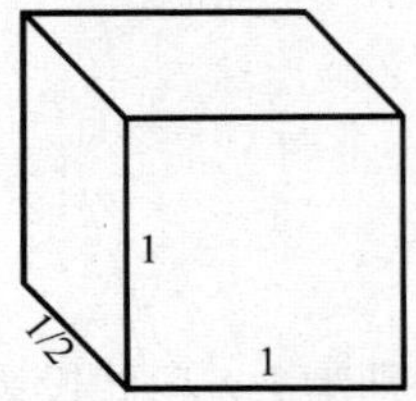

四、轴测图的基本特性

由于轴测投影采用的是平行投影法,所以它具有平行投影的性质。

平行性:形体上相互平行的线段,它们的轴测投影也相互平行;形体上平行于某坐标轴的线段,其投影也必与相应的轴测轴平行。

可量性:形体上互相平行的线段,在轴测投影中有相同的伸缩系数,形体上与坐标轴平行的线段的轴向伸缩系数与轴测轴的轴向伸缩系数相同,因为只有轴测轴的轴向伸缩系数已知,所以绘制轴测图只能沿着轴测轴的方向量取尺寸,这就是"轴测"的含义。

第二节　平面体轴测图的画法

码 5-2　微课:正等测图(一)　　码 5-3　微课:正等测图(二)

一、正等测图

我们知道了正等测图的轴间角和轴向伸缩系数,按轴测图的特性,根据形体的投影图就可以画出相应的轴测图。常用的画图方法有坐标法、特征面法、叠加法、切割法等,作图时,常使

O_1Z_1 轴处于铅垂位置,并根据形体的形状特征选择适当的方法绘制。

(一)坐标法

根据形体的特点,在选定的轴测轴上,按坐标关系画出形体上各顶点的轴测图,连接而得到形体轴测图的方法称为坐标法。

【例 5-1】 画出如图 5-3(a)所示三棱锥的正等测图。

分析:

根据三棱锥投影图特点,为方便作图,建立如图 5-3(a)所示的坐标系,使 B 点为原点,AB 与 OX 坐标轴重合,底面与 XOY 面重合。

作图:

(1)画正等测图的轴测轴,定出 B_1 点。

(2)在 O_1X_1 上截取 B_1A_1 等于 AB(ab 的长度),如图 5-3(b)所示。

(3)分别沿 O_1X_1、O_1Y_1 轴测轴方向量取 C 点的 X、Y 坐标定出 C_1 点,如图 5-3(b)所示。

(4)利用同样的方法定出 S 点的水平投影 s 位置,再沿 O_1Z_1 方向量取 S 点的 Z 坐标定出 S_1 点,如图 5-3(b)所示。

(5)连接 S_1、A_1、B_1、C_1 各点,即得三棱锥的正等测图,擦去多余的作图线,加深可见轮廓线,不可见的轮廓线画为虚线或擦掉,完成作图,如图 5-3(c)所示。

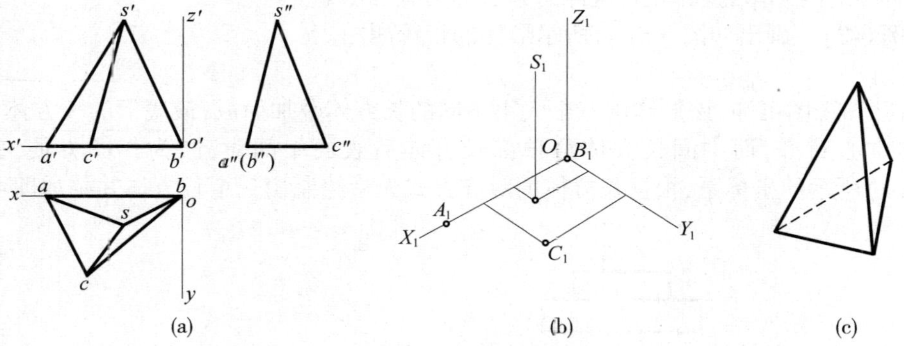

图 5-3 坐标法画正等测图

注意:绘制轴测投影图时,轴测图中虚线一般不画。

(二)特征面法

对于柱类形体,通常先画出反映形体特征的一可见端面,然后绘出可见的棱线和底面,从而完成形体的轴测图,称为特征面法。

【例 5-2】 画出如图 5-4(a)所示正六棱柱的正等测图。

分析:

正六棱柱前后对称,左右对称,为作图简便,坐标原点建在正六棱柱顶面中心,这样绘制顶面时,六条边中只有平行于 OX 轴的两条边可以直接量取,其余四条边不与坐标轴平行,必须先确定每条边的端点才能画出。绘制下底面时,利用棱高及正六棱柱下底面与上底面的对应边互相平行关系来画。

作图:

（1）画正等测图的轴测轴，画出顶面各角点的轴测投影，如图5-4（b）所示。

（2）连接顶面各顶点的轴测投影，自六边形各顶点向下作 O_1Z_1 轴的平行线，并截取长度为六棱柱的高度，不可见棱线一般不画，如图5-4（c）所示。

（3）连接各点，即得六棱柱的正等测图，加深可见轮廓线，完成作图，如图5-4（d）所示。

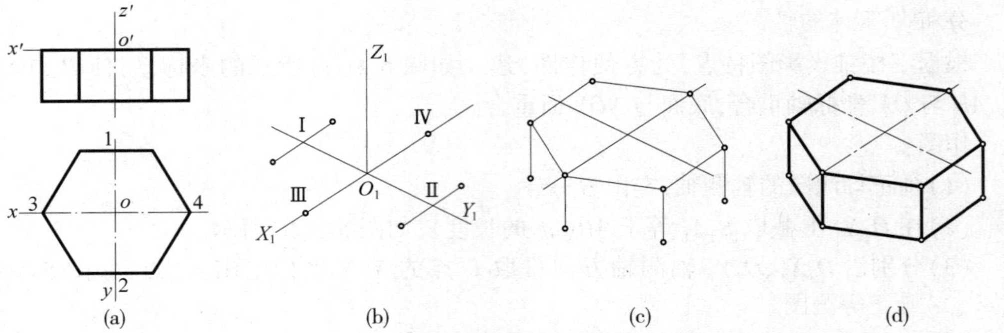

图5-4　特征面法画正等测图

（三）叠加法

组合体是由几个基本形体叠加而成的，画组合体正等测图前必须先分析组成组合体的基本形体的数量及特征，然后按其基本形体的相对位置依次叠加画出基本形体的轴测图，从而得出组合体的轴测图，这样的方法称为叠加法。

【例5-3】　画出如图5-5（a）所示形体的正等测图。

分析：

由已知视图可知，该形体由三个大小不同的长方体叠加而成，最底下的长方体与中间长方体中心对齐，而中间长方体与顶部长方体后表面中间对齐，为作图方便，建立如图5-5（a）所示的坐标系，根据长方体的对齐方式先后绘制出三个长方体并叠加即可。

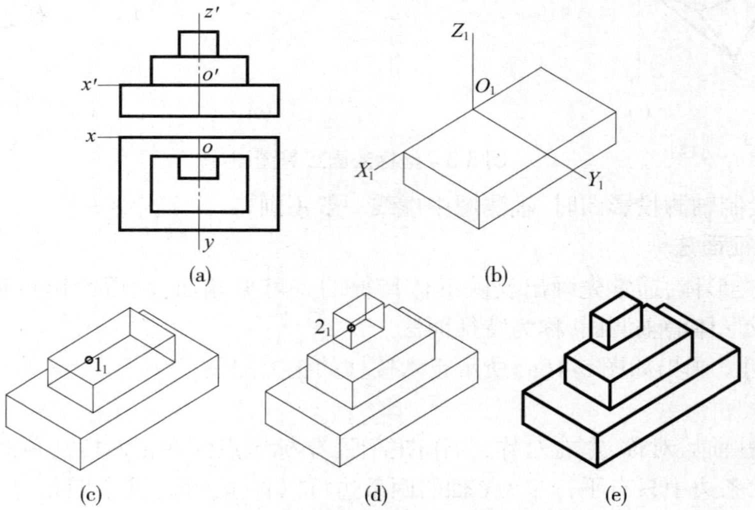

图5-5　叠加法画正等测图

作图：

（1）画正等测图的轴测轴，画出底部长方体，如图5-5（b）所示。

(2)沿 Y_1 方向定出中间长方体后表面底边上的 1_1 点，画出该长方体，如图 5-5(c)所示。

(3)找出 2_1 点，根据上部长方体的尺寸画出该长方体，如图 5-5(d)所示。

(4)擦去多余的作图线，加深可见轮廓线，完成全部作图，如图 5-5(e)所示。

(四)切割法

绘制切割体的轴测图，一般先画出基本形体的轴测图，再逐步切去多余部分的方法称为切割法。

【例 5-4】　画出如图 5-6(a)所示形体的正等测图。

分析：

该形体由五棱柱切割而成，先画出五棱柱的轴测图，再切去上边的四棱柱，建立坐标如图 5-6 所示。

作图：

(1)画正等测图的轴测轴，用特征面法画出五棱柱的轴测图，如图 5-6(b)所示。

(2)根据 b_1、b_2 和 h 截去上方中间四棱柱，如图 5-6(c)所示。

(3)擦去多余的作图线，加深可见轮廓线，完成作图，如图 5-6(d)所示。

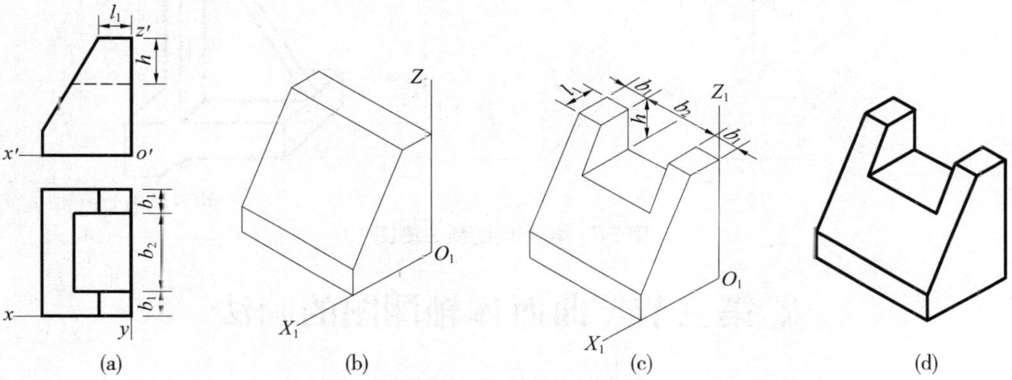

图 5-6　切割法画正等测图

二、斜二测图

斜二测图是斜轴测投影的一种，绘制斜轴测图与正等测图方法相同，只是轴测轴的轴间角与轴向伸缩系数不同。绘制斜二测图一般是将形体摆平放正，主要特征面平行于轴测投影面，投影方向与轴测投影面倾斜。

【例 5-5】　画出如图 5-7(a)所示挡土墙的斜二测图。

分析：

由投影图可以看出，挡土墙可以看作一个直多棱柱和一个三棱柱叠加而成，正面投影反映各形体的真实形状，故取轴测投影面与正面平行，绘制正面斜二测图，如图 5-7(a)所示。

作图：

(1)画斜二测图的轴测轴，画出直多棱柱的轴测图，Y_1 方向 $q=0.5$，如图 5-7(b)所示。

(2)根据视图定出扶壁的位置,画出三棱柱的三角形底面,如图 5-7(c)所示。

(3)画完扶壁的轴测图,擦去多余的线,加深可见轮廓线,完成作图,如图 5-7(d)所示。

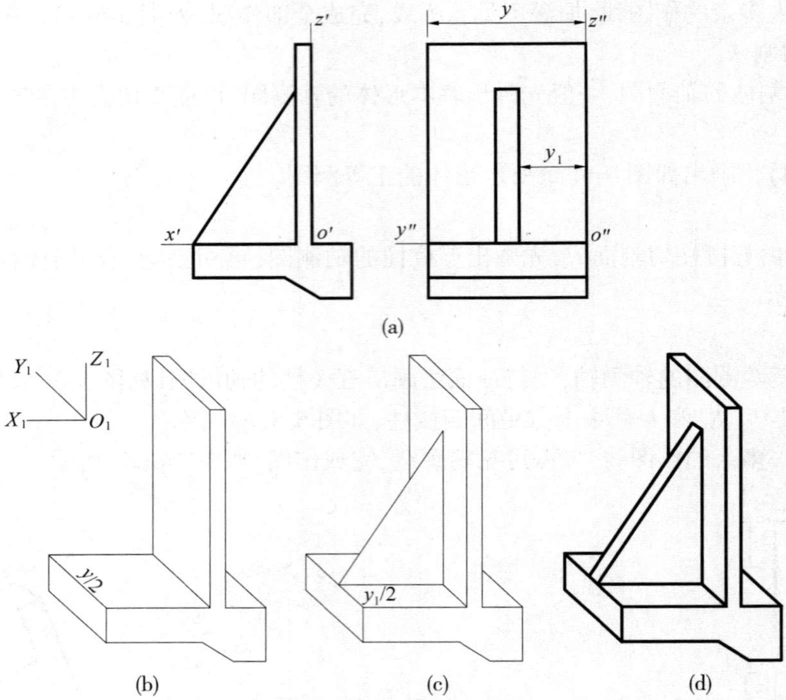

图 5-7　挡土墙的斜二测图

第三节　曲面体轴测图的画法

一、正等测图

(一)圆的正等测图

物体上平行于三个坐标面的圆,其正等测图都是大小相等的三个椭圆。由于它们所平行的坐标面不同,所以椭圆的长、短轴的方位也各不相同。如图 5-8 所示,水平圆在正等测图中的椭圆,长轴垂直于 Z 轴,短轴平行于 Z 轴;正平圆在正等测图中的椭圆,长轴垂直于 Y 轴,短轴平行于 Y 轴;侧平圆在正等测图中的椭圆,长轴垂直于 X 轴,短轴平行于 X 轴。三个椭圆的长、短轴的长度,按简化系数作图时,长轴约为圆直径的 1.22 倍,短轴约为直径的 70%。

平行于坐标面圆的正等测图,在实际绘图中常用的画法——菱形法,就是圆的外切正方形投影为菱形,圆投影的椭圆用四段圆弧近似代替。

下面以水平圆为例,讲述具体作图方法:

(1)在投影图中,画圆的外切正方形,如图 5-9(a)所示。

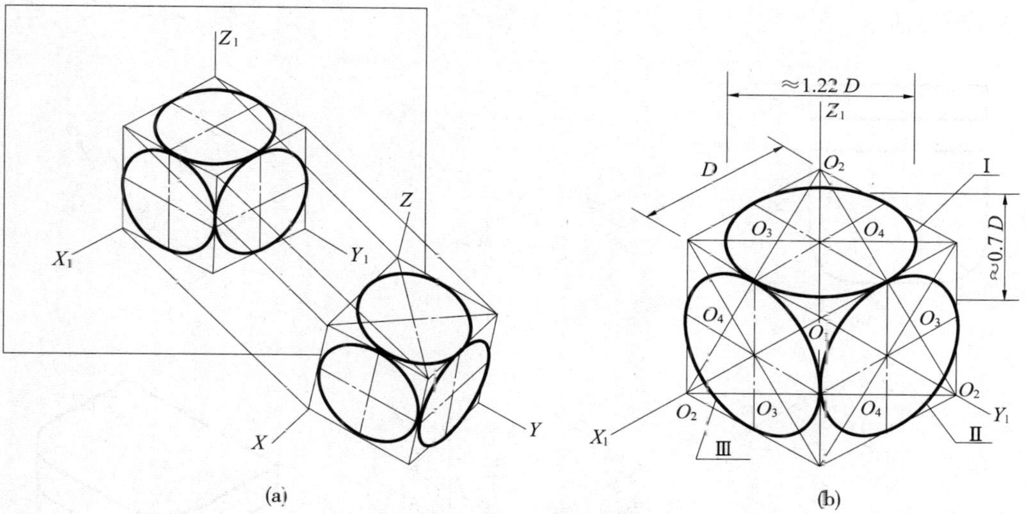

图 5-8　平行于坐标面圆的正等测图

(2)以圆心的投影 O_1 为原点,以 O_1 为中心绘制轴测轴,沿轴测轴方向截取半径长度为 R,得到椭圆上四个点 A_1、B_1、C_1、D_1,过这四个点分别作轴测轴的平行线得到菱形。菱形对角线的端点 1、2 为两段圆弧的圆心。

(3)连接菱形 $1A_1$ 和 $2B_1$ 交菱形的长对角线于 3、4 点,即为另外两个圆弧的圆心,如图 5-9(b)所示。

(4)分别以 1、2 点为圆心,以 $1A_1$、$2B_1$ 为半径画 A_1C_1、B_1D_1 圆弧,再分别以 3、4 点为圆心,以 $3A_1$、$4B_1$ 为半径画 A_1D_1、C_1B_1 圆弧,即得到水平圆的正等测图,如图 5-9(c)所示。

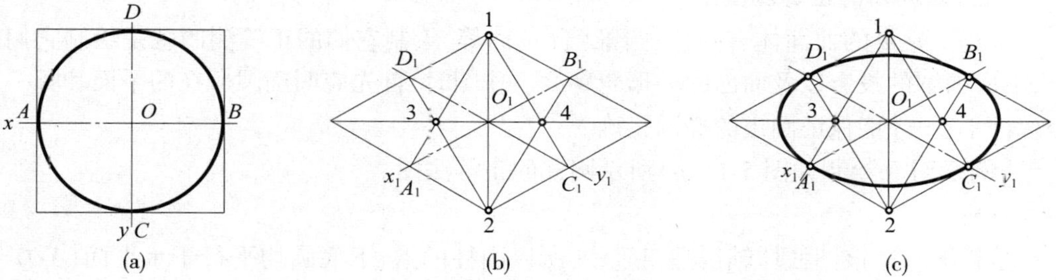

图 5-9　菱形法画椭圆

用同样的方法可作出正平面圆和侧平面圆的正等测图,只是轴的方向发生变化。

(二)圆角的正等测图

平行坐标面的四分之一圆角,它的正等轴测投影是部分椭圆,通常根据菱形法绘制。

【例 5-6】　绘制如图 5-10(a)所示带圆角的长方体正等测图。

(1)画长方体正等测图,并在其上由顶点沿两边分别截取圆角半径 R,得切点 A、B、C、D,如图 5-10(b)所示。

(2)过各切点 A、B、C、D 分别作所在边的垂线得交点 O_1、O_2,如图 5-10(c)所示。

(3)分别以 O_1、O_2 为圆心,以 O_1A、O_2C 为半径画弧,得到上底面圆角的正等测图,如

图 5-10(d)所示。

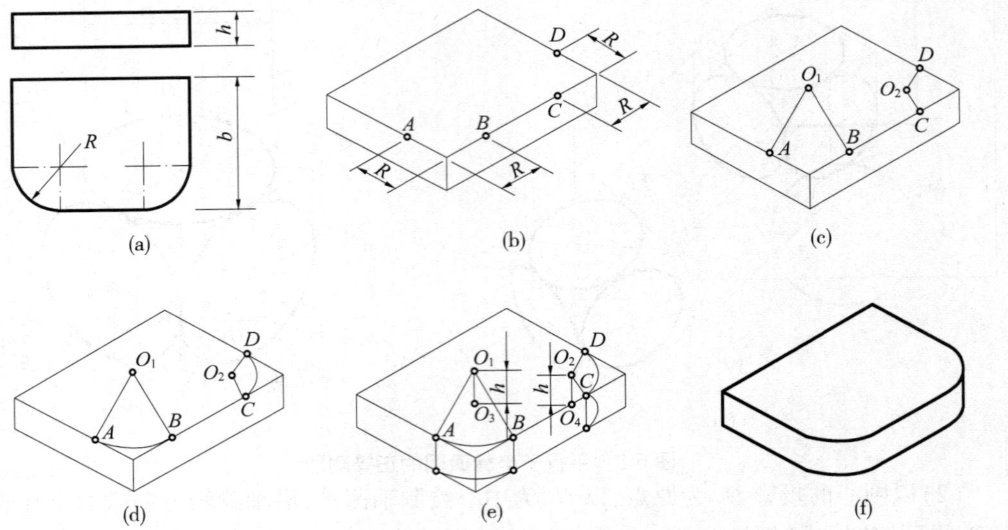

图 5-10　圆角的正等测图的画法

(4)将圆心 O_1、O_2 和各切点沿 Z 轴向下移长方体的高度 h,得到底面圆心 O_3、O_4 与各切点,再分别以 O_3、O_4 为圆心,以上底面上对应的半径为半径画弧,得到下底面圆角的正等测图,如图 5-10(e)所示。

(5)作右边上、下两圆弧的公切线,擦去多余线并加深轮廓线,结果如图 5-10(f)所示。

(三)曲面体的正等测图

工程上常见的曲面体有圆柱、圆锥(台)、球等,绘制它们的正等测图就是绘制它们的上、下底面圆的投影以及曲面的外形轮廓线。作图时,首先应明确圆所在的平面和哪一个坐标面平行,才能保证画出的椭圆正确。

【例 5-7】　绘制如图 5-11(a)所示圆柱的正等测图。

分析:

从视图看来该圆柱体轴线是铅垂线,所以圆柱的上、下底圆均平行于水平面(XOY 坐标面),所以上、下底圆的投影在轴测投影面上是椭圆。

作图:

(1)在视图上建立如图 5-11(a)所示的坐标系。

(2)根据圆柱高度 h 定出上、下底圆的中心,利用菱形法绘制如图 5-11(b)所示的椭圆。

(3)画出两椭圆的公切线,即得圆柱轮廓线,如图 5-11(c)所示。

(4)擦去多余线条,加深轮廓线,完成作图,如图 5-11(d)所示。

从画成的圆柱轴测图看上下两个椭圆完全相等,且对应点之间的距离均为 h。所以,只要完整地画出上底椭圆、下底椭圆及各段圆弧相连处的切点,沿 Z 轴方向量取高度 h 均可找到,这是实际作图常用的方法,称为移心法(见图 5-11(e)),它可以简化作图,保持图面整洁、清晰。

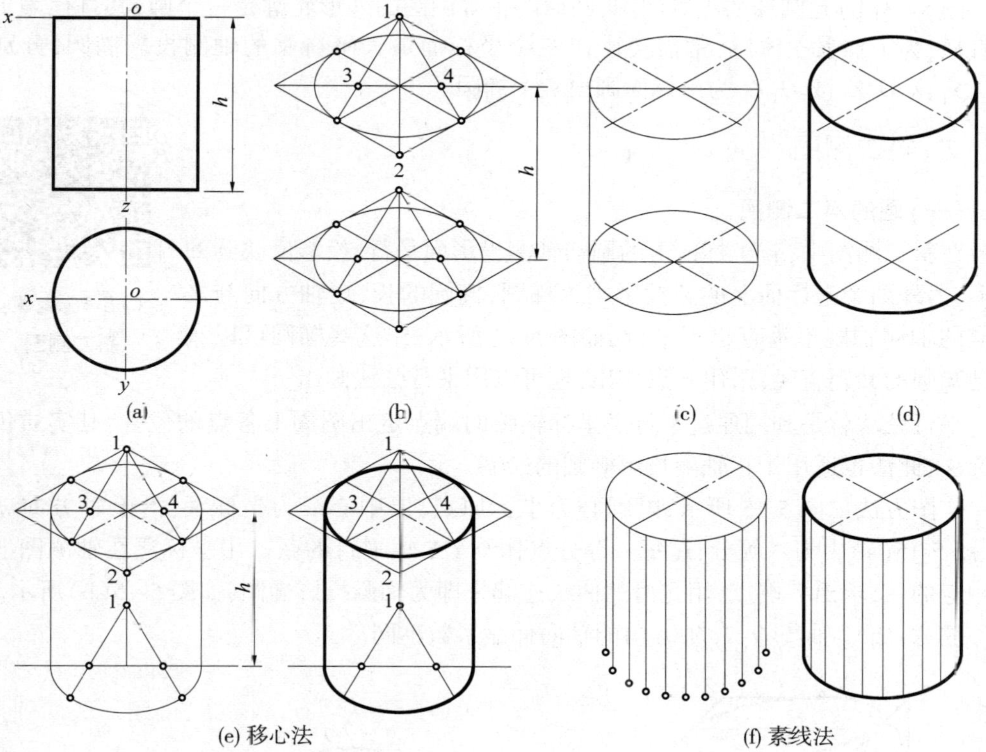

图 5-11　圆柱体的正等测图的画法

注意:如图 5-11(f)所示,从椭圆上作任意条等长素线的方法称为素线法。

图 5-12 是圆柱轴线垂直不同的投影面的正等轴测投影,作图方法与图 5-11 相同,只是椭圆中心线方向不同。

图 5-13(a)是圆锥的正等测图。绘制时先画锥底圆和锥顶的轴测投影,再过锥顶作锥底椭圆切线,即得轮廓线。

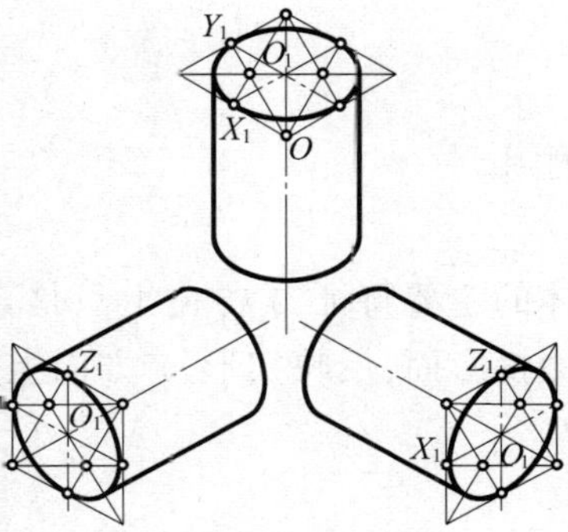

图 5-12　圆面平行于不同坐标面的圆柱的正等测图

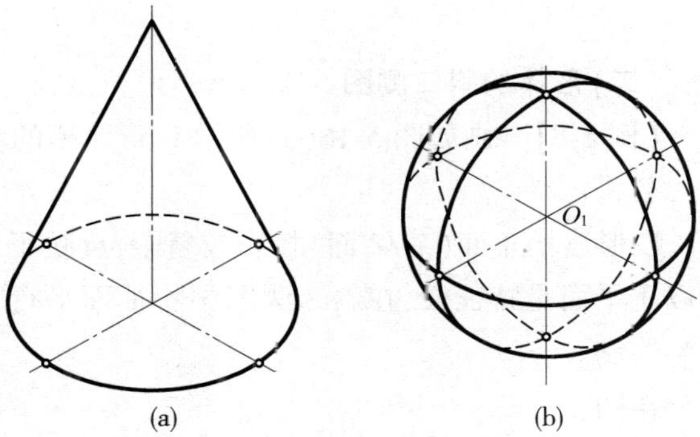

图 5-13　圆锥和圆球的正等测圆

图 5-13(b)是圆球的正等测图,圆球的正等测图的外形轮廓是一个圆,其直径等于球的直径,为了加强立体感,常需要画出三个坐标面最大平行圆的轴测投影椭圆,分别以 $X_1O_1Y_1$、$X_1O_1Z_1$、$Y_1O_1Z_1$ 为坐标面画出三个椭圆。

二、斜二测图

码 5-4　微课:斜二测图

(一)圆的斜二测图

在斜二测图中,若坐标面上的圆与轴测投影面平行,投影反映圆的实形,另外两个坐标面上的圆投影则为椭圆,椭圆的长、短轴方向与之相应的轴测轴既不垂直也不平行,如图 5-14 所示,作这些椭圆可以利用已知圆的共轭直径,采用八点作出,也可以用平行弦法画出。

平行弦法就是利用通过平行于坐标轴弦的端点定出圆周上各点的位置,其实质仍是坐标法,此法也适用于正轴测投影椭圆的绘制。

作图方法如图 5-15 所示,以圆心为坐标原点,以中心线为坐标轴,沿 Y 轴方向 n 等分,图 5-15(a)中为八等分,过每一等分点作与 OX 轴平行的弦。用坐标法在轴测图上画出相应的弦,求出各端点,用光滑的曲线连起来即为轴测投影椭圆,如图 5-15(b)所示。

注意:O_1Y_1 轴与 O_1X_1 轴方向的轴向伸缩系数不同。

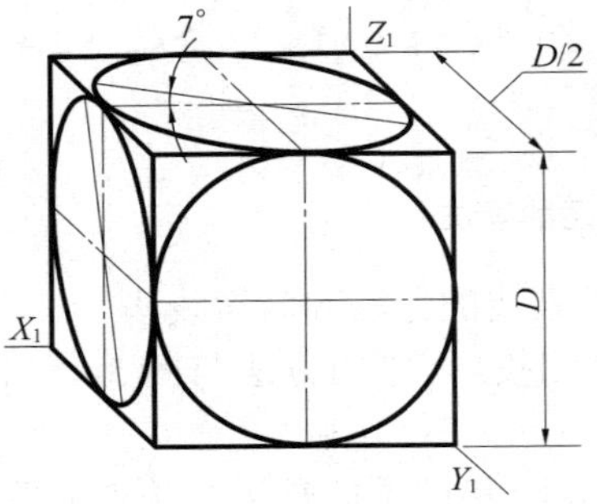

图 5-14　平行坐标面圆的斜二测图

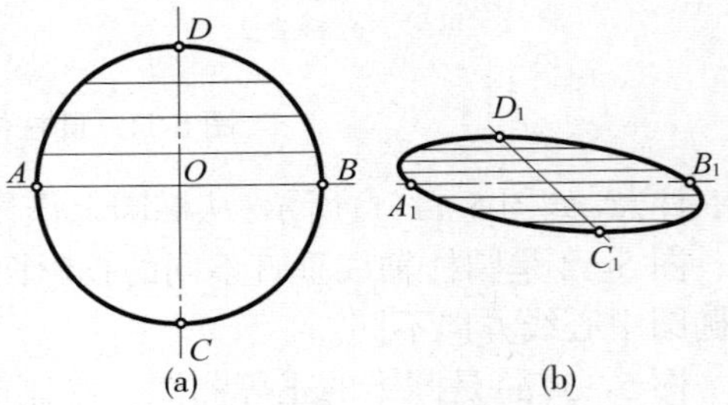

图 5-15　平行弦法画椭圆

(二)形体的斜二测图

【例 5-8】　画如图 5-16(a)所示 U 形渡槽的斜二测图。

分析:

U 形渡槽正面(XOZ 面)投影较复杂,反映了该形体的主要特征,Y 方向上只是直线。所以正平面是特征面,在斜二测图中特征面平行于轴测投影面,反映实形,Y 方向上缩小一半绘制。

作图:

(1)绘制轴测轴,画出 U 形渡槽正面投影实形,如图 5-16(b)所示。

(2)沿 Y_1 方向截取 U 形渡槽一半长度,绘制后面的可见圆弧及轮廓线。

(3)绘制外轮廓线两圆弧的公切线并加深,完成作图,如图 5-16(c)所示。

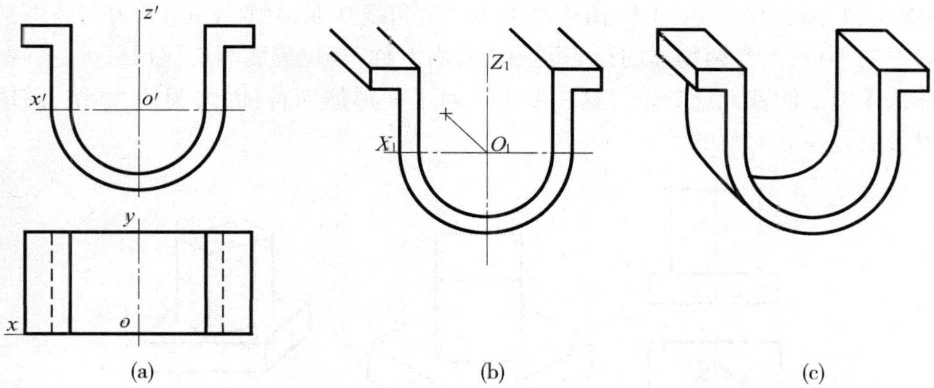

图 5-16 U 形渡槽的斜二测图的画法

第四节 轴测图的选择

一、轴测图种类选择

轴测投影图由于轴间角和轴向伸缩系数的不同,所以形体采用不同类型的轴测图,画出的图形立体感强弱不同,画图的难易程度也不同,绘制轴测图时,应以立体感强和作图简单为原则选择。正等测一般适用于三个方向复杂程度相当或者各个坐标面都有圆、圆角或者曲线的形体;斜二测一般适用于某一坐标面上平面图形比较复杂或者有圆、圆角,其余方向是直线或者比较简单的形体。

选择投影类型应注意以下几点:

(1)要避免转角处的交线投影成一直线。轴测投影方向(种类)的选择,应尽量不与物体转角处交线所确定的平面平行,如图 5-17 所示。该物体左前方转角处的四条棱线均恰好在与 V 面成 45°的铅垂面上,与正等测的轴测投影方向平行,该四条棱线的正等测必然投影成一直线。此时正等测就不如斜二测。

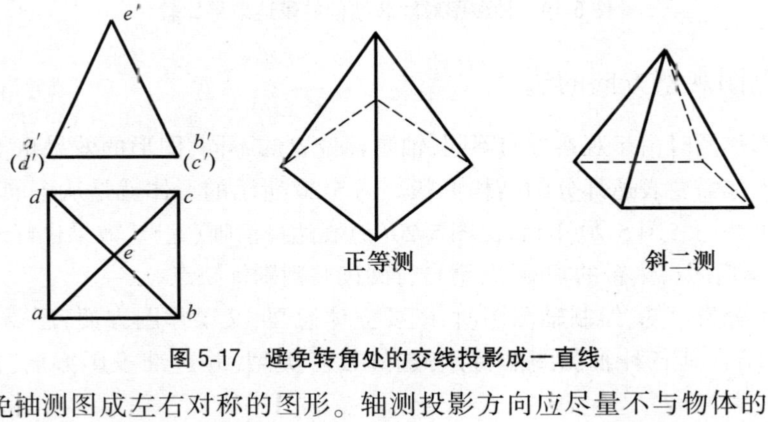

图 5-17 避免转角处的交线投影成一直线

(2)避免轴测图成左右对称的图形。轴测投影方向应尽量不与物体的对称平面平行,如图 5-17、图 5-18 所示物体,由于两物体的对角线平面(对称平面)恰好与正等测的轴测投影方向平行,因此两物体的正等测图均左右对称,其正等测图就显得呆板,直观性差。两形体选用斜二测就无此弊端。这一要求只对平面形体而言,因为圆柱、圆锥、圆球的正轴测投影总是左右对称的。

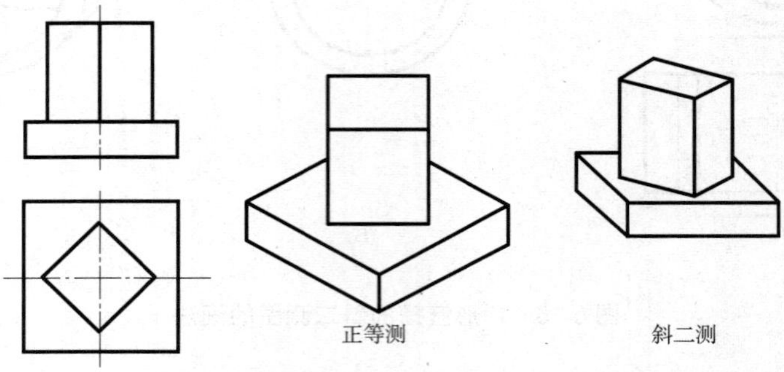

图 5-18　避免轴测图呈左右对称图形

(3)要避免形体的侧表面轴测投影积聚成一条直线。如形体有一个侧面恰好与 X 轴成 45°或 70°,它的投影在正等测或斜二测投影就聚积成一条直线(与投影方向平行)。如图 5-18 所示,由于物体上四棱柱有两个侧面与 V 面成 45°的铅垂面,与正等测的轴测投影方向平行,两个侧表面就聚积成一条直线,应选用斜二测或其他轴测投影图。

(4)要避免被遮挡。轴测图上尽可能将隐蔽的部分表达清楚,要能看透孔洞或看见孔洞的底面。图 5-19 是一个压盖,采用正等测,通孔看不出穿透,椭圆也难画;若采用斜二测,通孔可以看穿,作图也简便。

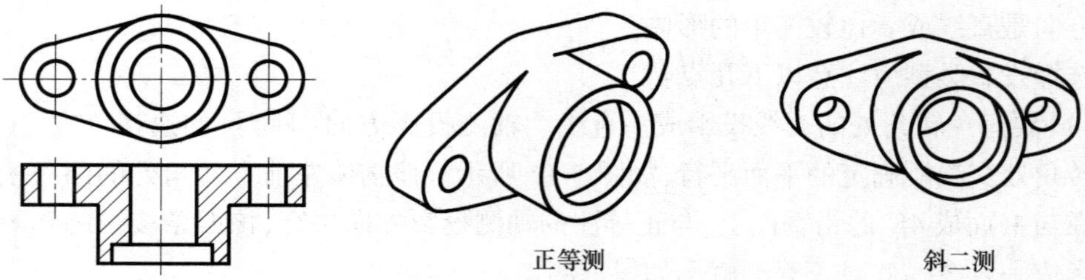

图 5-19　轴测图对隐蔽结构的表达效果比较

二、轴测图观察方向的选择

轴测投影作图时由于观察方向不同,轴测轴位置的不同,图形的效果也不同,画图的目的是反映形体需要表达部分的结构形状。图 5-20 所示的形体就是从不同的方向观察形体得到的轴测图。图 5-20(b)就比图 5-20(c)表达得清晰、完整,效果也好。

图 5-21 是启闭机平台的轴测图,请自行阅读并判别优缺点。

通过以上分析可知,绘制轴测图时,既要立体感强,又要作图方便,还要表达形体完整,这就需要结合其各种轴测图的特点,选好投影类型,并选准投影方向,以达到预期的目的。

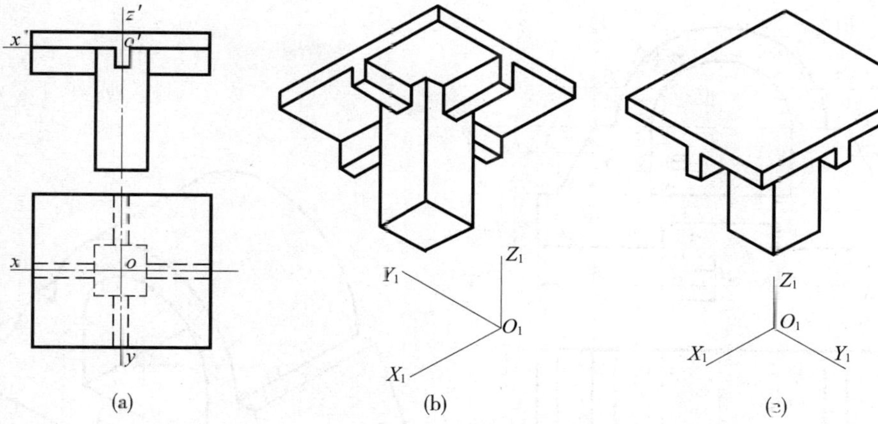

图 5-20　形体不同投影方向的比较

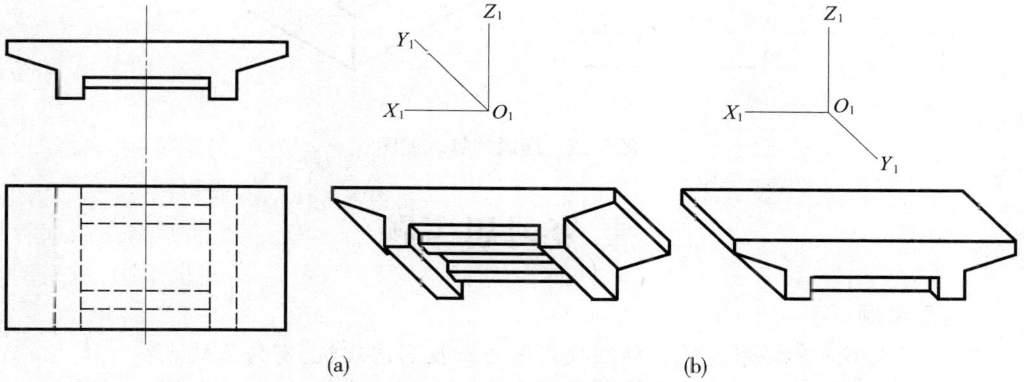

图 5-21　启闭机平台的轴测图

实训五

实训目的：培养空间想象力，提高读图能力，掌握轴测图的绘制方法。

实训内容：绘制涵洞的斜二测图（见图 5-22）。

实训要求：用 A4 的图幅（210×297）绘制；要求图线和标注尺寸符合制图标准；采用比例为 1∶1；图名为涵洞的等轴测图；图号为 SX5。

实训步骤：

（1）读涵洞的视图和正等测图。

（2）绘制涵洞的斜二测图。

（3）比较正等测图与斜二测图的优缺点。

提示：

（1）参考涵洞的正等测图绘制其斜二测图。

（2）要特别注意斜二测图在 Y 方向的尺寸仅取一半长。

实训小结：（由实训者自行总结实训过程，如掌握了哪些技能，哪些知识点还欠缺）

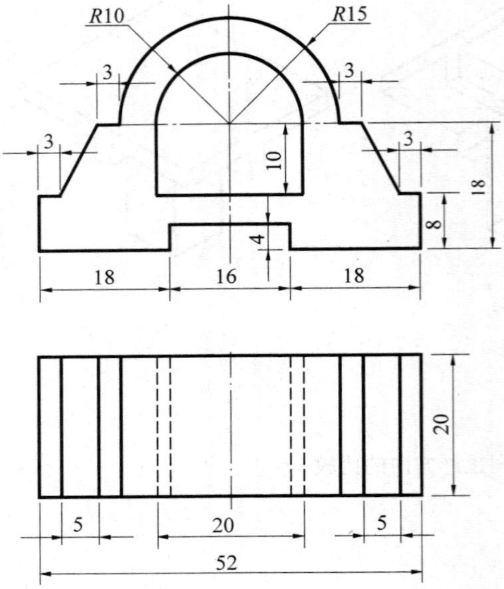

(a)

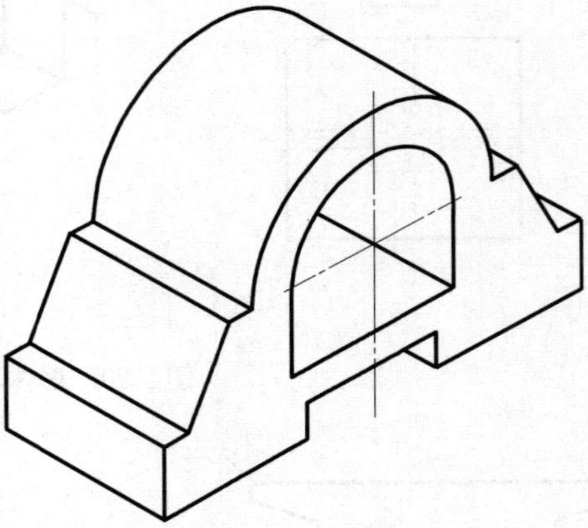
(b)

图 5-22　涵洞的等轴测图

复习思考题

一、思考题

1. 轴测投影是怎样形成的？轴测投影图与正投影图比较，有何优缺点？

2. 什么叫轴间角和轴向伸缩系数？轴测投影有何投影特性？

3. 圆的正等测投影和斜二测投影怎么画？

二、选择题（将正确的答案代号填在括号里）

1. 轴测投影按投影方向分为（　　）。

(a) 中心投影、平行投影　　(b) 正轴测投影、斜轴测投影

(c) 正等测、斜二测　　(d) 正投影、斜投影

2. 一般情况下画正等测图采用的轴向伸缩系数是（　　）。

(a) $p=q=r=0.82$　　(b) $p=q=r=1$

(c) $p=q=r=0.5$　　(d) $p=q=1$、$r=0.5$

3. 斜二测投影的轴间角是（　　）。

(a) 90°、135°、135°　　(b) 120°　　(c) 90°、120°、135°　　(d) 任意角度

三、判断题（正确的打"√"、错误的打"×"）

1.（　）轴测图是用平行投影法，将空间形体连同坐标轴一起投影到单一投影面上所得的投影。

2.（　）物体上互相平行的线段，它们在轴测图中也相互平行且长度不变。

3.（　）绘制轴测投影图一般采用的方法有坐标法、特征面法、切割法等。

第六章　立体表面的交线

【学习要求】

掌握立体表面取点的方法。掌握平面截切立体时,截交线的形状分析与求法。掌握两个立体表面相交时,相贯线的形状分析与求法。

【主要内容】

立体表面取点、截交线和相贯线。

【课程思政】

发奋图强,优化职教。党的二十大报告提出:“统筹职业教育、高等教育、继续教育协同创新,推进职普融通、产教融合、科教融汇,优化职业教育类型定位。”掌握职业技能,为建设现代化强国而奋发学习。

工程建筑物可以看作是由一些立体经过某种形式的组合而形成的。这些立体在组成建筑物时,有的表面被截切,有的表面与另一立体表面相交,产生表面交线,如图 6-1 所示。这些交线按其形成常常被称为截交线或相贯线。画工程建筑物的视图时,需要把其表面的截交线或相贯线准确地画出来;识读工程建筑物的视图时,同样也需要分析其表面交线。

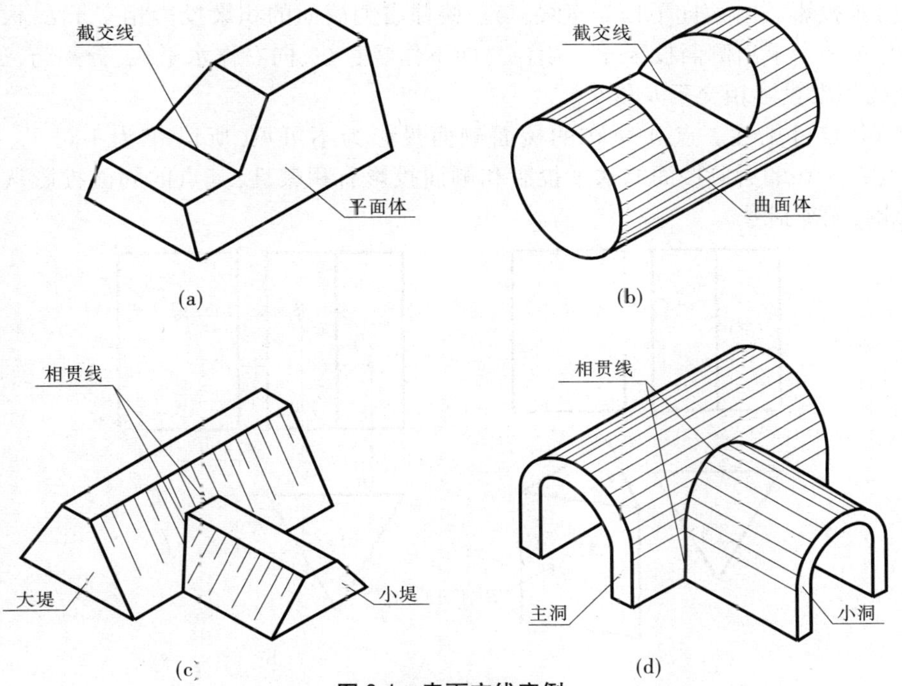

图 6-1　表面交线实例

从图 6-1 中可以看出,截交线是平面截切立体所产生的表面交线,相贯线是两个立体相交所产生的表面交线。截交线和相贯线都是平面与立体或两个立体表面的共有线,也是相交两面的分界线。这些分界线是由一系列共有点所组成的。因此,要掌握立体表面截交线和相贯线的画法,必须能够在立体表面取点,即掌握求立体表面共有点的方法。

第一节　立体表面取点

一、积聚性法

积聚性法是利用点所在立体表面投影有积聚性的特点,直接求点的投影的方法。

需要指出的是,立体的投影图中存在着某表面可见与不可见的问题,因此其表面上点的投影也需要判别可见性。即点所属表面的投影可见,则点的投影也可见;反之为不可见。

【例6-1】 已知三棱柱表面上点 A 和点 B 的正面投影 a' 和 (b'),如图6-2(a)所示,求它们的水平投影和侧面投影。

分析:

由于点 A 的正面投影可见,又位于右侧,可判定点 A 位于三棱柱的右侧棱面内。由于点 B 的正面投影不可见,可判定点 B 在三棱柱的后侧棱面内。由于三棱柱表面的水平投影有积聚性,因此可利用积聚性直接求出水平投影,再根据投影规律求出侧面投影。

作图[见图6-2(b)]:

(1)求投影。由 a' 向下作竖直线,与三棱柱右侧棱面的积聚投影相交于 a;根据投影规律,由 a' 和 a 求出侧面投影 a''。由 (b') 向下作竖直线、向右作水平线,分别与三棱柱后侧棱面的积聚投影相交于 b 和 b''。

(2)判定可见性。点 A 所在的棱面侧面投影为不可见,所以 a'' 为不可见,标记为 (a'');点 B 所在的后侧棱面的水平投影和侧面投影有积聚性,其点的同面投影从属于其积聚投影,无须括号。

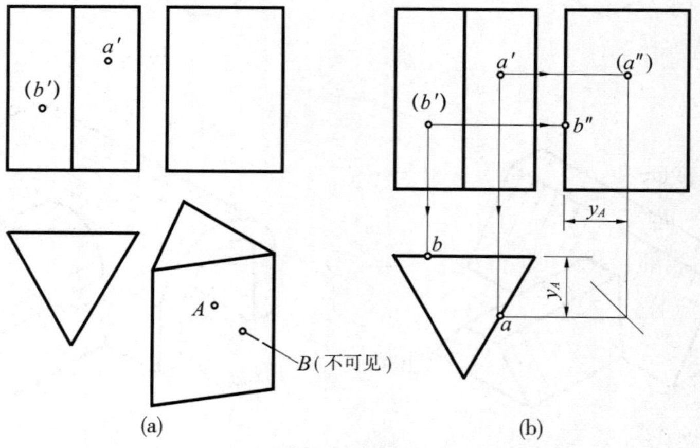

图6-2　三棱柱表面取点

【例6-2】 已知圆柱体表面上 A、B 两点的正面投影,求作另外两面投影,如图6-3(a)

所示。

分析：

圆柱的水平投影积聚为一圆，则 A、B 两点的水平投影 a、b 必在该圆周上；由于 a'、b' 为可见，判定 A、B 两点均位于圆柱的前半柱面上，且点 A 位于最前轮廓素线上。

作图［见图 6-3(b)］：

(1) 过 a'、b' 向下作竖直线与前半圆周相交于 a、b 点。

(2) 过 a' 向右作水平线，与圆柱最前轮廓素线相交于 a''；再按投影规律，由 b、b' 求出 b''。

(3) 判定可见性。点 B 位于右半圆柱面上，其侧面投影为不可见，注记为(b'')。

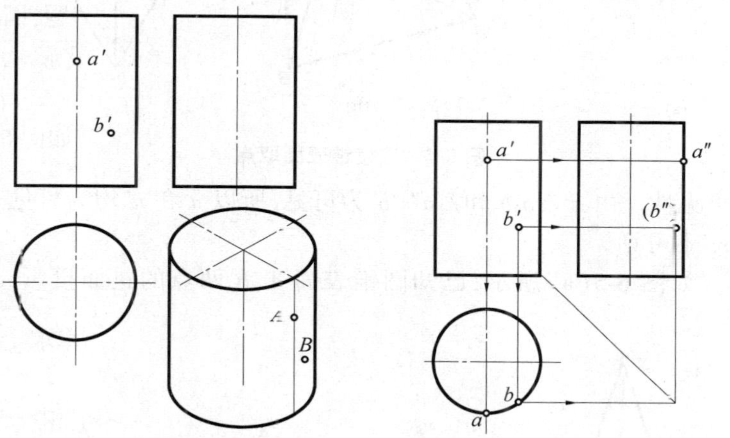

(a)　　　(b)

图 6-3　圆柱表面取点

二、辅助直线法

辅助直线法是当点所处的立体表面投影无积聚性时，需在该立体表面上过已知点作一条辅助直线，先求辅助直线的投影，再根据直线上点的投影特性，求出该点的投影。

【例 6-3】　已知三棱锥表面上点 N 的正面投影 n' 和点 M 的水平投影 m，求它们的另两面投影，如图 6-4(a)所示。

分析：

根据点 N 的正面投影 n' 可见，在 $\triangle a's'b'$ 内，可判定点 N 位于三棱锥左侧棱面上，且该棱面为一般位置平面，需在该面上作辅助直线，如图 6-4(b)用平行于底边的水平线作辅助线，然后利用辅助线的投影，求出 N 点的其他投影。由点 M 的水平投影 m 可见，在 $\triangle asc$ 内，可判定点 M 位于三棱锥后侧棱面上，且该棱面为侧垂面，可利用积聚性法直接求之。

作图：

(1) 作辅助线。作 $n'1'/\!/a'b'$ 与 $s'a'$ 交于 $1'$；在 sa 和 $s''a''$ 上定出相应的 1 及 $1''$，再过 1 及 $1''$ 分别作 ab 和 $a''b''$ 的平行线，即得 $\triangle ASB$ 面上过点 n 的水平线的三投影，如图 6-4(c)所示。

(2) 求点 N 的另两面投影。根据直线上点的投影特性，在所作辅助线上由 n' 求出 n 及 n''，如图 6-4(c)所示；求点 M 的投影，应先根据 m 在 $\triangle s''a''c''$ 上定出 m''，再由 m、m'' 求出 m'。

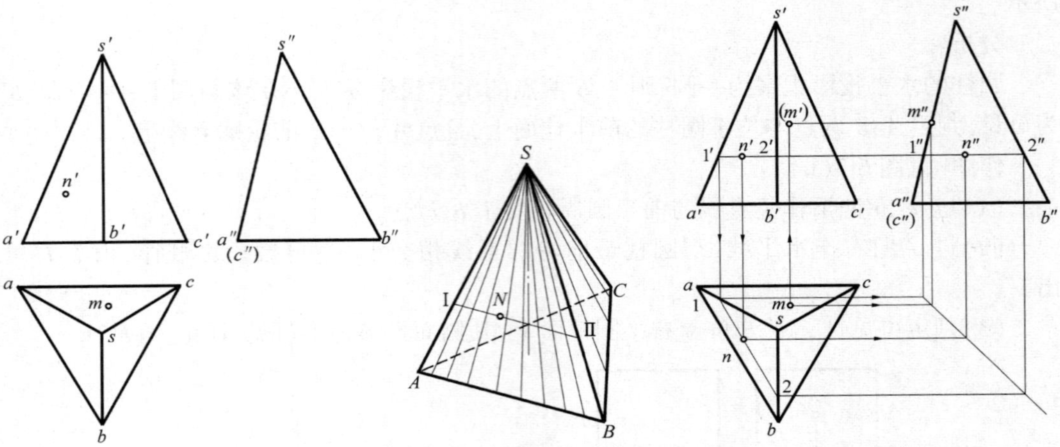

(a) (b) (c)

图 6-4 三棱锥表面取点

(3)判定可见性。由于△asb 和△$a''s''b''$为可见,所以 n 和 n''均为可见。因为△$a's'c'$不可见,所以 m'不可见。

【例 6-4】 如图 6-5(a)所示,已知圆锥表面 A、B 两点的正面投影,求作其他两面投影。

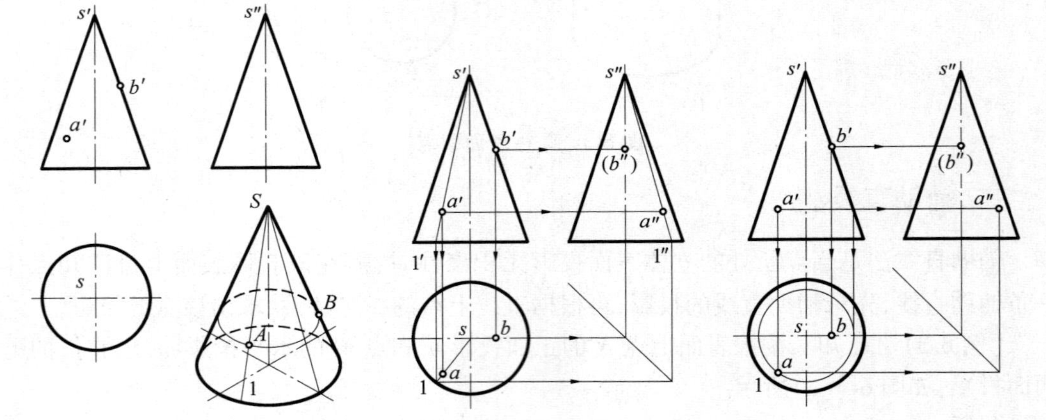

(a) (b) (c)

图 6-5 圆锥表面取点

分析:

点 B 位于最右轮廓素线上,用线上取点法即可直接求之;点 A 位于圆锥表面上,由于其表面投影无积聚性,需作辅助线求之。因为圆锥面是直线面,可取表面素线作辅助直线求之。如图 6-5(b)所示,在圆锥表面连接 SA 并延长交底圆于Ⅰ,SⅠ即为过点 A 的素线。

作图:

(1)连接直线 $a's'$并延长交底圆的正面投影于 $1'$,根据 $1'$直接求出 1、$1''$;连接,即得辅助线的水平投影和侧面投影。

(2)由直线上点的投影在 $s1$ 和 $s''1''$ 上求出 a 及 a'',如图 6-5(b)所示。

(3)判定可见性。由于点 A 在左半圆锥面上,其侧面投影为可见。

三、辅助圆法

回转体表面上任一点,在随着其母线旋转一周过程中所形成的轨迹为一垂直于轴线的圆。辅助圆法就是根据这一原理,过所求点在其表面先取一圆,求出圆的投影后,再求该点的投影,如图 6-5(c)圆锥立体图和图 6-6(a)圆球表面取点。

【例 6-5】 用辅助圆法求图 6-5(a)所示圆锥表面 A 点的水平投影和侧面投影。

作图:

(1)过 a' 作圆锥轴线的垂直线,交于圆锥左右轮廓素线,其轴线至轮廓素线的距离即该辅助圆的半径 R;在水平投影上以 s 为圆心,以 R 为半径,作辅助圆的水平投影。由 a' 求得 a,由于 a' 是可见的,所以 a 在前半锥面上。

(2)由 a'、a 求得 a''。由于 A 点在左半锥面上,所以 a'' 是可见的。

作图结果如图 6-5(c)所示。

【例 6-6】 如图 6-6(a)所示,已知圆球表面 A 点的正面投影和 B 点的水平投影,求作其他两面投影。

分析:

点 B 水平投影位于中心线上,说明该点位于前后方向轮廓圆上,可直接求得;点 A 位于球面上,由于球面的三个投影都没有积聚性,可用辅助圆法求解。

作图过程如图 6-6(b)所示。

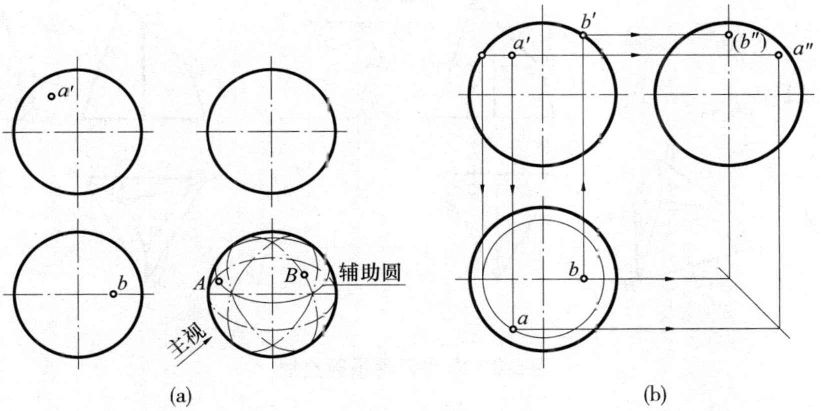

图 6-6 圆球表面取点

第二节 截交线

如前所述,立体被平面截切所产生的交线称为截交线。通常把用来截断立体的平面称为截平面,被截断的立体称为截断体,截交线与所围成的平面区域称为截断面。那么,截交线具有如下特性:

(1)截交线为封闭的平面图形。

(2)截交线既在截平面上,又在立体表面上,因此截交线是截平面与立体表面的共有线,截交线上的点都是截平面与立体表面的共有点。所以,求作截交线就是求截平面与立体表面的共有点和共有线。

一、平面体截交线

平面体截交线一般是平面多边形,多边形的边数可由立体上参与截交的棱面(或底面)数量决定,多边形的角顶点是参与截交的棱线(或底面边线)上的点。因此,求截交线时,要先求出被截立体上各棱线(或底面边线)与截平面的交点,然后依次连成多边形即可。图 6-7 为平面体截交线的形成示例。

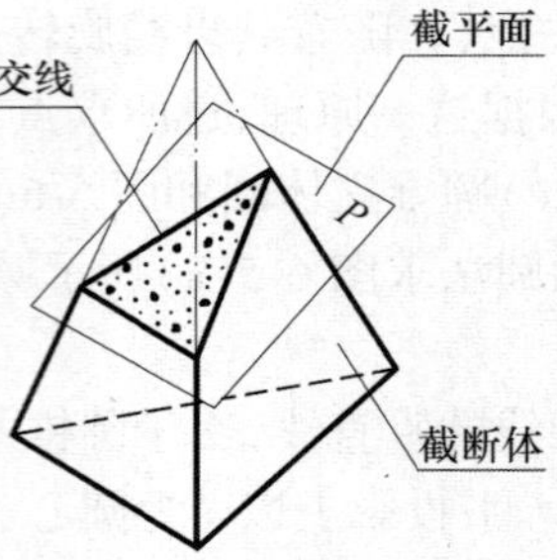

图 6-7　平面体截交线形成示例

码 6-1　微课:平面体截交线

作图的基本思路是:首先根据立体特征及截切位置判断出截交线的空间形状,再分析截交线的投影情况,确定作图顺序与方法。

【例 6-7】　已知正三棱锥被正垂面截切,试作截交线的投影,如图 6-8(a)所示。

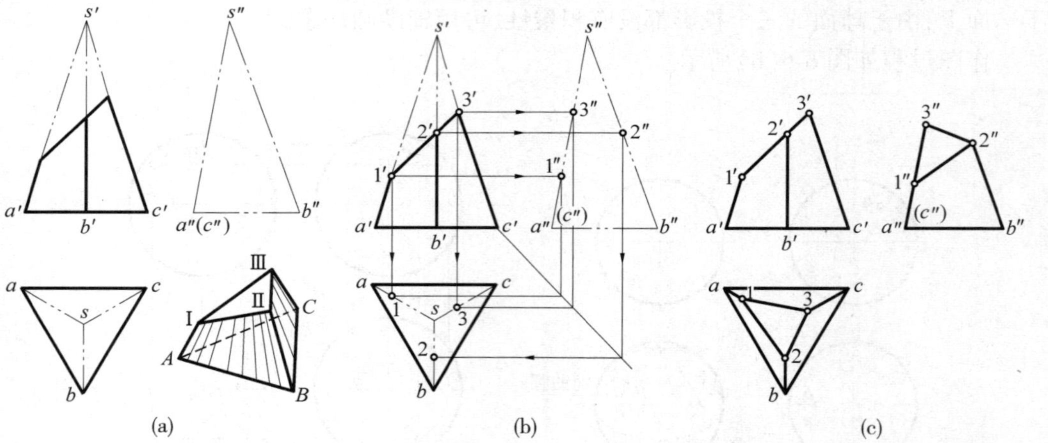

图 6-8　求作三棱锥截交线

分析:

三棱锥被正垂面截切,截断了三条棱线,截交线为三边形,三边形的角顶点即为三条棱线与正垂面的交点。截交线的正面投影积聚成一斜直线为已知,三个交点的正面投影就在该斜线上。采用“线上取点法”可求各交点的另两面投影,然后依次连接各点的同面投影,即得截交线的投影。

作图:

(1)在正面投影上标出三条棱线与正垂面的三个交点,并利用投影规律求出三点的另两面投影,如图 6-8(b)所示。

(2)依次连接各点的同面投影,擦去被切掉的棱线,描深图形轮廓线,即完成作图,如图 6-8(c)所示。

【例 6-8】 已知正六棱柱被截切后的正面投影,试完成其水平投影和侧面投影,如图 6-9(a)所示。

分析:

六棱柱被两个相交平面切割,其中一个是侧平面,截交线为矩形,其正面投影和水平投影均积聚为直线,侧面投影反映实形。另一个是正垂面,截交线为七边形,其正投影积聚成倾斜直线,其六条边的水平投影与六棱柱表面的积聚投影重合,其侧面投影与水平投影为类似形。两平面相交有一公共边为正垂线。

作图:

(1)作出完整六棱柱的侧面投影。

(2)在正面投影上标出各转折点及两相交平面的投影。

(3)由正面投影作出各点的水平投影和侧面投影。

(4)依次连接各点的同面投影,擦去被切掉的线条,描深可见轮廓线(不可见轮廓线以虚线画出),即完成作图,如图 6-9(b)所示。

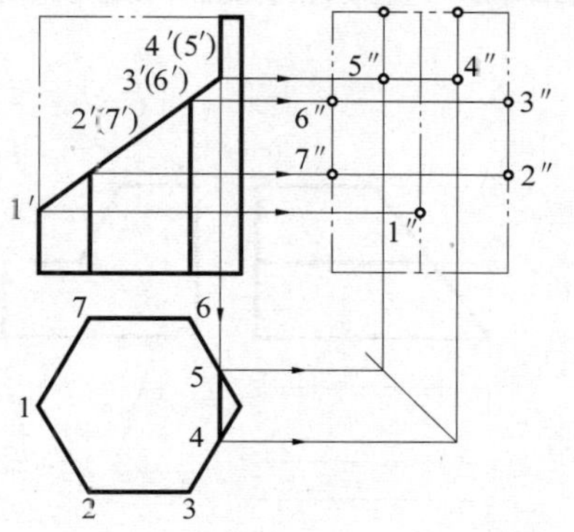

(a)

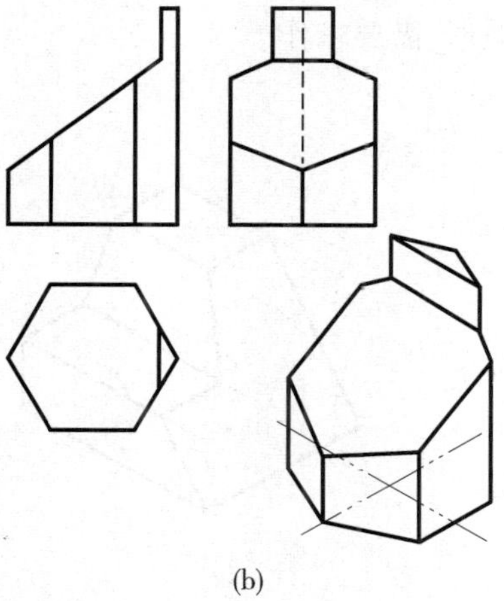

(b)

图 6-9 求作六棱柱截交线

【例 6-9】 试画出如图 6-10(a)所示切槽四棱台的三面投影。

分析:

该四棱台的槽由两侧平面和一个水平面截切而成。两个侧平面在 V 面和 H 面投影都有积聚性;一个水平面在 V 面和 W 面投影有积聚性。这样,该槽的王面投影有积聚性,可直接画出;侧面投影其槽底为不可见,可根据正面投影直接画出;水平投影为可见,需根据其两面投影画出。

作图:

(1)画出四棱台的三面投影,正面投影上含贯通的槽,侧面投影上含槽底的虚线,如图 6-10(b)所示。

(2)按投影规律补出槽底的俯视图,如图 6-10(b)所示。

(3)擦去被切掉的线条,加深整理,完成作图,如图 6-10(c)所示。

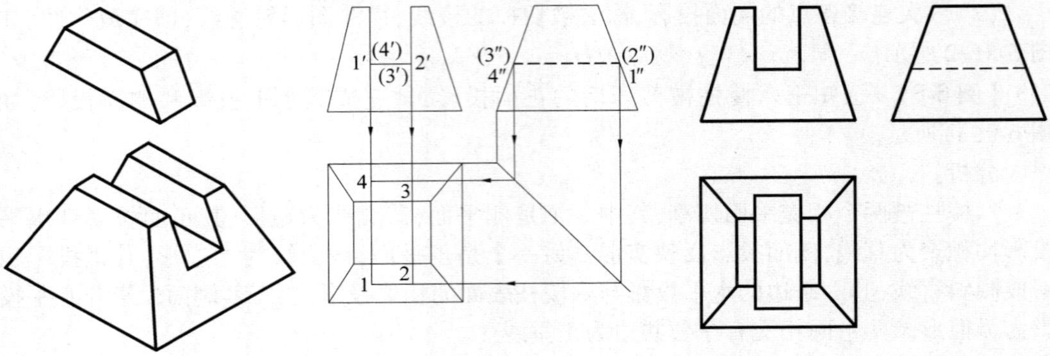

(a)　　(b)　　(c)

图 6-10　切槽四棱台的画法

【例 6-10】　图 6-11(b)所示为直六棱柱被正垂面截切,求作截交线的投影。

分析:

直六棱柱被正垂面截切,截断了体上六条棱,截交线为六边形,如图 6-11(a)所示。截交线的正面投影积聚成一斜直线为已知,侧面投影与直棱柱左视图六边形重合,水平投影应为类似形,需要求作。

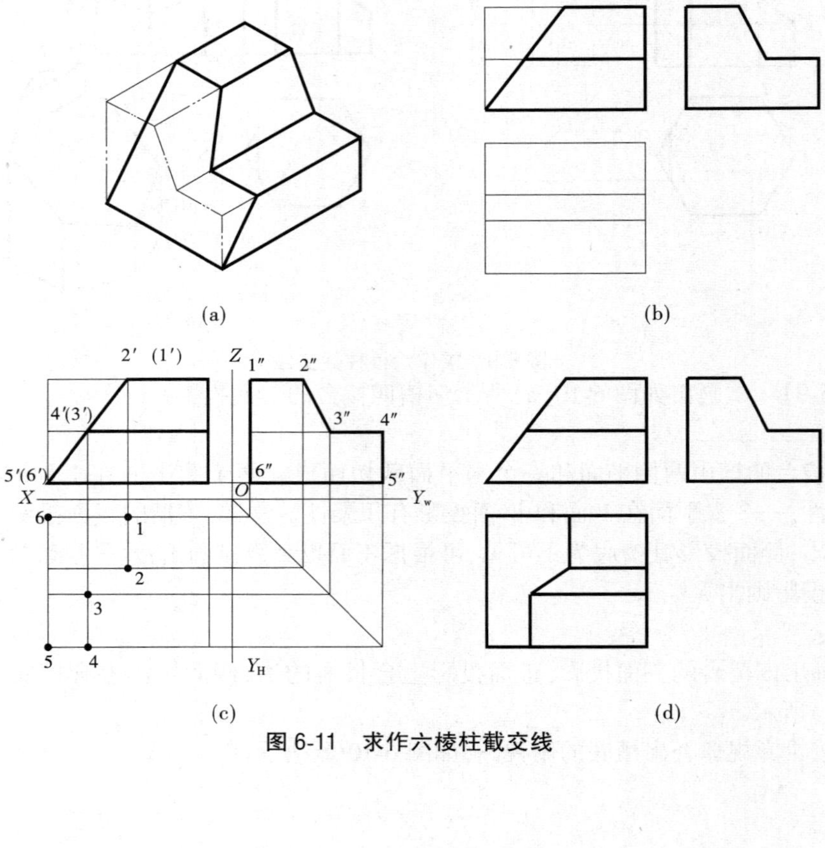

(a)　　(b)

(c)　　(d)

图 6-11　求作六棱柱截交线

作图：

（1）首先在侧面投影中标出截交线各顶点 1″、2″、3″、4″、5″、6″，再在三面投影上对应标出(1′)、2′、(3′)、4′、5′、(6′)，然后根据投影规律，求出截交线上各顶点的水平投影 1、2、3、4、5、6，如图 6-11(c)所示。

（2）依次连接 1、2、3、4、5、6 点，即得截交线水平投影。擦去被切掉的线条，加深完成作图，如图 6-11(d)所示。

二、曲面体截交线

（一）曲面体截交线的形状

1. 圆柱体

圆柱体被平面截割后产生的截交线，因截平面与圆柱轴线的相对位置不同，有三种不同的形式，见表 6-1。

码 6-2　微课：曲面体截交线

表 6-1　平面与圆柱相交的三种情况

截平面位置	平行于轴线	垂直于轴线	倾斜于轴线
截交线形状	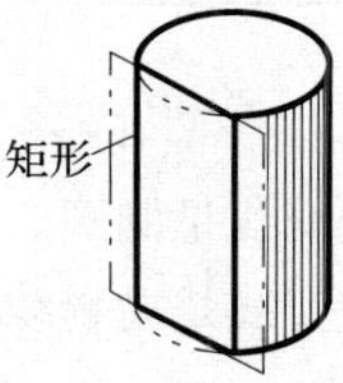	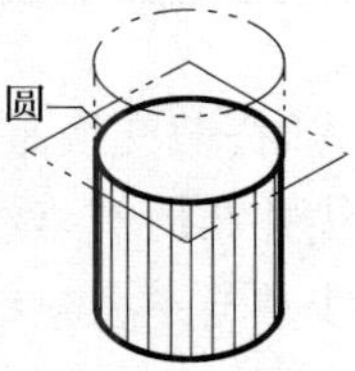	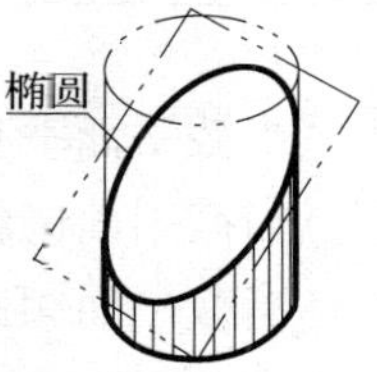
投影情况	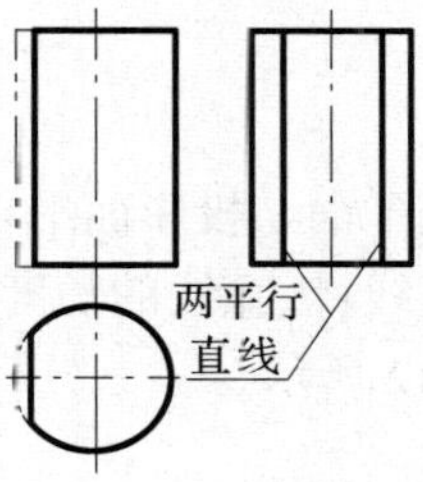	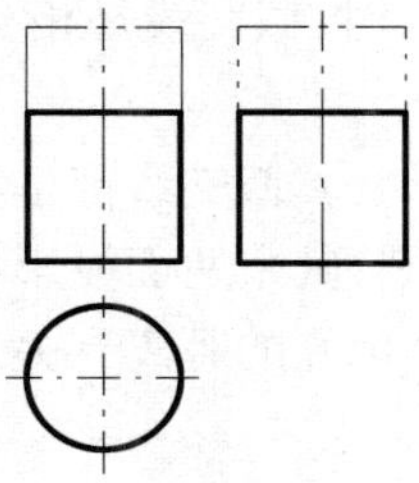	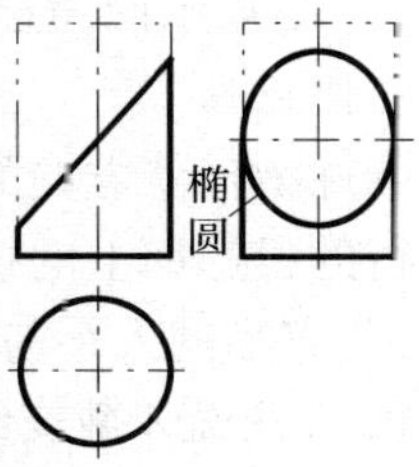

（1）当截平面平行于圆柱轴线时，截交线的形状是矩形。

（2）当截平面垂直于圆柱轴线时，截交线的形状是圆柱表面的圆。

（3）当截平面倾斜于圆柱轴线时，截交线的形状是椭圆。椭圆的形状和大小随截平面对圆柱轴线的倾斜程度不同而变化。

2. 圆锥体

圆锥体被平面截割后产生的截交线，因截平面与圆锥轴线的相对位置不同，有五种不同的形式，见表 6-2。

表 6-2　平面截圆锥的五种情况

截平面位置	垂直于轴线 $\theta=90°$	与所有素线相交 $\theta>\alpha$	平行于一条素线 $\theta=\alpha$	平行于两条素线 $\theta=0°$	过锥顶 $\theta<\alpha$
轴测图	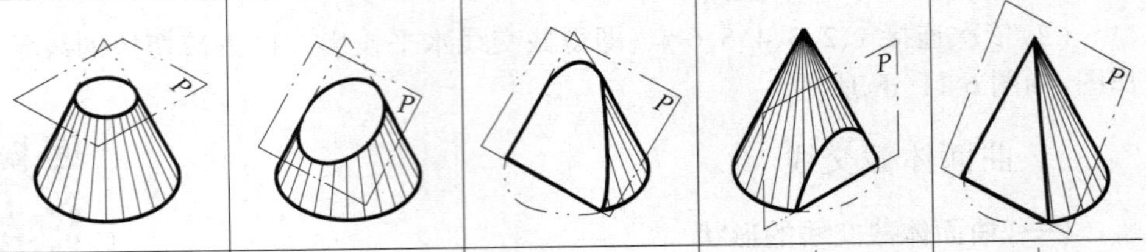				
投影图	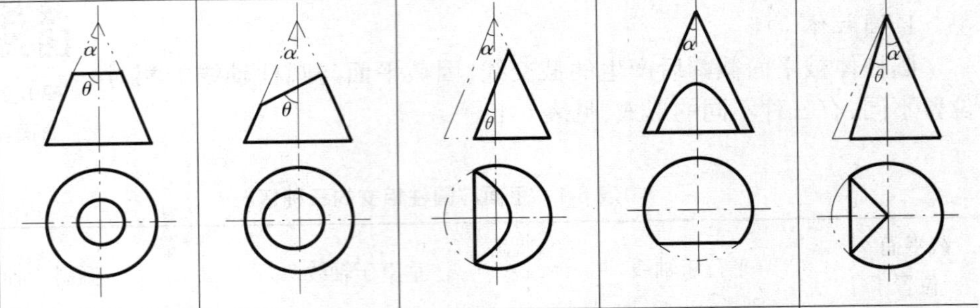				
截交线	圆	椭圆	抛物线	双曲线	相交二直线

(1)当截平面垂直于圆锥轴线时,截交线是圆。

(2)当截平面倾斜于圆锥轴线并与所有素线相交时,截交线是椭圆。

(3)当截平面倾斜于圆锥轴线并与一条素线平行时,截交线是抛物线。

(4)当截平面平行于圆锥轴线时,截交线是双曲线。

(5)当截平面通过圆锥顶点时,截交线是相交二直线。

3. 圆球体

圆球被任意方向的平面截切,其截交线都是圆。当截平面与投影面平行时,截交线在所平行的投影面上的投影为一圆,其余两面投影积聚为直线;该直线的长度等于截面圆的直径,其直径的大小与截平面至球心的距离有关,如图 6-12 所示。

(二)曲面体截交线的画法

根据曲面体截交线的形状特点,求作曲面体截交线时可分为以下两种情况:

(1)当截交线为直线或平行于投影面的圆时,投影可由已知条件根据投影规律直接求出。

(2)当截交线为椭圆、抛物线、双曲线等非圆曲线或非投影面平行圆时,需求出曲面和截平面上的一系列共有点,然后连成光滑曲线。求共有点常用的方法是“体表面取点法”。

为使所求截交线的形状准确,作图迅速,在求作非圆曲线截交线时,应按照先求控制点(对截交线的投影起控制作用的点),再求中间点的步骤作图。

控制点是曲面外形轮廓素线上的点、反映截交线形状特征的点(如椭圆的长、短轴端

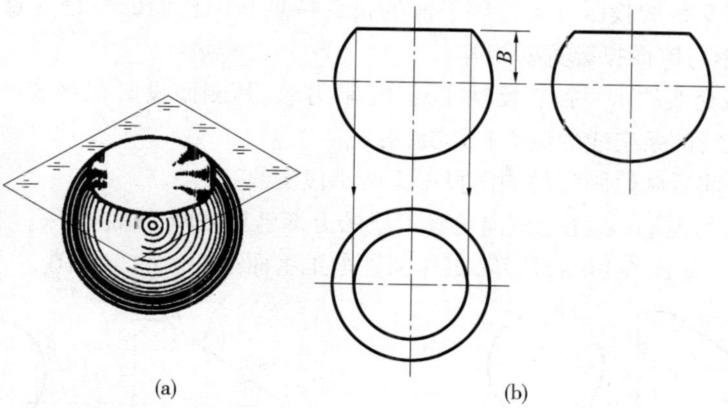

图 6-12　圆球被水平面截切

点，抛物线、双曲线的顶点）、曲面边界上的点（曲面底边上的点）及截交线的极限位置点（截交线上的最高、最低、最左、最右、最前、最后点）；控制点之间补充的点是中间点。

【例 6-11】　补出开槽圆柱的三面投影，如图 6-13(a)所示。

分析：

圆柱上端开槽部分是由两个与轴线平行的侧平面和一个与轴线垂直的水平面截切而成的。两个侧平面与圆柱面的截交线是左右对称的两个矩形，矩形的两边是前后对称的铅直素线，上边是截平面与顶面的交线；水平面与圆柱的截交线是水平圆而缺左、右两个弓形；三个截平面两两相交，交线为两条正垂线，即两矩形的下边。由于三个截平面的正面投影都有积聚性，故截交线的正面投影为已知，只需求其水平投影和侧面投影。

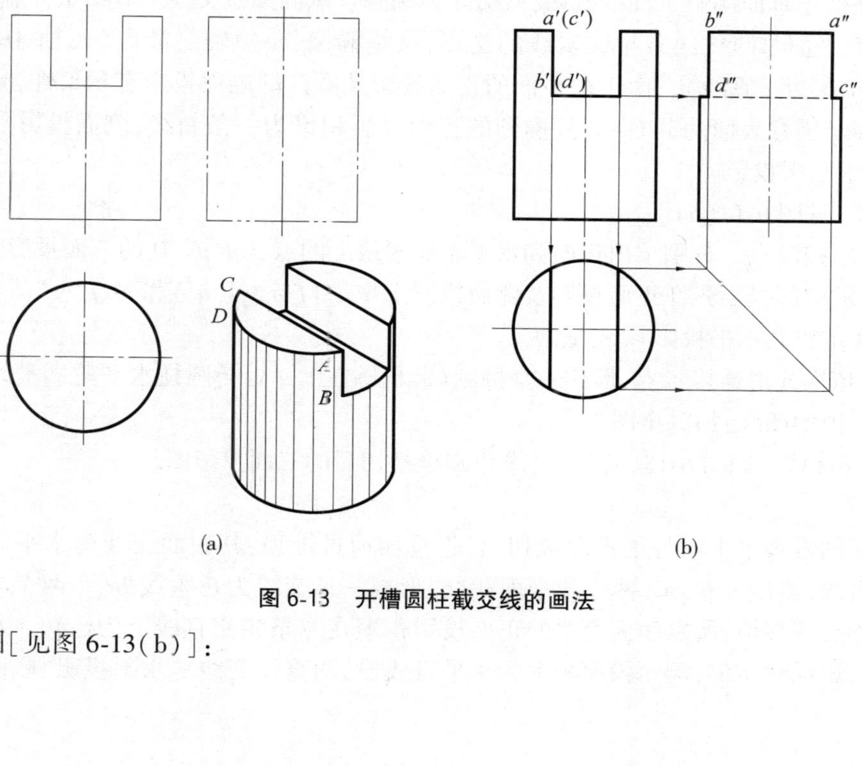

图 6-13　开槽圆柱截交线的画法

作图［见图 6-13(b)］：

(1)侧平截交线的投影可根据侧平面的投影特点和圆柱面的积聚性直接求得(注意矩形的水平投影与侧面投影宽度相等)。

(2)水平截交线的水平投影反映实形,无须另求,其侧面投影积聚成一水平线段,长度等于圆柱直径;两条交线的侧面投影为虚线。

注意:其中前后两段圆弧的侧面投影是两小段实线。

(3)加深保留轮廓线,注意侧向轮廓素线的上部已被截断,不能加深。

【例 6-12】 如图 6-14(a)所示,试作圆柱被正垂面截切后的三视图。

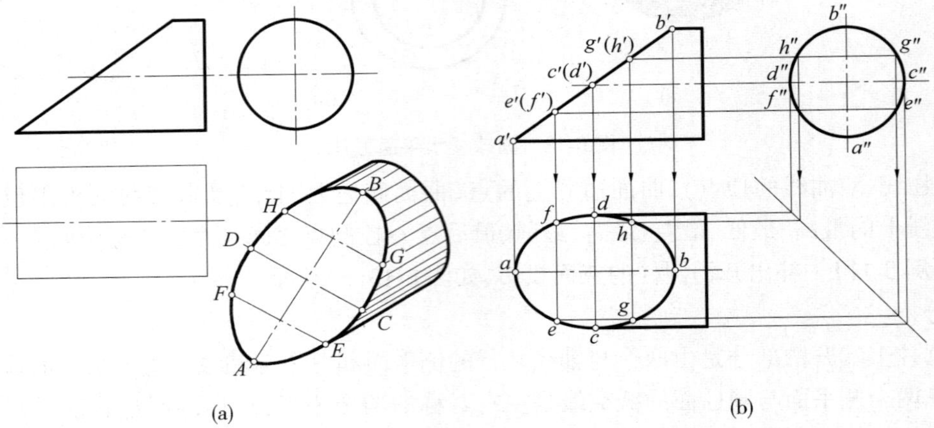

图 6-14　平面斜切圆柱

分析:

圆柱被正垂面倾斜于轴线截切,截交线为椭圆。该椭圆截交线上有四个控制点 A、B、C、D,是截平面与圆柱四条轮廓素线的交点,又是椭圆长、短轴的端点(长轴 AB 为正平线,短轴 CD 为正垂线)。由于截平面的正面投影及圆柱的侧面投影有积聚性,且截交线是截平面与圆柱表面的共有线,故椭圆的正面投影积聚为一条斜线,侧面投影与圆周重合,只需求水平投影。

作图[见图 6-14(b)]:

(1)求控制点。分别求出正向和水平轮廓素线上的点 A、B、C、D 的三面投影。

(2)求中间点。先在正面投影及侧面投影上取 $e'(f')$、$g'(h')$ 和 e''、f''、g''、h'',再根据投影规律求出其水平投影 e、f、g、h。

(3)依次光滑连接各点,形成一个椭圆(此椭圆在 c、d 处与圆柱水平轮廓素线相切),擦去被切掉的图线,加深全图。

【例 6-13】 如图 6-15(a)所示,求作圆锥被切后的三面投影图。

分析:

直立圆锥被水平面与正垂面截切,且正垂面通过锥顶,其表面交线为水平圆弧 BAC 和两条直线(素线)SB、SC;两个截平面相交,形成一条交线为正垂线 BC。两个截平面的正面投影有积聚性,所以表面交线的正面投影积聚在两条相交直线上为已知。水平圆弧的水平投影反映实形,侧面投影积聚为水平直线段;两直线交线的水平投影、侧面投影仍

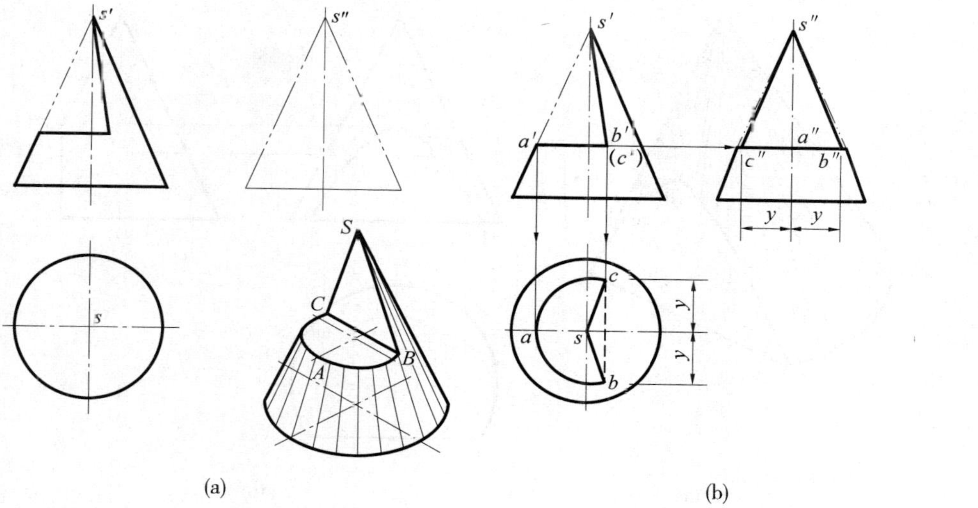

图 6-15　圆锥切口的画法

为直线。

作图[见图 6-15(b)]：

(1)作圆弧的水平投影与侧面投影：以 s 为圆心，以 sa 为半径作圆，自 b' 向下作铅垂线与所作圆交于 b、c，圆弧 bac 为截交线水平圆弧的水平投影；根据投影规律作出水平圆弧的侧面投影，注意 b''、c'' 与 b、c 的宽度对应，它们并非前后轮廓素线上的点。

(2)连接 sb、sc 及 $s''b''$、$s''c''$ 得直线交线的水平及侧面投影。

(3)作两截平面的交线，其水平投影 bc 为不可见。

(4)加深作图轮廓，完成作图。

【例 6-14】　圆锥被一正平面截切，求作截交线的三面投影，如图 6-16(a)所示。

分析：

截平面为正平面，与圆锥的轴线平行，所以截交线为双曲线。其水平投影和侧面投影分别积聚为一直线，只需求作正面投影。

作图[见图 6-16(b)]：

(1)求控制点：Ⅲ为最高点(圆锥前面轮廓素线上的点)，根据 3″可求出 3′；Ⅰ、Ⅴ为最低点(圆锥底面上的点)，根据 1、5 可求出 1′与 5′。

(2)求中间点：在水平投影中作一辅助圆，与截交线的积聚投影相交于 2、4 两点，对应作出辅助圆的正面投影，并根据“长对正”求出 2′、4′。

(3)依次光滑连接 1′、2′、3′、4′、5′各点，即得截交线的正面投影。

【例 6-15】　如图 6-17(a)所示，圆锥被正垂面截切，求作截交线的投影。

分析：

圆锥被正垂面切断所有素线，截交线为椭圆。该椭圆截交线上有六个控制点 A、B、C、D、E、F，其中 A、B 既是圆锥正向轮廓素线上的点，又分别是椭圆长轴的两端点和截交线的最高点、最低点；C、D 既是圆锥侧向轮廓素线上的点，又分别是截交线与圆锥面的切点；E、F 既是椭圆短轴上的端点，又分别是截交线的最前点、最后点，其正面投影位于截

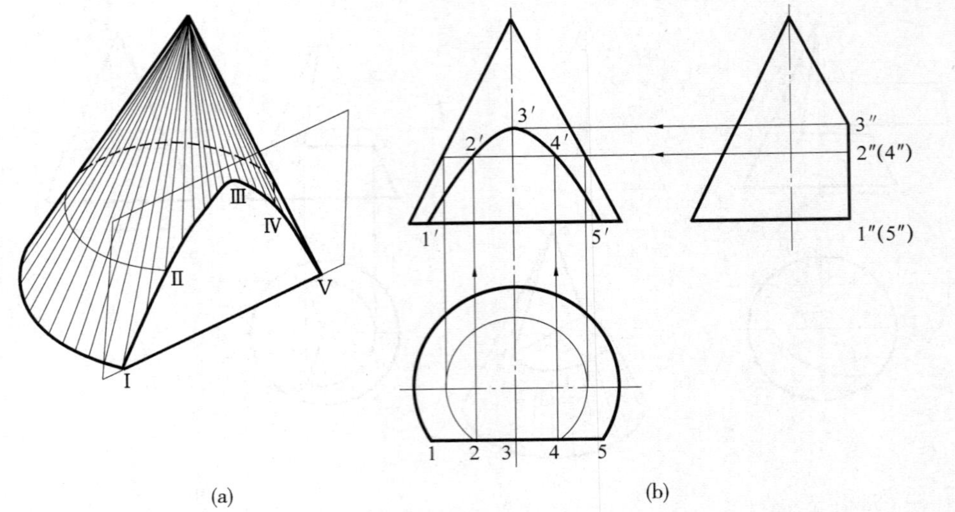

图 6-16　圆锥被正平面截切的画法

交线积聚投影的中点。*AB* 为正平线,*EF* 为正垂线。由于该椭圆的正面投影积聚为一斜线已知,其水平投影与侧面投影为类似形,需要求作截交线。

作图:

(1)求控制点:先在正面投影上确定六个控制点的位置,用线上取点法求 *A*、*B*、*C*、*D* 的水平投影和侧面投影;用辅助圆法求 *E*、*F* 的水平投影和侧面投影,如图 6-17(b)所示。

(2)用辅助圆法求截交线上中间点 *G*、*H* 的水平投影和侧面投影。

(3)分别依次光滑连接各点,加深完成作图,如图 6-17(c)所示。

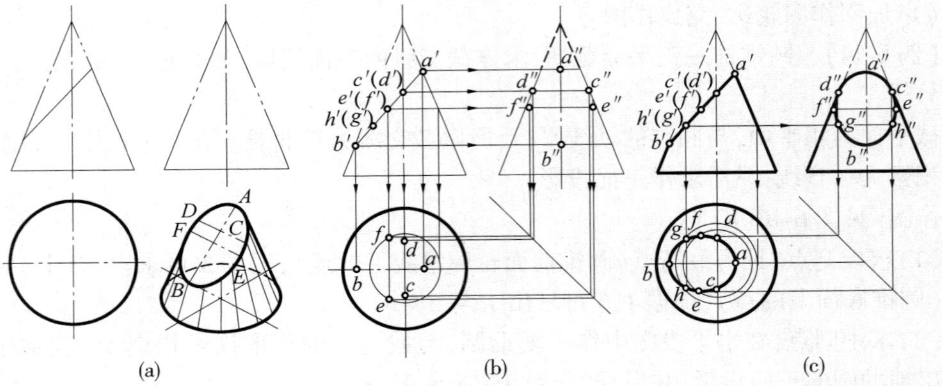

图 6-17　平面斜截圆锥的画法

【例 6-16】　已知半球被截切后的正面投影,试完成其水平投影和侧面投影,如图 6-18(a)所示。

分析:

半球被两个平面所截,其中之一是水平面,截交线的水平投影是圆的一部分,侧面投影积聚为一直线;另一截平面是侧平面,截交线的侧面投影是圆的一部分,其水平投影积聚为一直线。

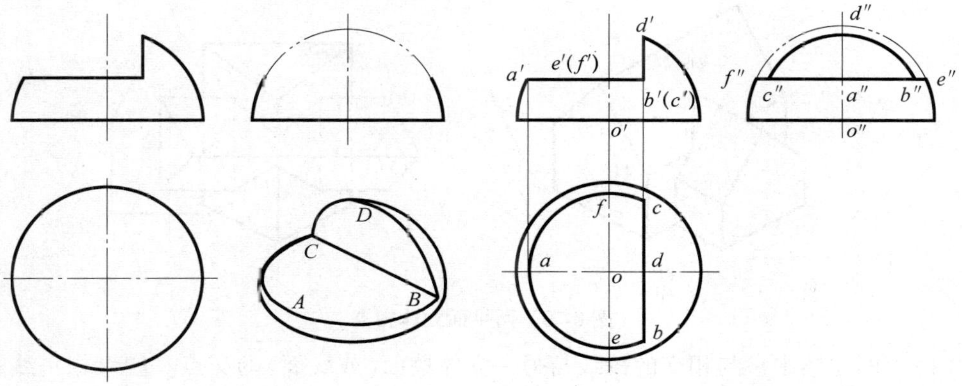

(a)　(b)

图 6-18　半球被截切后的投影

作图[见图 6-18(b)]:

(1)求水平面与半球的截交线。截平面与正向轮廓圆的交点 A 和该段圆弧的两个端点 B、C 的正面投影可直接确定。求出 a,以 o 为圆心,以 oa 为半径画圆,与过 b'、c' 的竖直线交于 b、c,即得该圆和直线段 BC 的水平投影,其侧面投影积聚成一水平直线 $e''f''$。

(2)求侧平面与半球的截交线。截交线圆弧的顶点 D 和圆弧两端点 B、C 的正面投影已确定,D 在正面投影轮廓圆上,其侧面投影 d'' 可直接求出。以 o'' 为圆心,以 $o''d''$ 为半径作圆弧,与水平截交线的交点即为 c''、b''。该截交线的水平投影积聚为一直线,与水平圆交于 b、c 两点。

(3)加深图线,完成作图。

第三节　相贯线

两个立体相交所产生的表面交线叫相贯线。由于两立体表面形状、大小及相对位置不同,相贯线的形状也不同。但任何相贯线都具有以下两个基本性质:

(1)相贯线是两个立体表面的共有线,是由一系列共有点组成的。

(2)由于立体表面具有一定的范围,所以相贯线一般是封闭的。

一、两平面立体相交

(一)相贯线的形状

如图 6-19 所示,两平面体相贯,相贯线一般情况下是封闭的空间折线;只有当两立体有两个棱面共面时,相贯线才不封闭。

(二)相贯线的求法

从图 6-19 中可以看出,相贯线上的各个转折点是平面立体的棱线与另一个平面立体表面的交点或两立体棱线的交点,折线的各段就是两平面立体的两相交棱面的交线。因此,可按如下步骤求两平面立体的相贯线:

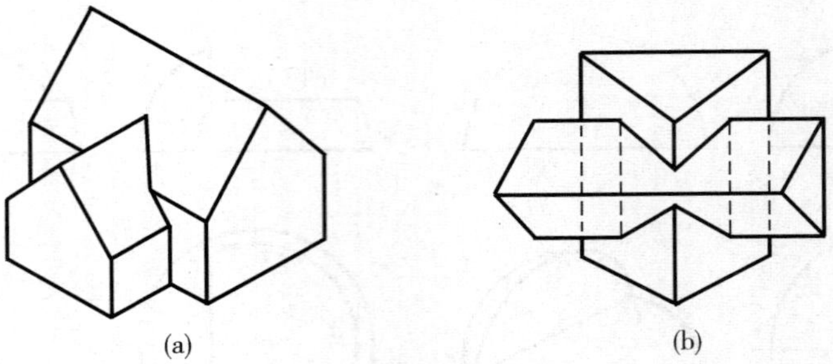

图 6-19　两平面立体相交

(1)求两立体中参与相交的棱线与另一立体棱面(或底面)的交点。如果相贯线的某一投影有积聚性,则可利用在立体表面取点的方法,求出相应点的投影。

(2)依次连接所求各点的同面投影。连点时应注意,只有位于两立体相交的两个面上的点才能连接;当立体的投影有积聚性时,其顺序可参照立体的积聚性投影。

(3)判定可见性。只有两个可见棱面的交线才是可见的,否则为不可见。

由于两立体相交后已成为一个整体,凡是参与相交的棱线,两交点之间的线段已不存在,故不予画出。

【例 6-17】　如图 6-20(a)所示为两棱柱相交,试作其相贯线的投影。

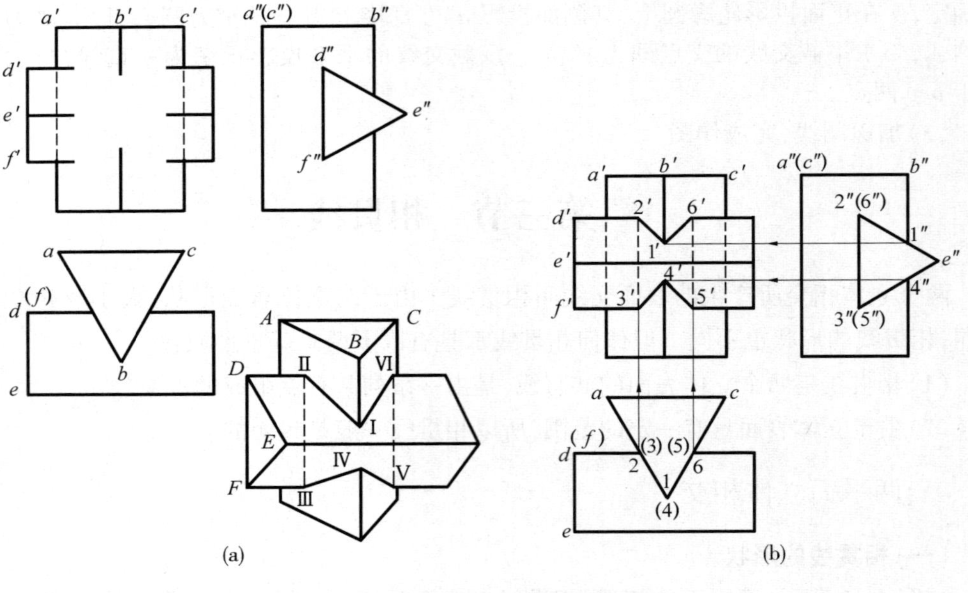

图 6-20　两正三棱柱相交

分析:

图中 *ABC* 三棱柱的侧棱垂直于水平面,*DEF* 三棱柱的侧棱垂直于侧面。参与相交的棱线有 *B* 棱、*D* 棱和 *F* 棱,棱面有 *AB*、*BC* 和 *DE*、*EF*、*DF* 五个表面。其中,*B* 棱分别与 *DE*、*EF* 二棱面相交于Ⅰ、Ⅳ两点,*D*、*F* 棱线分别与 *AB*、*BC* 棱面相交于Ⅱ、Ⅲ和Ⅴ、Ⅵ四点。因为 *DE*、*EF* 棱面为侧垂面,*AB*、*BC* 棱面为铅垂面,故可运用积聚性法求各交点的投影。

作图[见图 6-20(b)]：

(1)求各点的投影：在水平投影与侧面投影上注出各转折点的投影，根据投影规律求出各点的正面投影。

(2)连接相贯线：只有位于同一立体同一棱面上而又同时位于另一立体同一棱面上的两点才能连接。如Ⅰ、Ⅱ两点位于三棱柱的 *AB* 棱面上，又同时位于另一三棱柱的 *DE* 棱面上，所以可以连接。根据这个原则分析，在正面投影上应连接 1′2′、2′3′、3′4′、4′5′、5′6′和 6′1′成一封闭折线，如图 6-20(b)所示。

(3)相贯线的可见性：根据参与相贯的两个棱面是否可见来判断。如果两个棱面都是可见的，则相贯线为可见；如果两个棱面中有一个棱面为不可见，则相贯线也不可见。从正面投影分析，参与相贯的棱面只有 *DF* 棱面为不可见，故位于 *DF* 棱面上的ⅡⅢ和ⅤⅥ的正面投影 2′3′和 5′6′两条线为不可见，如图 6-20(b)所示。

二、平面体与曲面体相交

(一)相贯线的形状

平面体与曲面体相交，相贯线是由若干段平面曲线或平面曲线和直线组成的。

(二)相贯线的求法

相贯线中的各段平面曲线或直线是平面立体上各棱面与曲面立体的截交线。每段交线的转折点是平面立体的棱线与曲面立体的交点。因此，求平面立体与曲面立体的相贯线，可按求截交线的方法，分别求出平面体各棱面与曲面体的截交线，组合起来，即得相贯线的投影。

【例 6-18】 如图 6-21(a)所示，护坡与翼墙相交，求作相贯线的投影。

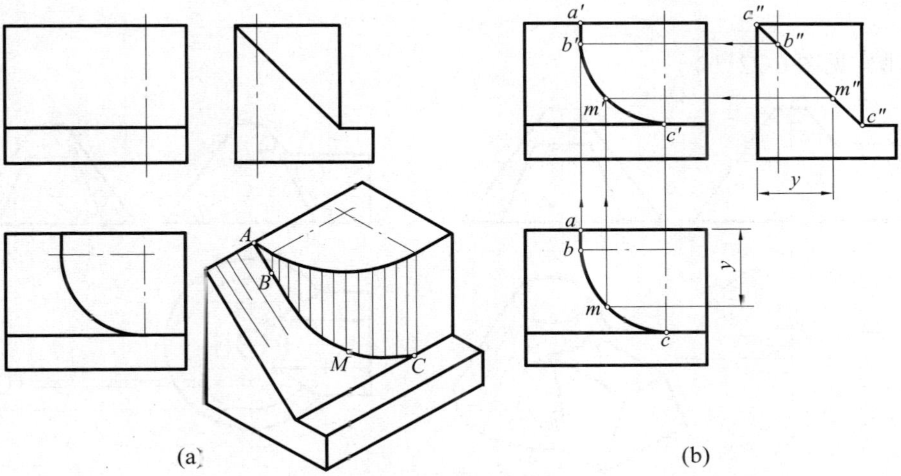

图 6-21　护坡与翼墙相交

分析：

本例为河床护坡(直棱柱体)与闸室翼墙(包含 1/4 圆柱面的组合面)的外表面相交

实例。其表面交线由两段组成:护坡与翼墙平面段的交线 AB 是直线(侧平线),护坡与翼墙曲面段的交线 BC 是 1/4 椭圆,B 点是直线段与曲线段的分界点。A、B、C 为三个控制点。

护坡的侧面投影积聚为一斜线,所以交线的侧面投影都积聚在这条斜线上。

翼墙表面的水平投影有积聚性,所以交线的直线段 AB 的水平投影积聚在铅直线上,交线的曲线段 BC 积聚在 1/4 圆周上,C 点的水平投影是直线与 1/4 圆弧的切点。

由于护坡与翼墙圆柱面的正面投影都没有积聚性,所以交线的正面投影也没有积聚性,需作图求出。

注意:翼墙平面段的正面投影有积聚性,其交线的正面投影也在其积聚投影上。

作图[见图 6-21(b)]:

(1)求直线段:先在侧面和水平投影上标出 A、B 的投影,并根据投影规律求出其正面投影 a'、b'。

(2)求曲线段:先确定控制点 B、C(1/4 椭圆的端点)的水平投影和侧面投影,并由此求出其正面投影;再在两个控制点之间补充一个中间点(如 M),在交线的水平投影及侧面投影上取 m、m'',根据投影规律求其正面投影 m'。

(3)光滑连接直线段 $a'b'$ 及曲线段 $b'm'c'$,即完成作图。

【例 6-19】 如图 6-22(a)所示,梯形柱体与圆锥台相交,求作相贯线的投影。

分析:

梯形柱体有三个表面与圆锥面相交,所以相贯线由三段平面曲线组成。由于梯形柱的顶面为水平位置,所以其与圆锥面的截交线为一段圆弧;梯形柱两斜面与圆锥面的截交线则为两段平面曲线(椭圆)。因为相贯线是前后对称的,所以相贯线的正面投影前后重合。由于梯形柱侧面投影有积聚性,所以相贯线的侧面投影为已知,需求水平投影和正面投影。

作图[见图 6-22(b)]:

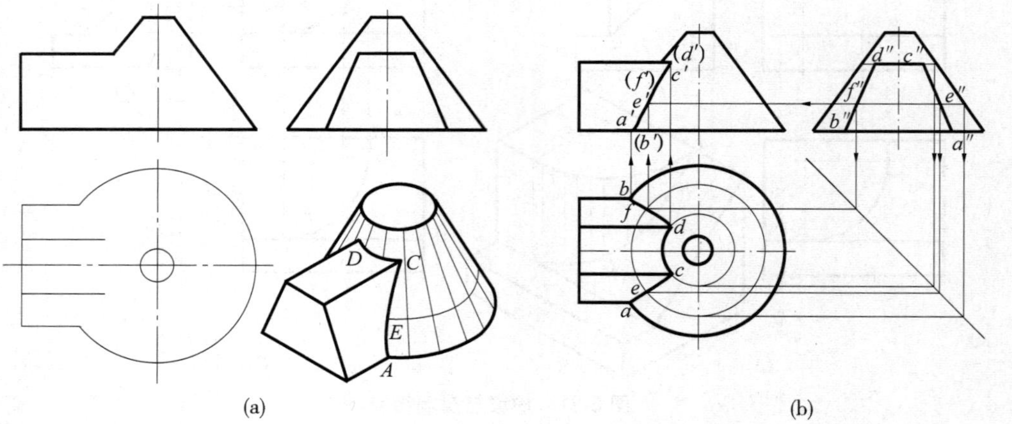

图 6-22　梯形柱体与圆锥台相交

(1)求控制点:梯形柱的底边和圆锥底圆的交点 A、B 为相贯线的起止点。在水平投

影中找到 a、b，再由 a、b 向上作垂线，在正面投影中求得 a'、b'；梯形的顶面边线和圆锥的交点 C、D，是三段截交线的分界点。可在圆锥面上作辅助圆，其与梯形顶面边线的交点，即为 C、D 的水平投影。

（2）求中间点：在相贯线的侧面投影上取两对称点 $e''(f'')$，运用辅助圆法求 e、f 及 e'、f'。

（3）相贯线在正面投影和水平投影中均可见，用粗实线依次光滑连接 a、e、c 及 b、f、d 和 a'、e'、c'（$b'f'd'$ 曲线与 $a'e'c'$ 曲线重影）各点，再用圆弧连接 c、d。

注意：c'、（d'）不在圆锥的轮廓素线上。

三、两曲面体相交

码 6-3　微课：曲面体与曲面体相交

（一）相贯线的形状

两曲面立体相交，相贯线在一般情况下是封闭的空间曲线（如图 6-23 所示），在特殊情况下可能是直线、圆或平面曲线。相贯线的具体形状取决于两立体的形状、大小和它们的相对位置。

（二）相贯线的求法

轴线垂直相交的两圆柱相贯是最常见的相贯形式，求其相贯线的投影，一般可采用表面取点法和简化画法作图。

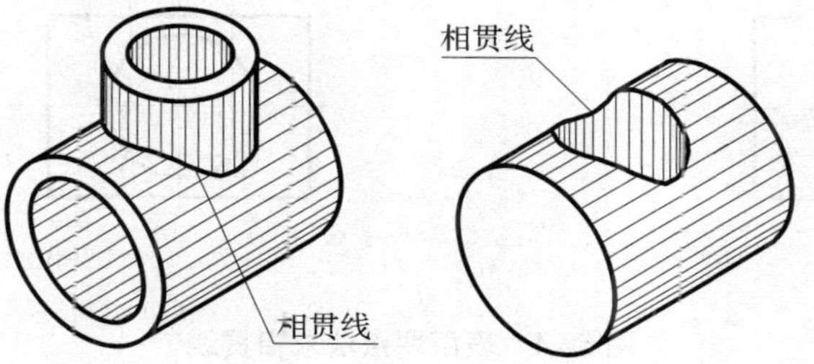

图 6-23　两曲面体相交

【例 6-20】　如图 6-24（a）所示，两个直径不等的圆柱正交，求作相贯线的投影。

分析：

两圆柱直径不等而轴线正交，相贯线是一条前后对称、左右对称的空间曲线，其水平投影与小圆柱有积聚性的水平投影重合，其侧面投影重合在大圆柱面有积聚性的投影上，故只需求出相贯线的正面投影。因相贯线前后对称，其正面投影的可见部分与不可见部分重合，两圆柱正向轮廓素线在同一平面上，交于 A、B 两点。

作图：

方法一：表面取点法［见图 6-24（b）］。

（1）求控制点：先在已知的水平投影和侧面投影中标出 a、b、c、d 和 a''、b''、c''、d''，然后根据投影规律求出 a'、b'、c'、d'，如图 6-24（c）所示。

（2）求中间点：在水平投影中取左右对称点 e、f，并标出相应的侧面投影 e''、f''，然后根据投影规律求出正面投影 e'、f'，如图 6-24（d）所示。

(3)用粗实线依次光滑连接各点,即完成作图。

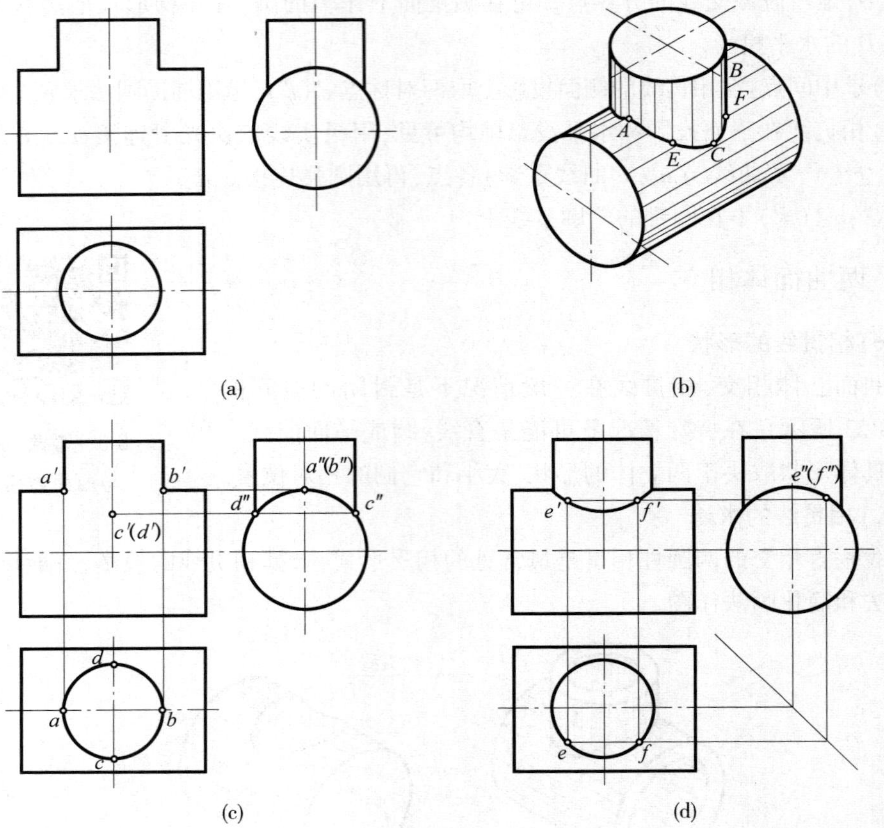

图 6-24　表面取点法求相贯线

方法二:简化作图法。

在工程图中经常遇到两个圆柱直径不等轴线正交相贯线的作图问题,为了简化作图,其相贯线的非积聚投影,可用近似的圆弧代替,圆弧的半径 R 等于大圆柱的半径,即 $R=D/2$,相贯线的简化画法如图 6-25 所示。

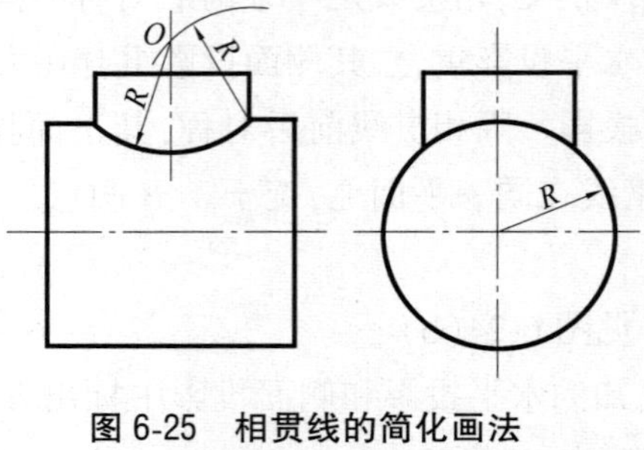

图 6-25　相贯线的简化画法

表 6-3 列出了工程建筑物中常见的一些表面交线。熟悉这些表面交线的形状、特点、简化画法及相贯线的特殊情况,对于绘制与阅读工程图样将有帮助。

表 6-3　常见表面交线

空间情况	相交分析	投影图
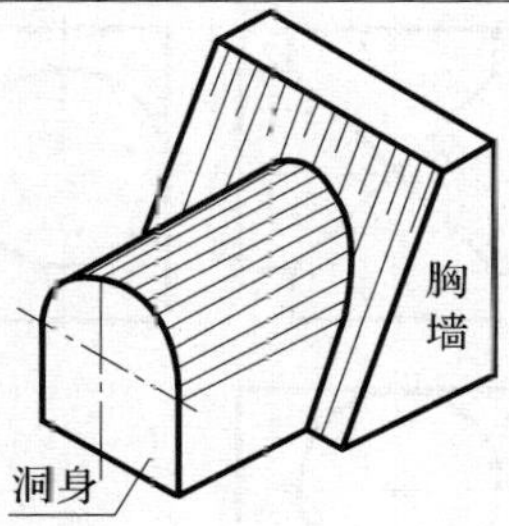	半圆顶面的柱体(洞身)与梯形柱体(胸墙)相交,交线为半个椭圆和两段直线	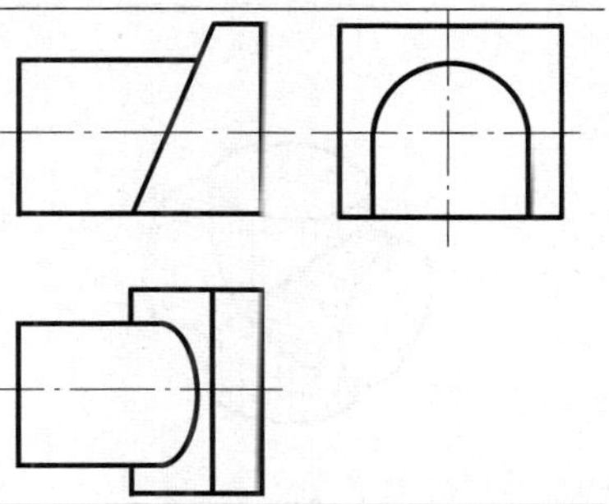
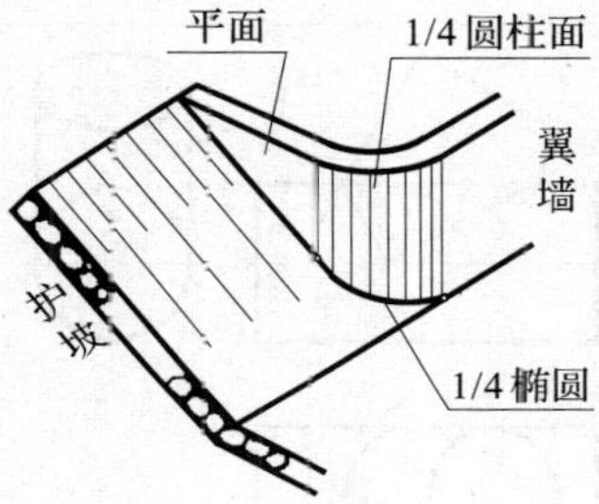	平面与平面相交、平面与圆柱面相交,交线为一段直线和1/4椭圆	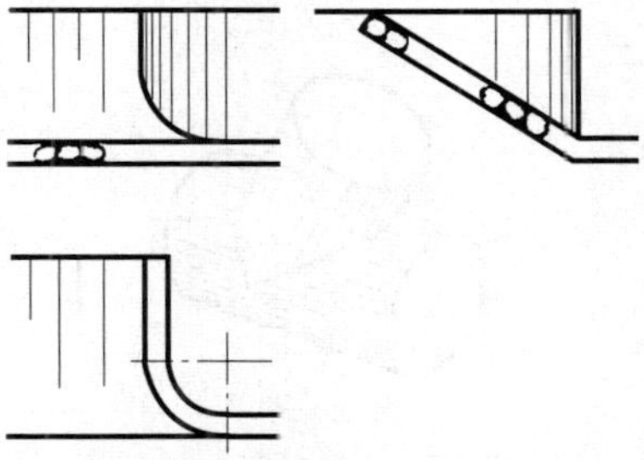
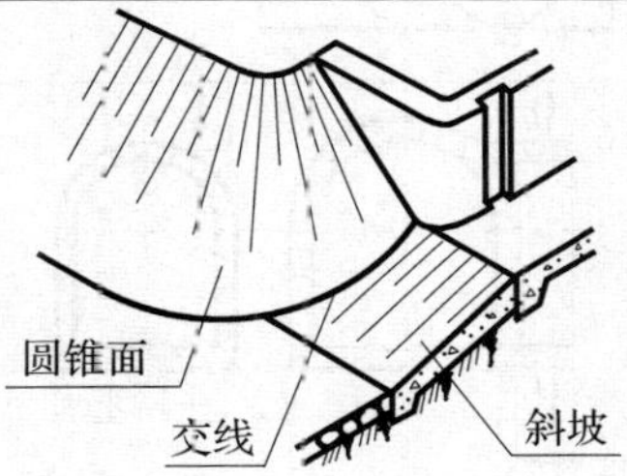	平面与圆锥面相交,交线为平面曲线	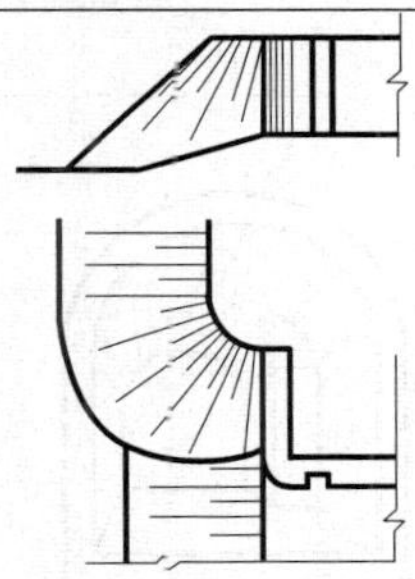
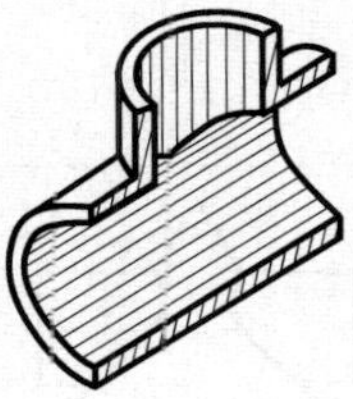	两圆柱内表面相交,交线同外表面相交,为凸向大圆柱轴线的空间曲线	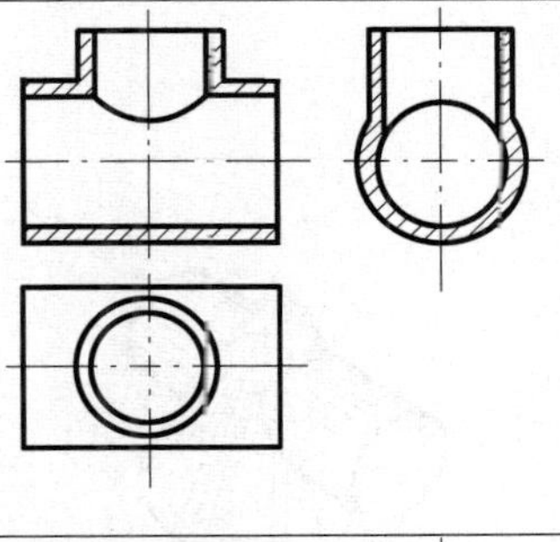
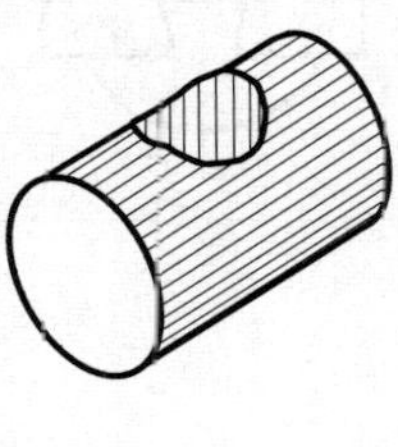	圆柱正穿圆孔,即内外圆柱面相交,交线同两外圆柱面相交	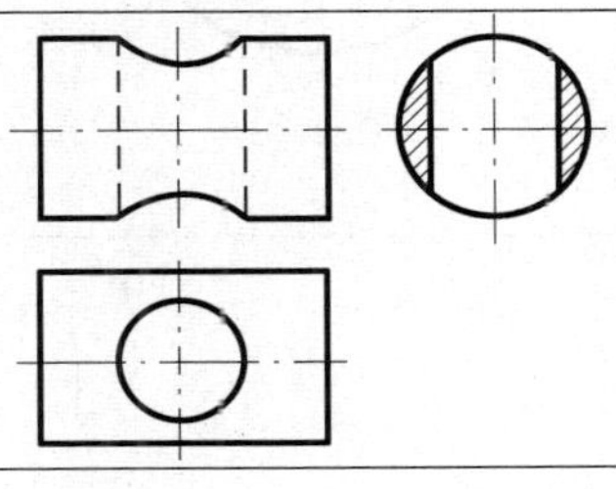

续表 6-3

空间情况	相交分析	投影图
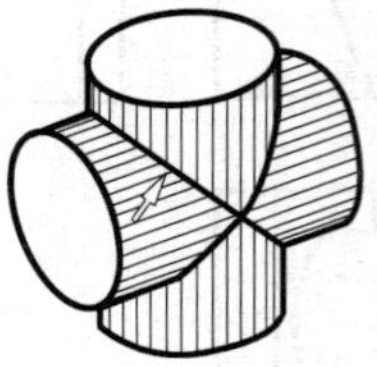	正交两圆柱公切于一球,交线为两个相等的椭圆	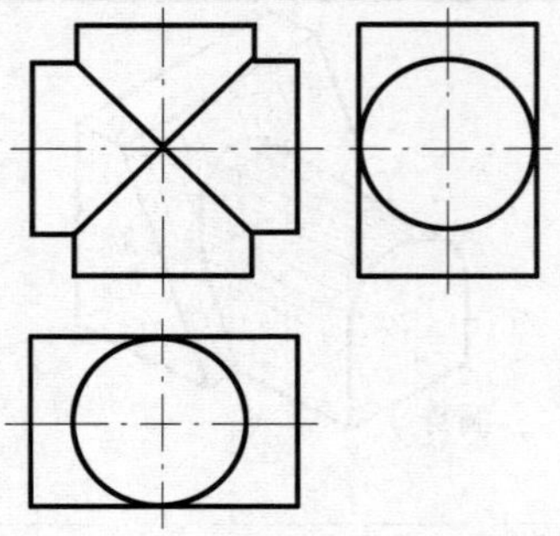
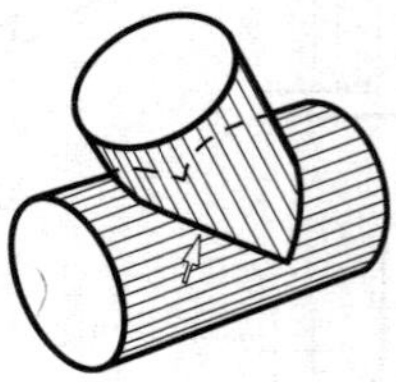	斜交两圆柱公切于一球,交线为两个半个椭圆	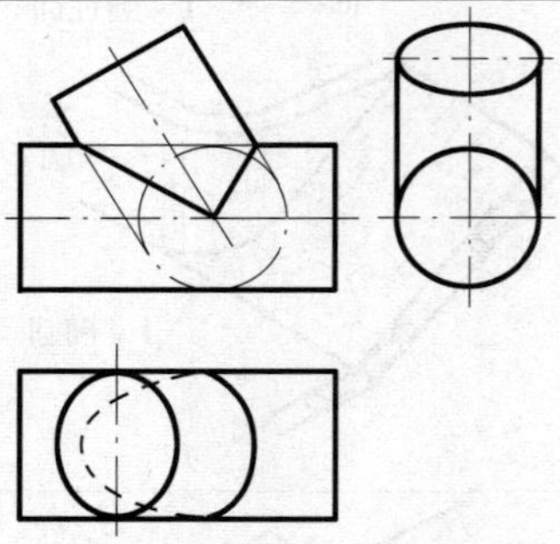
	两平面相交、两半圆柱相交,交线为两段直线和一段空间曲线	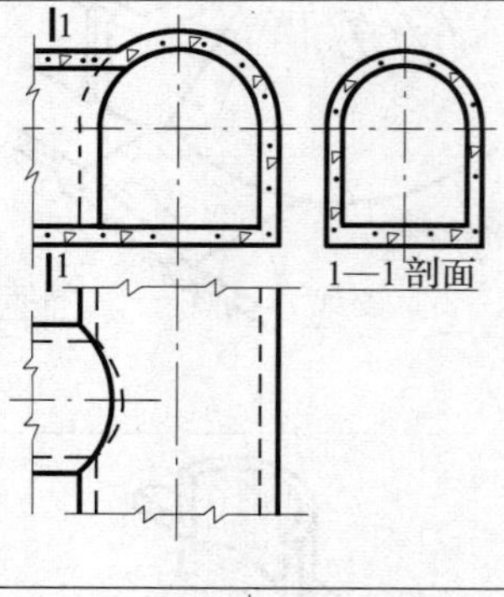
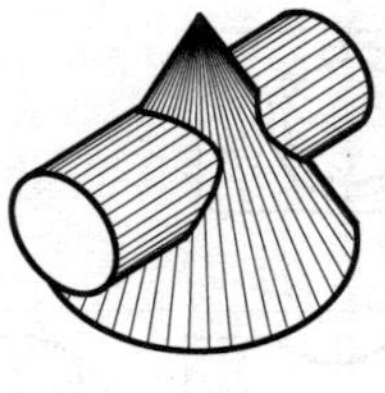	圆柱与圆锥正交,交线为前后对称的两空间曲线	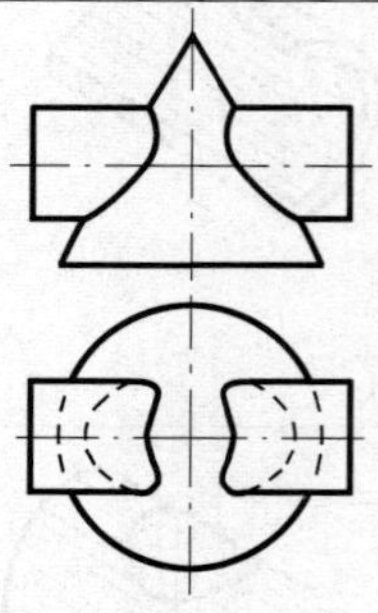

续表 6-3

空间情况	相交分析	投影图
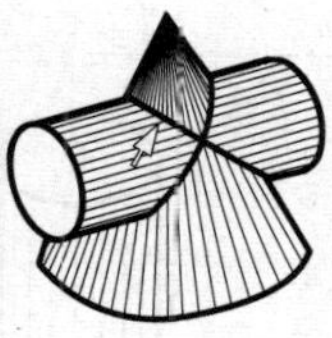	圆柱与圆锥正交公切于一球,交线为两个相等的椭圆	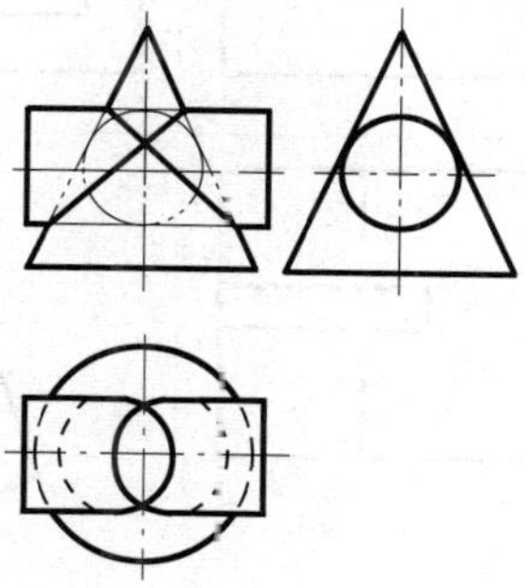
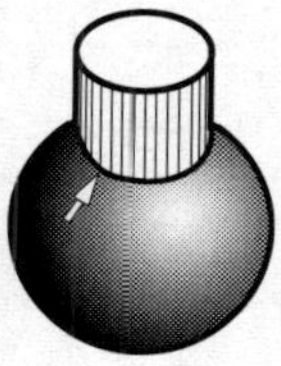	共轴的圆柱与圆球相交,交线为垂直于轴线的圆	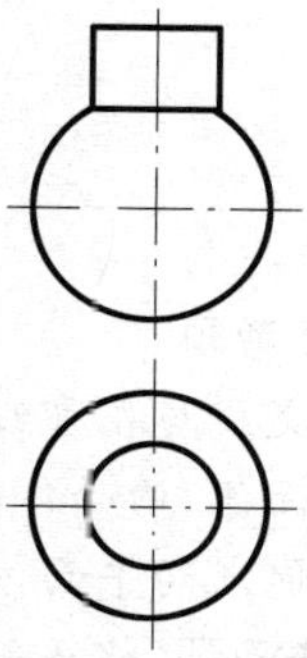

实训六

实训目的:掌握平面体、曲面体表面求交线的方法和作图原理。

实训内容:求立体表面的交线(见图 6-26)。

实训要求:用 A4 的图幅(210×297)绘制;要求投影作图正确,辅助面选取合理;采用比例为 1:1;图名为立体表面交线;图号为 SX6。

实训步骤:

(1)完成相交立体的三视图。

(2)求立体表面的交线。

(3)加深作图结果(交线)。

提示:

(1)采用的辅助面要有利于作图。

(2)保留作图线。

实训小结:(由实训者自行总结实训过程,如掌握了哪些技能,哪些知识点还欠缺)

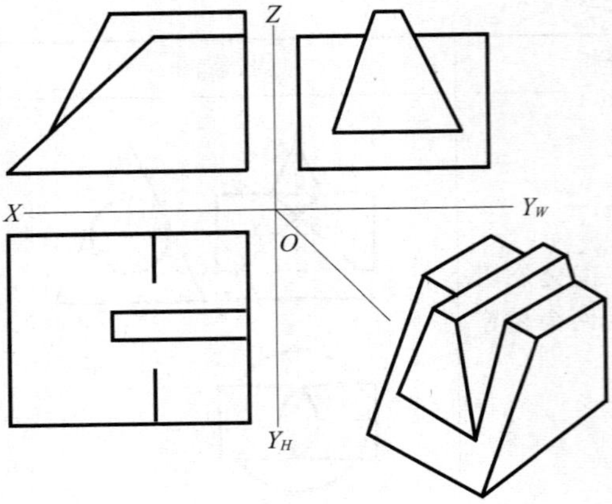

(a)平面体相贯

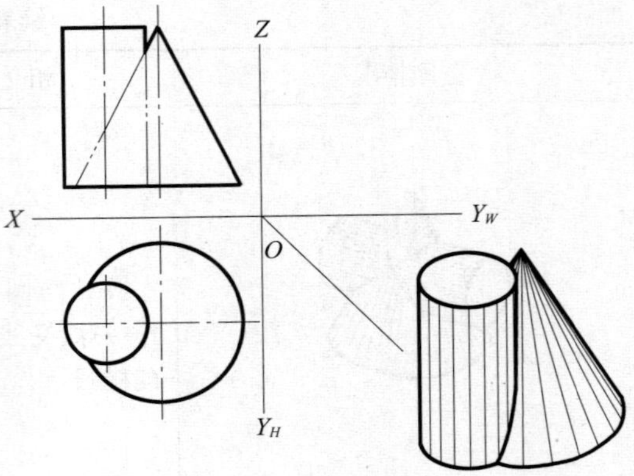

(b)曲面体相贯

图 6-26 两立体相贯

复习思考题

一、思考题

1. 截交线与相贯线有什么区别?

2. 平面体、曲面体的截交线各有何特征?

3. 如何求两平面体、平面体和曲面体、两曲面体的相贯线?

二、选择题(将正确的答案代号填在括号里)

1. 在立体表面取点时,首先应该是(　　)。

(a)判定点所在平面的位置　　(b)作出辅助线

(c)作出辅助圆　　(d)直接求作

2. 通过锥顶和底平面切四棱锥,其截交线的空间形状为(　　)。

(a)多边形　　(b)底面类似形　　(c)三角形　　(d)平行四边形

3. 用两个相交截平面切正圆锥,一个面过锥顶,一个面的 $\theta<\alpha$,截交线是(　　)。

(a)双曲线与椭圆　　(b)双曲线与直线

(c)椭圆与直线　　(d)抛物线与直线

三、判断题(正确的打"√"、错误的打"×")

1.(　)轴线垂直 H 面的圆柱被正垂面截切,其截交线的空间形状是椭圆。

2.(　)一个正圆柱和一个正圆锥共轴相交,相贯线在与轴线平行的投影面上的投影为圆。

3.(　)两个圆锥相交,交线是两条直线,它们的位置一定是共顶。

第七章　组合体

【学习要求】

掌握运用形体分析法绘制和标注组合体视图的方法，能够运用形体分析法和线面分析法阅读组合体视图。

【主要内容】

组合体的形体分析、组合体视图的画法、组合体视图的尺寸标注和组合体视图的识读。

【课程思政】

面向未来，不断创新。党的二十大报告提出："培育创新文化，弘扬科学家精神，涵养优良学风，营造创新氛围。扩大国际科技交流合作，加强国际化科研环境建设，形成具有全球竞争力的开放创新生态。"充分认识实践没有止境，理论创新也没有止境，奋力拼搏，笃行不怠。

形体复杂的立体可以看成是由较多的基本形体通过叠加、相交、相切、切割或综合等方式组合而成的，称为组合体。工程中的建筑物，不论繁简如何，都可以看成组合体。研究组合体的组成形式、视图的画法及尺寸标注方法与读图方法是绘制和阅读工程图样的基础。

第一节　组合体的形体分析

码 7-1　微课：形体分析法

一、形体分析法

把一个组合体分解为几个基本体，并分析它们的形状及其位置关系，这种分析方法叫作形体分析法。

形体分析法是绘制组合体视图、读图和标注尺寸的重要方法。

二、组合体的组合形式及画法

（一）叠加

图 7-1(a)所示为扶壁式挡土墙，可以把它看成是由四棱柱底板、四棱柱直墙和三棱柱支撑板三个基本体叠加而成的。其中，直墙放在底板上稍偏右的位置，其前后表面分别与底板的前后表面平齐。支撑板位于底板左边，且在其前后方向的中央。作图时需注意：表面平齐没有分界线，如图 7-1(b)所示。

（二）相交

图 7-2(a)所示为柱基础，可以看成是由三个基本体组合而成的。它们的中心轴线重合为一条铅垂线。其中，圆柱和圆锥的结合处是叠加，而四棱柱的棱面和圆锥表面相交，交线是四段曲线。作图时需注意：两个基本体相交的表面交线要画出，如图 7-2(b)所示。

(三) 相切

图 7-3(a)所示为一基础,其上下两部分都是长圆柱体,是由左右两端各半个圆柱和中间一个四棱柱组成的。这里要注意的是:两半圆柱的表面和四棱柱的前后表面相切而形成光滑过渡表面,形体间的切线投影不画,如图 7-3(b)所示。

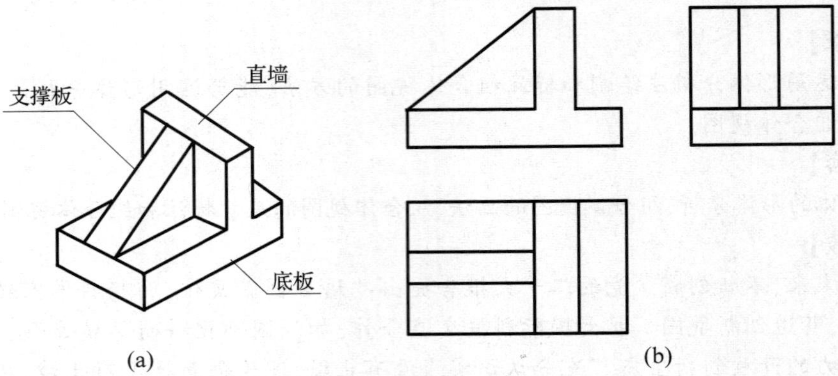

图 7-1　叠加形成的挡土墙及三视图

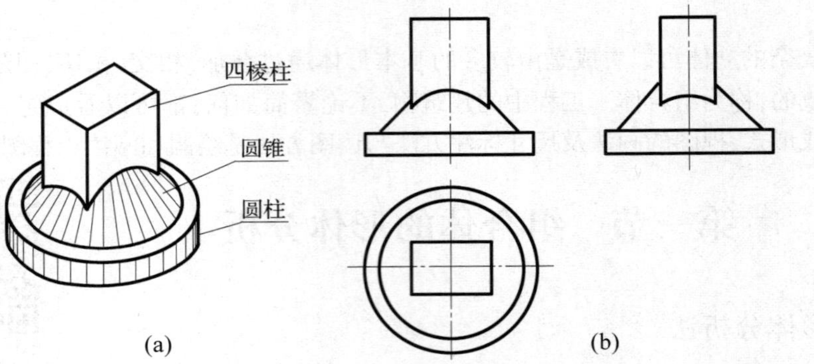

图 7-2　表面相交的柱基础及三视图

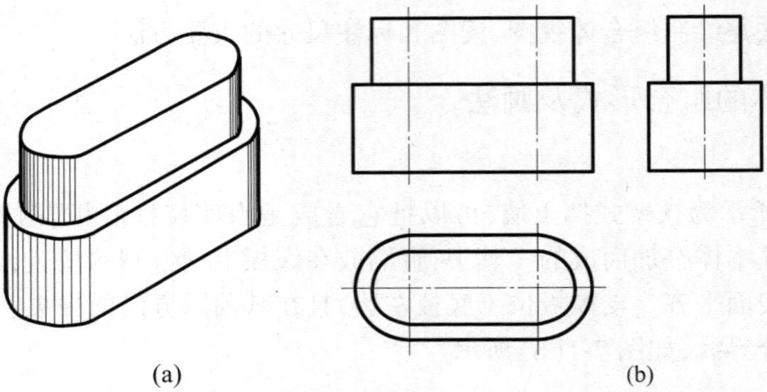

图 7-3　表面相切的基础及三视图

(四) 切割

图 7-4(a)所示组合体是由一个四棱台被挖切一个倒四棱台而形成的立体。

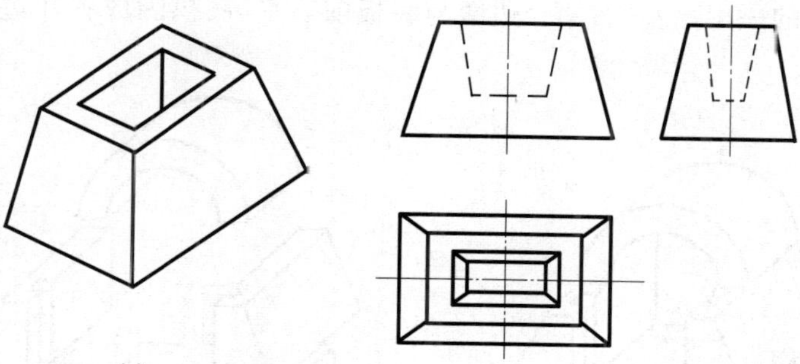

(a)　　(b)

图 7-4　切割形成的立体及三视图

(五)综合

图 7-5(a)所示八字形翼墙进水口是一个综合式组合体,可以看成是由下部的齿墙式梯形底板、带拱形洞的长方体直墙和前后对称的由六个面围成的翼墙组成的。其三个视图和组合体的整体如图 7-5(b)所示。

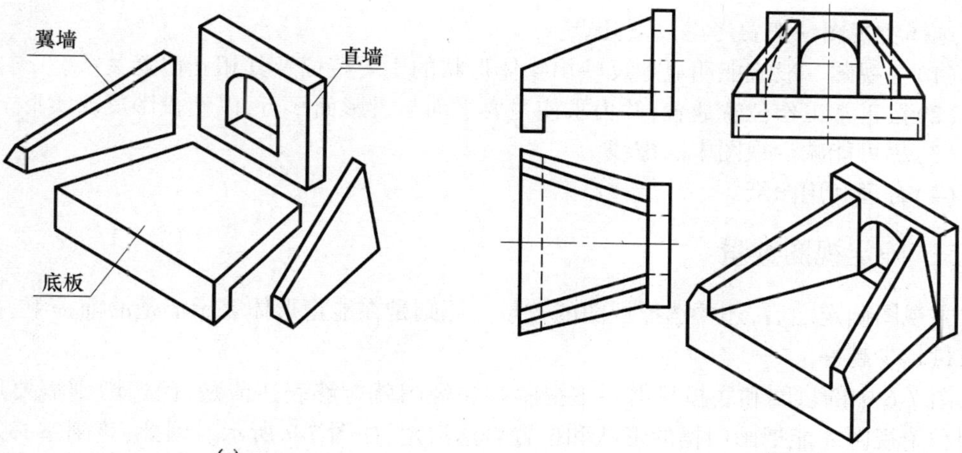

(a)　　(b)

图 7-5　综合形成的八字形翼墙进水口及三视图

第二节　组合体视图的画法

下面以图 7-6 所示闸室为例,说明画组合体视图的方法与步骤。

码 7-2　微课:形体分析法画组合体

一、形体分析

首先对组合体进行形体分析。图 7-6 所示水闸闸室,可以看作是由四个基本体经过切割及叠加而形成的。其中,底板为一四棱柱,下部再切去一个四棱柱;左、右两个边墩为梯形棱柱体,并在其内侧切去一个四棱柱体;上部放置一个拱圈,形状为空心圆柱体的一半。左、右两个边墩与底板前后平齐,拱圈放置在边墩上,后面与边墩平齐。

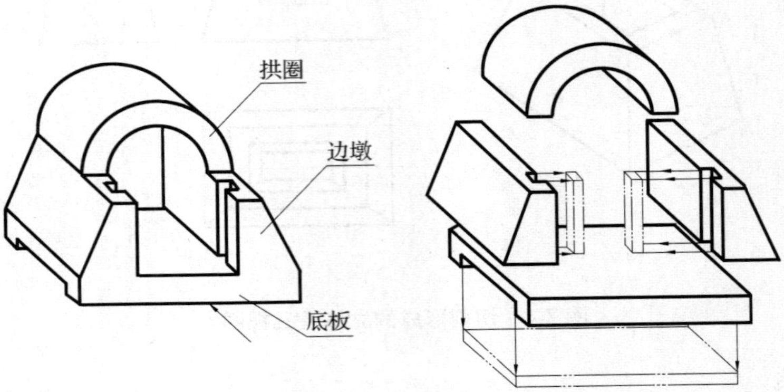

图 7-6　闸室的形体分析

二、选择主视图

选择主视图一般要考虑以下几点:

(1) 主视图一般应能明显地反映出物体形状的主要特征及其相互位置关系。

(2) 按正常工作位置放置,并力求使主要平面与投影面平行,以使投影反映实形。

(3) 尽可能减少视图中的虚线。

(4) 合理利用图纸。

三、确定视图数量

主视图确定之后,还要选择视图的数量。原则是在能把形体表示清楚的前提下,视图的数量越少越好。

图 7-6 中的拱圈和底板只需要主视图和左视图就能够表达清楚,而边墩则需要用主视图和俯视图才能把闸门槽的形状和位置表达清楚,如图 7-7 所示。因此,该闸室必须选择三个视图。

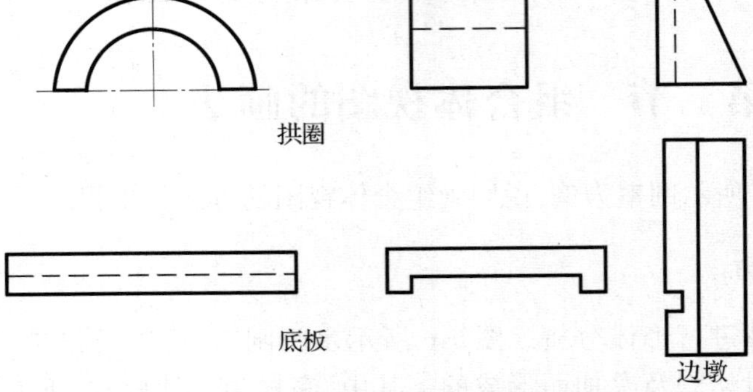

图 7-7　表达闸室各部分需要的视图

四、画图

(一)选定比例,确定图幅

视图选择后,需根据组合体的大小和复杂程度,视图所占面积及标注尺寸所需位置,确定绘图比例与图幅。考虑的原则是:对立体表达清楚,图线疏密适当,预留的标注尺寸位置充余,而且方便作图。

(二)布置视图

为了图面布置匀称,一般是估计每个视图所占位置大小,画各个视图的作图基准线,以确定其具体位置。作图基准线一般选用对称线、较大的轮廓面或较大圆的中心线和轴线,基准线是画图和量取尺寸的起始线。

(三)画底稿图

为了迅速而准确地画出组合体的三视图,画底稿图时,应注意以下两点:

(1)画图的先后顺序:一般应从形状特征明显的视图入手,先画主要部分,后画次要部分;先画看得见的部分,后画看不见的部分;先画圆或圆弧,后画直线。

(2)运用形体分析法画图,就是按各个基本体逐一画出,并注意三个视图配合着画。这样,不但可以提高绘图速度,还能避免漏线、多线。不要先把一个视图画完后再画另一视图。

(四)检查描深

全图底稿完成后,应对照立体检查表面连接关系和有无错、漏线,修改无误后,再按标准要求逐一描深,最后完成全图。

闸室的三视图画图步骤如图 7-8 所示。

【例 7-1】 图 7-9(a)所示为一切割型组合体,试画其视图。

分析:

该形体由长方体经三次切割而成,如图 7-9(b)所示。以箭头所指作为主视图的投影方向,可明显地反映形状特征,其他投影均无虚线,图纸利用也较合理。

作图:

(1)先画出长方体的三视图;再从主视图着手切去梯形块Ⅰ,并补全另两面视图,如图 7-9(c)所示。

(2)切去半圆柱Ⅱ,从投影特征明显的左视图入手,然后画主视图和俯视图,如图 7-9(d)所示。

(3)切去梯形口Ⅲ,先画投影特征明显的俯视图,再画主视图、左视图中因切割而产生的交线,如图 7-9(e)所示。

(4)按规定线型加深,完成作图,如图 7-9(f)所示。

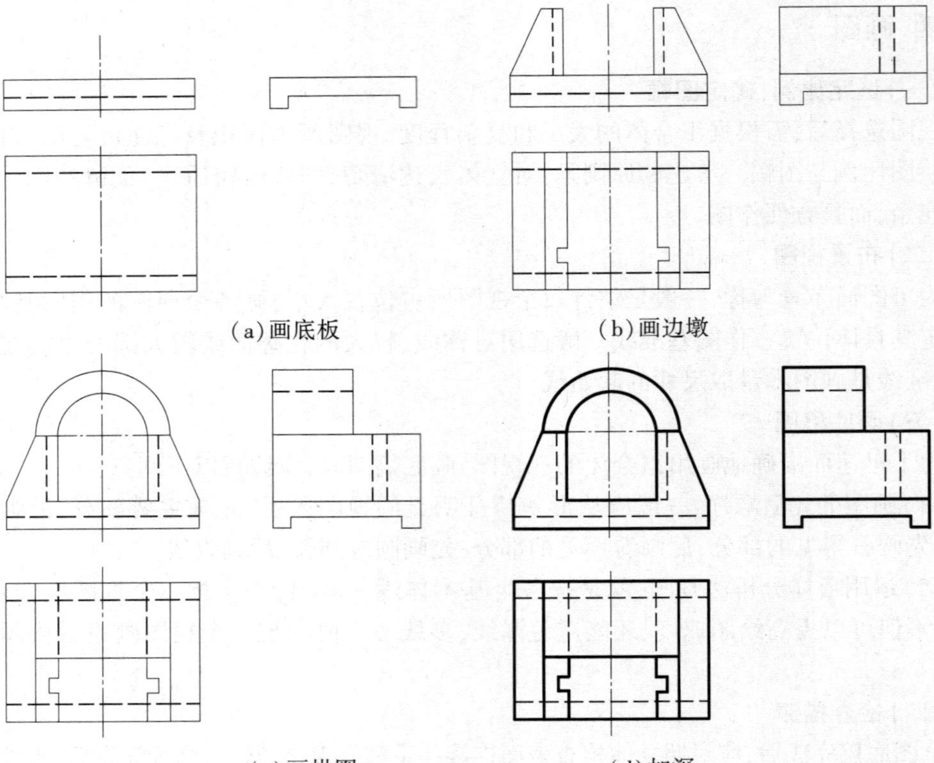

(a)画底板　(b)画边墩　(c)画拱圈　(d)加深

图 7-8　闸室的三视图画图步骤

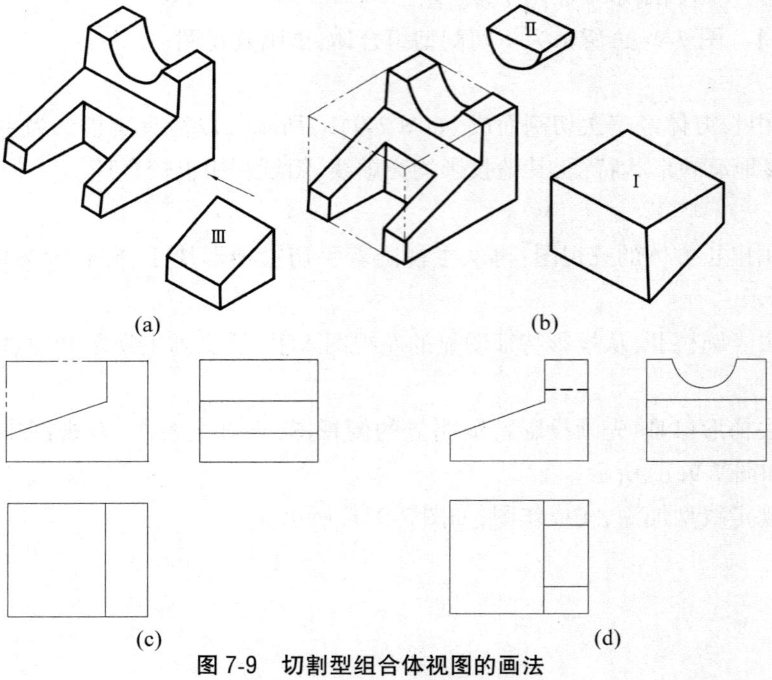

(a)　(b)　(c)　(d)

图 7-9　切割型组合体视图的画法

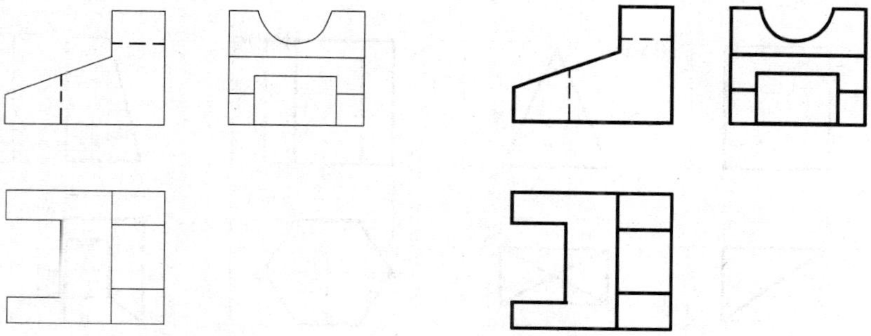

(e)　　(f)

续图 7-9

第三节　组合体视图的尺寸标注

一、尺寸标注的基本要求

码 7-3　微课：组合体的尺寸标注

尺寸是施工的重要依据，尺寸标注的要求是正确、完整、清晰、合理。

（一）正确

正确是指尺寸标注要符合国家和行业制图标准的基本规定。

（二）完整

完整是指所注尺寸能够完全确定组合体的形状和大小，读图时能直接读出各部分的尺寸，不需要临时计算。完整的尺寸应包括定形尺寸、定位尺寸和总体尺寸三部分。

1. 定形尺寸

确定各基本形体大小的尺寸。常见的基本形体有棱柱、棱锥、棱台、圆柱、圆锥、圆台、圆球等。标注基本体尺寸的原则是：能够确定基本体的形状、大小，且不重复。图 7-10 所示是常见的基本形体的尺寸标注。

2. 定位尺寸

确定各基本形体之间相对位置的尺寸。标注定位尺寸的起始点，称为尺寸的基准。在组合体的长、宽、高三个方向上标注的定位尺寸都要有基准。对一般物体来说，其高低位置常以底面为基准；对称物体（包括对称布置的圆孔）以对称轴线为基准；不对称的物体以较大的或重要的外表面为基准。回转体的定位尺寸，一定要标注回转轴线到基准面的距离。不对称的物体要标注三个方向的定位尺寸。

图 7-11（a）所示的半圆柱需标注三个方向的定位尺寸；图 7-11（b）中，由于四个圆孔大小、形状均相同，且以板的两条对称中心线为中心对称布置，则只需标注一对圆孔轴线间的距离 d 和 l；图 7-11（c）的上部半圆柱体，因左右位置在对称中心线上，上下位于底板顶面上，前后位置将半圆柱后面与底板后面平齐，定位尺寸可以省略。

3. 总体尺寸

总体尺寸是确定组合体外形总长、总宽和总高的尺寸。

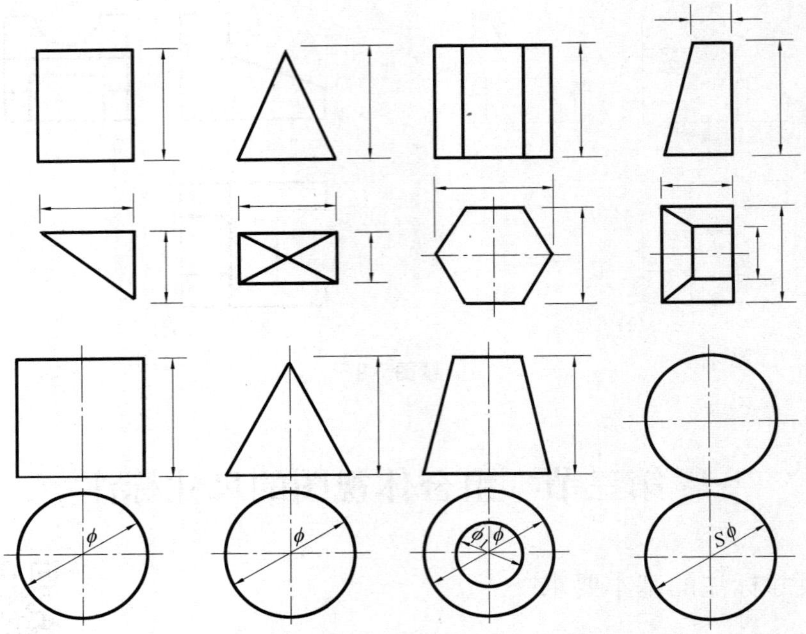

图 7-10　基本体的定形尺寸

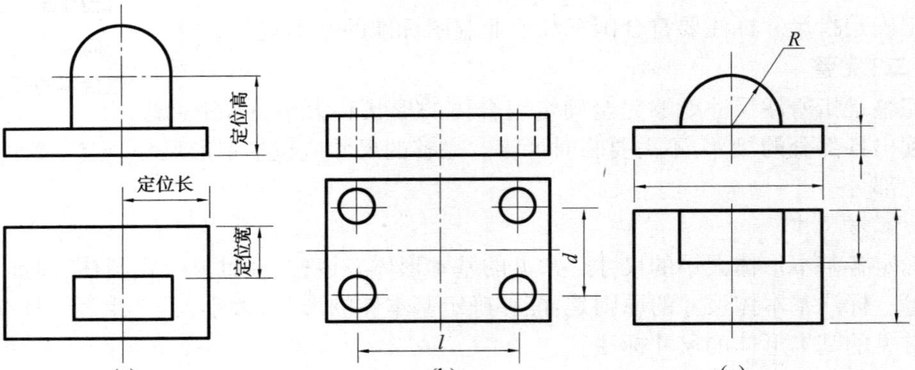

图 7-11　组合体的定位尺寸

(三)清晰

清晰是指标注的所有尺寸在视图中的位置明显、排列整齐,便于读图。

1. 位置明显

(1)尺寸应尽量标注在反映形状特征的视图上,如拱圈的半径 $R36$、$R22$ 标注在其主视图上。

(2)尺寸应尽量布置在视图的轮廓之外,并位于两个视图之间。如:长度方向的尺寸应标注在主视图与俯视图之间;高度方向的尺寸应标注在主视图与左视图之间;宽度方向的尺寸应标注在俯视图与左视图之间。某些细部尺寸也可以标注在视图之内。

(3)相关的尺寸要集中。表示同一个部分的尺寸应尽量集中在一个或两个视图上标注，如反映边墩上门槽的两个定形尺寸和一个定位尺寸标注在俯视图中。

（4）尽量不对虚线标注尺寸。

2. 排列整齐

（1）同一方向的尺寸应排列在一条尺寸线上，不要错开。

（2）相互平行的尺寸，应小尺寸在内，大尺寸在外，平行、等距，距离一般为 7~10 mm。

（四）合理

合理是指所注尺寸既能满足设计要求，又便于施工。要符合设计施工要求，需要具备一定的设计和施工知识后才能逐步做到。

二、尺寸标注的步骤

在对组合体进行形体分析之后，按如下步骤进行标注：

（1）标注各个基本形体的定形尺寸。

（2）标注各个基本形体相互间的定位尺寸。

（3）标注总体尺寸。

如图 7-12 所示，按形体分析法将闸室各部分单独注出。底板的定形尺寸 102 注在主视图上，其余宽 80、高 16 以及齿坎的定形尺寸 10、6 均集中在反映形状特征的左视图上。拱圈的定形尺寸为两个半径 $R22$、$R36$ 标注在主视图上，宽 40 标注在左视图上。边墩的定形尺寸除宽 80 外，梯形的上、下底宽 14、29 和高 38 均应注在主视图上，而门槽的定形尺寸 6、8 则应注在反映门槽形状特征的俯视图上，16 是门槽的定位尺寸。

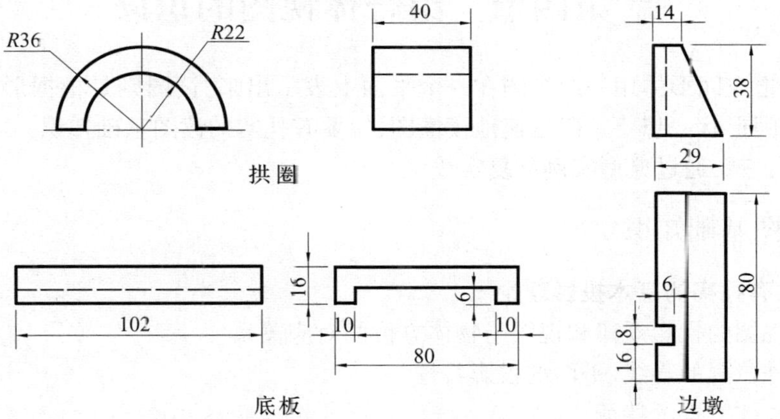

图 7-12 闸室各部分尺寸的分析

按此分析，整理出组合体所需的尺寸，删去其中重复的尺寸，再按定位尺寸和总体尺寸的要求，对所注尺寸进行适当的调整，注出组合体的尺寸，如图 7-13 所示。其中，闸室边墩上、下底的尺寸 14 和 29 省略，增加了边墩的定位尺寸 44（该尺寸也是闸室的净宽）。闸室的总长、总宽在标注的尺寸中已能体现，其总高尺寸，由于闸室上部的拱圈是回转体，闸室的总高只注到拱圈的中心 54，不必注到拱圈顶部。

注意：相贯线、截交线以及相切处都不需要标注尺寸。

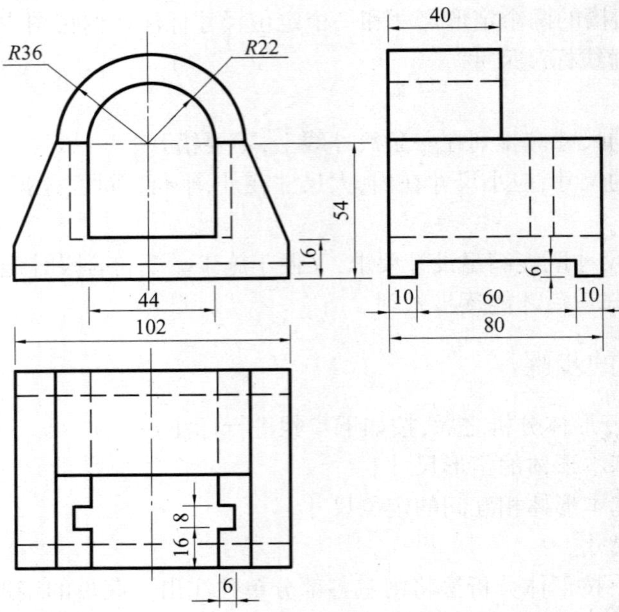

图 7-13　闸室的尺寸标注

第四节　组合体视图的识读

画图是把空间形体用一组视图在一个平面上表示出来,读图则是根据形体的一组视图想象其空间形状。想要正确迅速地读懂图,一要有扎实的读图基础知识,二要掌握正确的读图方法,三要通过典型实例反复实践。

一、读图基础知识

(一)具有扎实的基本投影理论

(1)三视图的投影规律和视图与物体方位的对应关系。

(2)各种位置的直线、平面的投影特性。

(3)基本体的视图特征。

(二)弄清视图中线框和图线的含义

(1)视图中的一个封闭线框,必代表一个面(平面或曲面);而线框里的线框,不是凸出来的表面,就是凹进去的表面,或者是通孔。

(2)视图上的一条线可能是两个面的交线,也可能是曲面体表面的轮廓素线,或一个有积聚性的面。视图上相邻的封闭线框,必是物体上相交或错开的两个面的投影。

视图中线与线框的含义如图 7-14 所示。

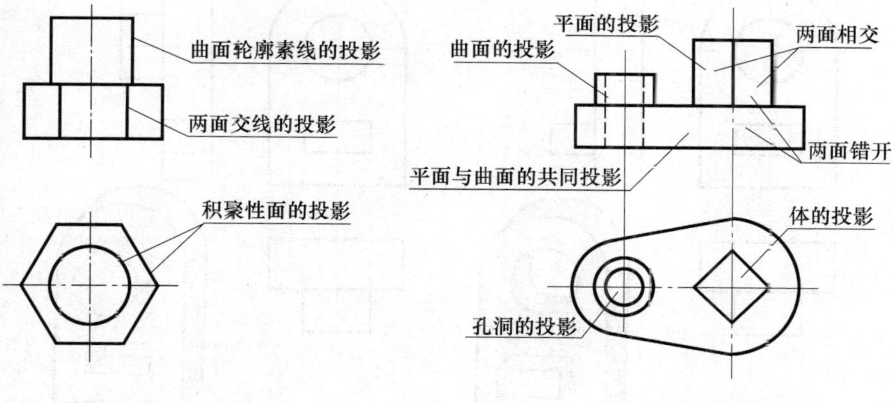

(a)线的含义　(b)线框的含义

图 7-14　视图中线与线框的含义

(三)要把几个视图联系起来看

一般情况下,只看一个或两个视图不能确定物体的形状,一般需要从主视图入手,将各视图联系起来分析,如图 7-15 和图 7-16 所示。

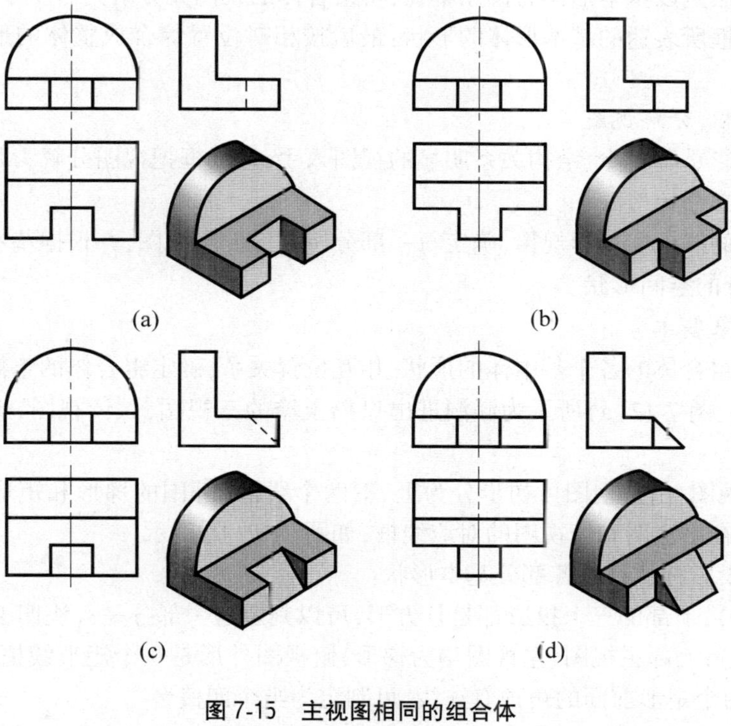

(a)　(b)　(c)　(d)

图 7-15　主视图相同的组合体

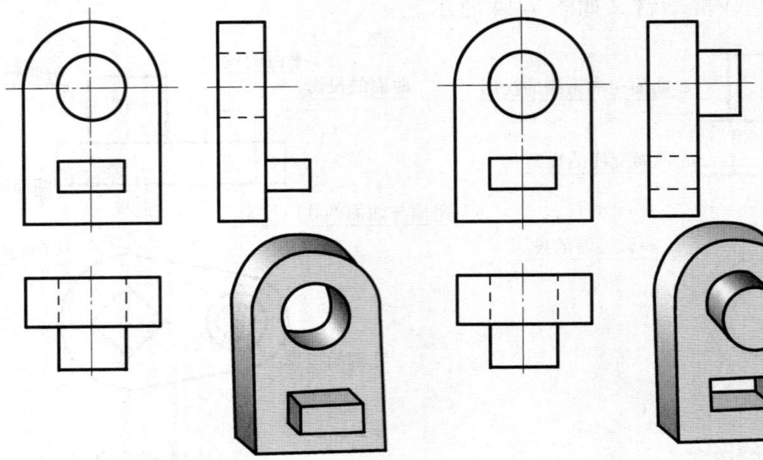
(a)　(b)

图 7-16　两组视图相同的两个组合体

二、读图的基本方法

(一)形体分析法

形体分析法是以基本形体为读图单元,将组合体的视图先分解为若干个简单的线框;然后判断各线框所表达的基本形体的形状;最后按相对位置综合成整体的形状。一般的读图步骤如下。

1. 划分线框,分解视图

一般从投影重叠较少、结构关系明显的视图入手,按线框把视图分解为几个部分。

2. 确定各部分的形状

根据划分的线框和投影规律,确定每一部分所对应的三视图,并根据基本体的视图特征,判断各部分的空间形状。

3. 综合想象整体

根据组成组合体的各个基本体的形状、相互位置关系,确定组合体的整体形状。

【例 7-2】　图 7-17(a)所示为涵洞进出口挡土墙的三视图,试读视图,想象其空间形状。

(1)分解视图:由左视图可初步分为上、下两个线框(外围的梯形和矩形),按投影规律找出各部分在主视图和俯视图的对应线框,如图 7-17(b)所示。

(2)根据投影特征判断各部分基本形状:

图 7-17(b),下部的三个投影都是长方形,可以判定这一部分是一块四棱柱体。

图 7-17(c),上部主视图、左视图均为梯形,俯视图外形是一个矩形线框,线框内包含一个矩形,且两个矩形前面的角顶有连线,可判定为半个四棱台。

图 7-17(d),主视图中的矩形线框,对应的俯视图也是矩形线框,左视图中是由一条虚线和两条粗实线组成的三角形线框。可判定这一部分是一个挖去的三棱柱体的凹槽。

图 7-17(e)，主视图中间的圆，对应的俯视图和左视图都是由虚线和粗实线围成的矩形线框，从而可以断定中间是一个圆孔。

(3)综合想象整体：下部底板为长方体；底板后部立一直墙，中间有一圆洞；在底板和直墙之间，左右各有一外侧为斜面的翼墙，如图 7-17(e)所示立体图。

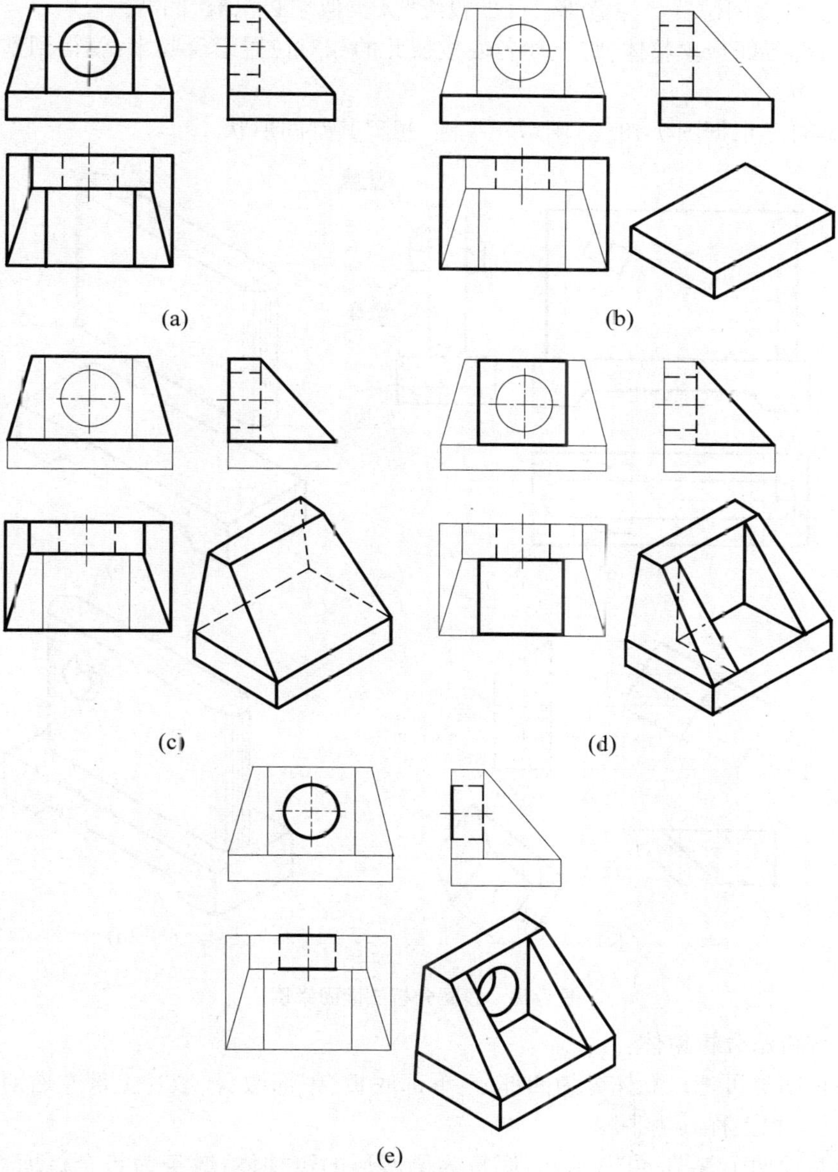

图 7-17　形体分析法读图举例

(二)线面分析法

对于形状与基本体相差较大的形体或斜面较多的形体，运用形体分析法读图，则无法判断其形状。此时需要分析视图中的图线和线框的含义，判断组成形体的各表面的形状和空间位置，从而综合形体的空间形状。这种运用线面投影特性分析立体形状的方法，称为线面分析法。一般读图步骤如下：

（1）分线框：先将一个线框较多的视图分解为若干个线框。

（2）对投影：对于所分解的线框，逐一找出其他的投影；再根据平面的投影特性，判断各面的形状和空间位置。注意垂直面的投影"无类似形必积聚"的特性。

（3）组合各面想象整体：将上述各面按彼此的相对位置组合起来，就得到整个物体的形状。

【例 7-3】 根据图 7-18（a）闸墩三视图，想象其空间形状。

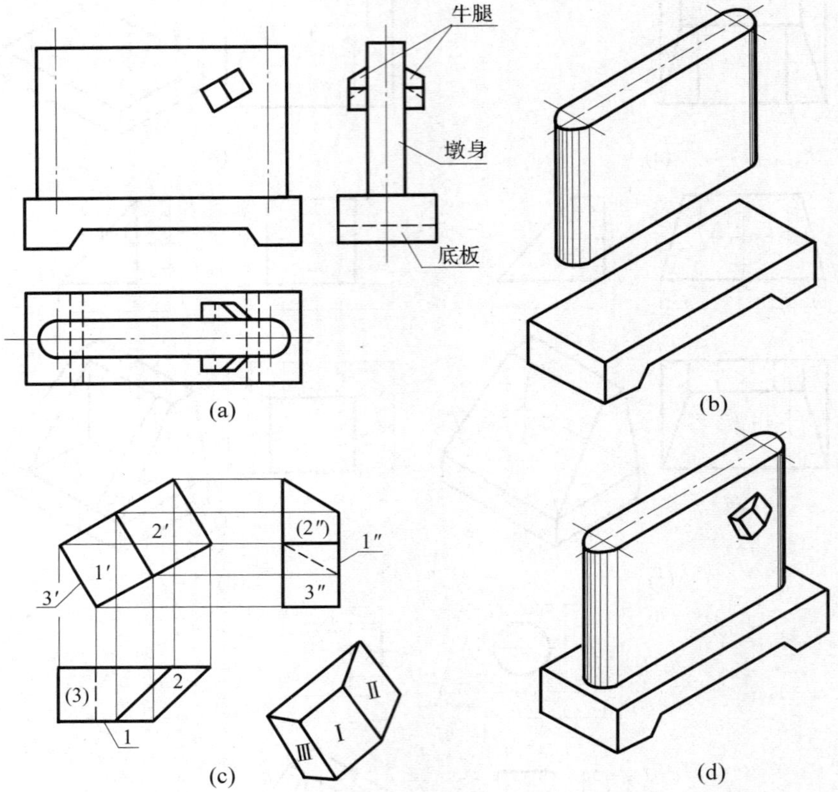

图 7-18　线面分析法读图举例

形体分析法分析整体：

从左视图上可把该立体分为四部分：下部底板、中部墩身、墩身上部左右对称突出的两个形体（工程上称其为牛腿）。

对应其他两个视图，可以判断：底板为倒凹形的棱柱体；墩身为组合柱面，如图 7-18（b）所示；牛腿带有斜面，投影较复杂，需作线面分析。

线面分析法分析牛腿：

将牛腿的投影放大，如图 7-18（c）所示。主视图上有两个矩形线框。线框 1′在俯视图及左视图上没有对应的类似图形，它对应着俯视图上一条水平位置线及左视图上一条铅直位置线，可知Ⅰ面是正平面，在最前面。线框2′在俯视图及左视图上都有对应的类似图形——平行四边形，可以肯定Ⅱ面是一般位置平面，在右上方。左视图上的矩形线框3″对应着主视图上一斜线及俯视图不可见的矩形，可以判定Ⅲ面是一正垂面，在左下方。用同样的方法可以分析出牛腿的上、下两面都是正垂面，形状是直角梯形。综合以上分析，得知牛腿是一斜放的截头四棱柱，如图7-18(c)所示。整个闸墩的形状如图7-18(d)所示。

三、根据两视图补画第三视图

这是训练读图能力的主要方法。

【例7-4】　补画图7-19(a)所示涵洞进口的俯视图。

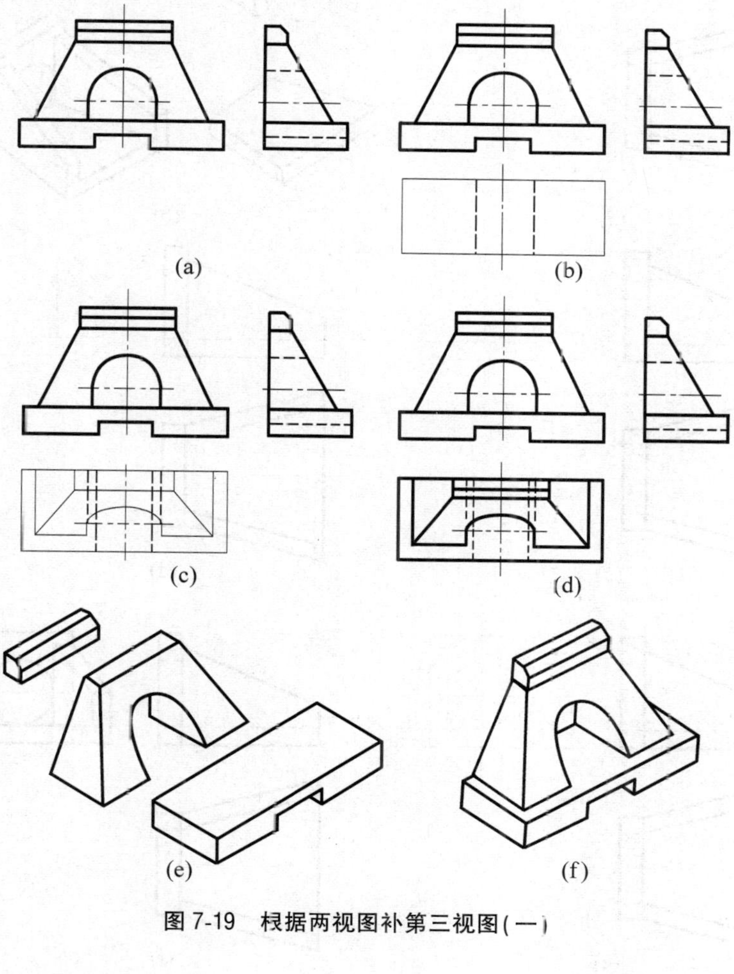

图7-19　根据两视图补第三视图(一)

分析：

先将形体分成上、中、下三部分，初步判断上部为五棱柱体(侧面投影反映实形)。中部两个视图的外形均为梯形，左视图后面为直线，可判断中部为半个四棱台；其中间有一个拱形洞(主视图上反映形状特征)。下部外形为长方体，前后方向挖通一个长方槽，形成一个倒凹形的棱柱体底板。其空间形状如图7-19(e)、(f)所示。

作图:

先画底板,如图 7-19(b)所示;再画半四棱台及其拱形洞(注意表面交线的画法:拱形洞的上部为半圆柱面,其与四棱台的斜面相交,交线为半个椭圆,水平投影为平面曲线),如图 7-19(c)所示;最后画上部的五棱柱并描深全图,如图 7-19(d)所示。

【例 7-5】 补画图 7-20(a)所示涵洞进出口的侧视图。

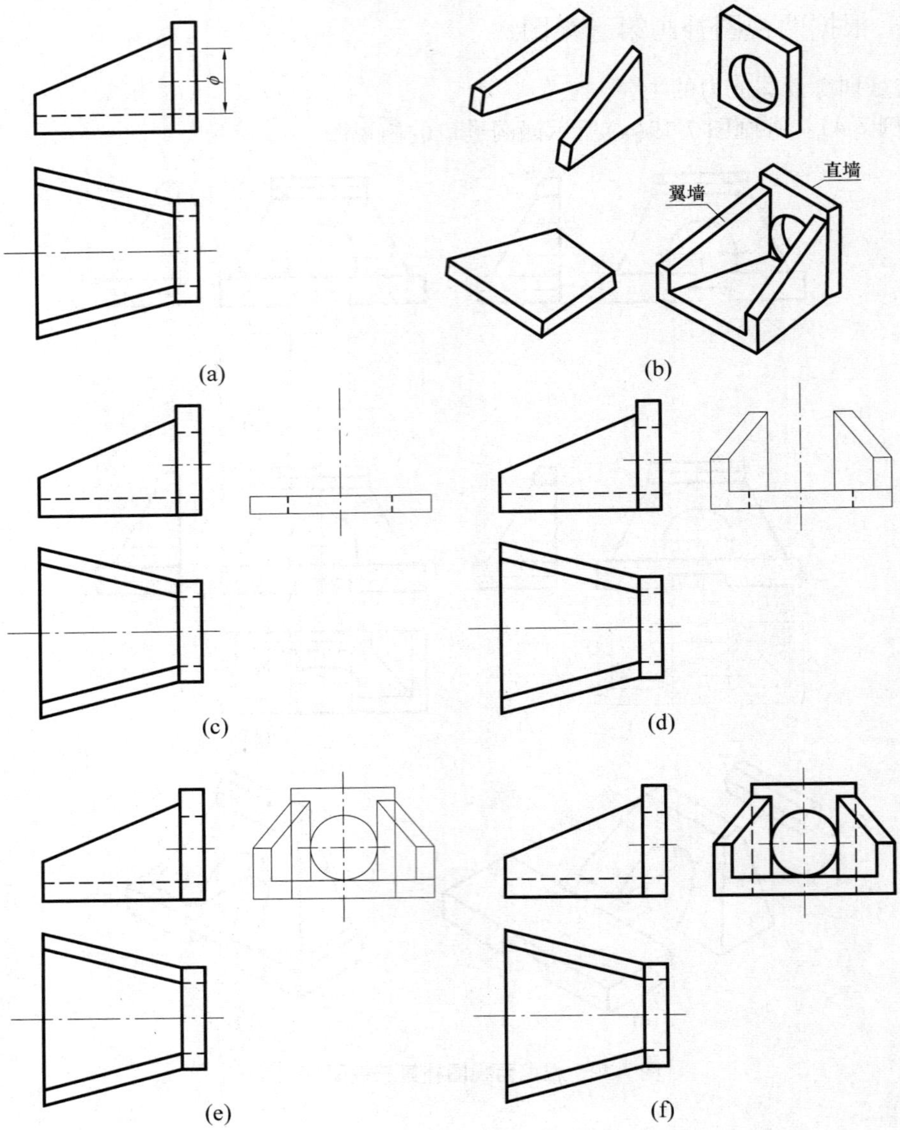

图 7-20　根据两视图补第三视图(二)

分析:

先将形体分成四部分:右侧直墙、左侧前后两块翼墙板及左侧下部的底板。分析各部分的形状:右侧直墙为四棱柱体,中间有一圆洞;左侧前后两块翼墙板为梯形柱体,左低右高;左侧底板为梯形柱体。各部分形状及整体形状如图 7-20(b)所示。

作图:

补底板左视图,如图 7-20(c)所示;补两块翼墙板(先画左端面,后画右端面,再将两端面的顶面连线),如图 7-20(d)所示;补画右侧直墙,如图 7-20(e)所示;最后检查修改,加深图线,完成作图,如图 7-20(f)所示。

实训七

实训目的:掌握用形体分析法读、画组合体视图及其尺寸标注的方法。

实训内容:绘制组合体的视图(见图 7-21)。

实训要求:用 A4 的图幅(210×297)绘制;要求视图选择合理、投影正确,尺寸标注清晰、完整、合理;采用比例为 1∶50;图名为组合体;图号为 SX7。

实训步骤:

(1)先画图框再确定绘图位置。

(2)分别画组合体的三个视图。

(3)标注尺寸并填写标题栏。

提示:

(1)采用形体分析法画图。

(2)注意布图时要考虑预留标注尺寸的位置。

实训小结:(由实训者自行总结实训过程,如掌握了哪些技能,哪些知识点还欠缺)

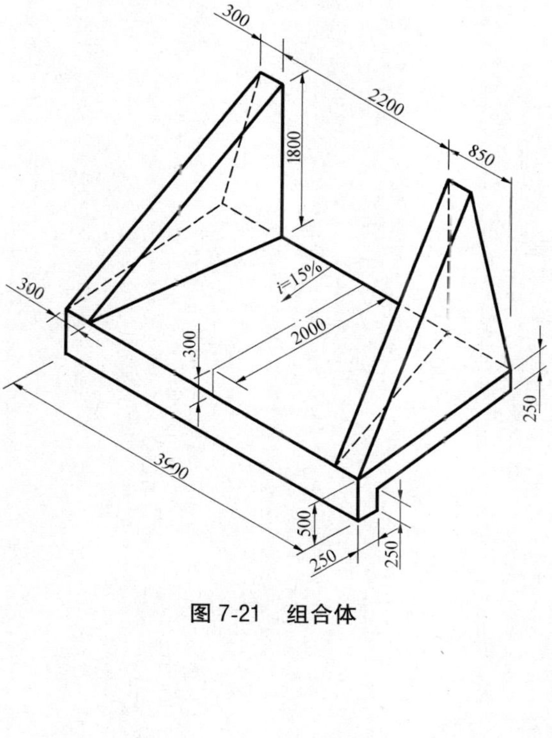

图 7-21　组合体

复习思考题

一、思考题

1. 什么是组合体？组合体的形式有哪些？

2. 什么是形体分析法？

3. 如何画组合体的视图？

二、选择题(将正确的答案代号填在括号里)

1. 画组合体的视图时，首先应该进行(　　)。

(a)尺寸分析　(b)线段分析　(c)视图选择　(d)形体分析

2. 读组合体视图中形体较复杂的细部结构时，要进行的分析是(　　)。

(a)形体分析　(b)线面分析　(c)投影分析　(d)尺寸分析

3. 组合体尺寸标注的基本要求是(　　)。

(a)正确、完整、清晰、合理　(b)只有定形尺寸和定位尺寸

(c)只有总体尺寸　(d)无须标注

三、判断题(正确的打"√"、错误的打"×")

1. (　)形体分析法既是画组合体视图的方法，也是读组合体视图的方法。

2. (　)叠加型组合体的视图，除标注各基本体的定形尺寸外，还要标注定位尺寸和总体尺寸。

3. (　)切割型组合体的视图，需要标注的尺寸是原体尺寸和截平面的尺寸。

第八章　图样画法

【学习要求】

熟练掌握视图的画法、标注及适用条件,熟练掌握各种剖视图、断面图的表达内容及画法,掌握剖视图、断面图的识读方法,了解第三分角投影。

【主要内容】

视图、剖视图、断面图、剖视图与断面图的识读和第三角投影简介。

【课程思政】

面向世界,科技攻关。党的二十大报告提出:“坚持面向世界科技前沿、面向经济主战场、面向国家重大需求、面向人民生命健康,加快实现高水平科技自立自强。以国家战略需求为导向,集聚力量进行原创性引领性科技攻关,坚决打赢关键核心技术攻坚战。”要攻坚克难,敢于攀登科技高峰。

工程建筑物形状多样、结构复杂,仅用三视图是不可能满足表达要求的,为了清晰、完整、正确地表达工程形体的内外形状,国家制图标准规定了多种表达方法,如基本视图、辅助视图、剖视图和断面图等,绘图时,根据具体情况选用。

第一节　视　图

用多面正投影将物体向投影面投影所得的图形称为视图,视图主要用于表达形体的外部结构和形状,一般有基本视图和辅助视图。

码 8-1　微课:视图绘制

一、基本视图

制图标准规定用六面体的六个面作为基本投影面,将形体放在其中,然后向六个投影面投影所得的视图为基本视图。

六个基本视图的形成与投影面的展开如图 8-1 所示,展开后六个视图的相互位置如图 8-2 所示,六个视图应符合“长对正、高平齐、宽相等”的投影规律,按规定位置配置各基本视图时,一般不标注名称。

若不能按规定位置配置,要进行标注,视图名称宜标注在图形的上方,并在图名下方绘一粗横线,其长度应超出图名长度各 3~5 mm。在相应的视图附近用带字母的箭头指明获得基本视图的投影方向,并在该视图上方标出基本视图的名称“×向”,该视图称为向视图,如图 8-3(a)所示。向视图布置不在同一图纸内,向视图名称一般标注写在向视图的上方,标注图名的各向视图位置应根据需要和可能按相应的规则布置,如图 8-3(b)所示。

在实际制图时,应根据物体的形状和结构特点,按需要选择视图,一般优先选用主、俯、左三个基本视图,然后考虑其他视图,在完整、清晰表达物体形状的前提下,使视图数

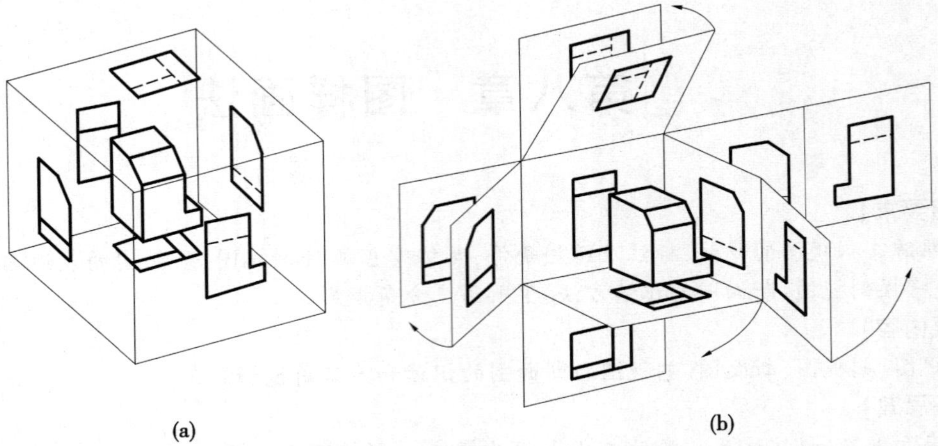

图 8-1　基本视图的形成与投影面的展开

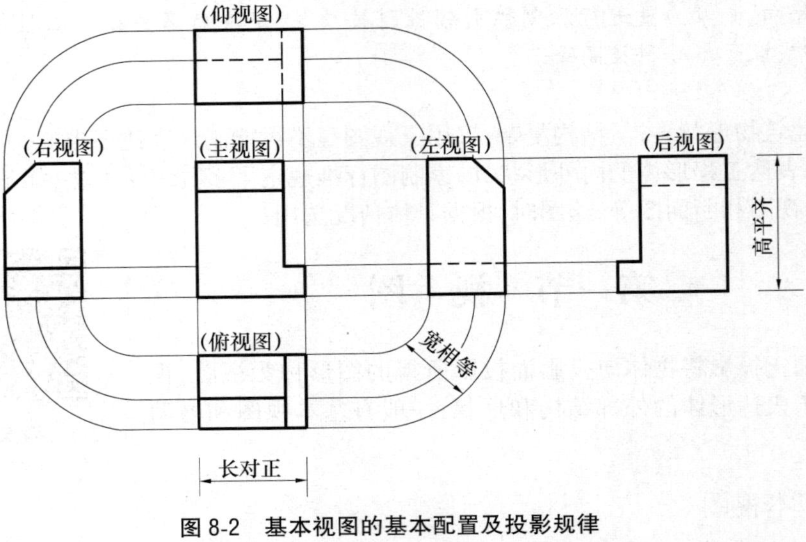

图 8-2　基本视图的基本配置及投影规律

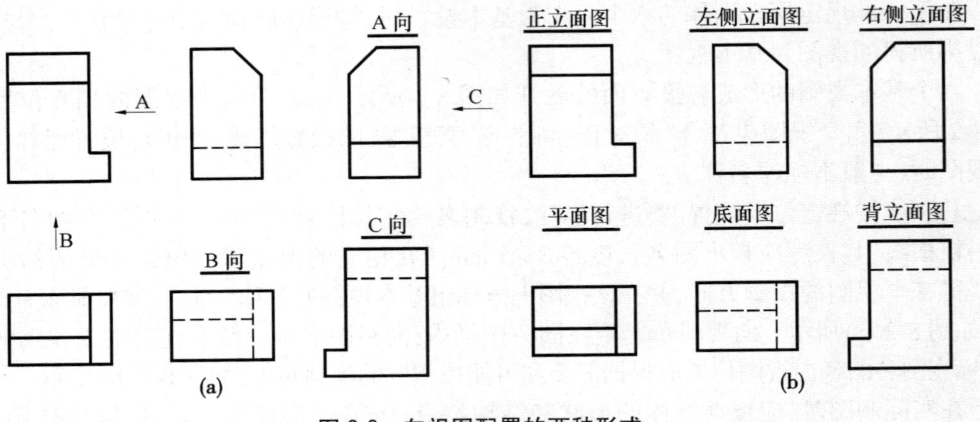

图 8-3　向视图配置的两种形式

量为最少,力求制图简便。

基本视图上一般只画出可见部分,必要时才画出不可见部分。

二、辅助视图

(一)局部视图

图 8-4 所示形体,有了主视图和俯视图,形体的大部分形状已表达清楚,只有两个凸台部分尚未表达清楚,如果全用左视图或右视图就显得很累赘。图 8-4 中仅画出需要表达的部分,既简洁又明了。这种将形体某一部分的形状和大小向基本投影面投影所得的视图称为局部视图。

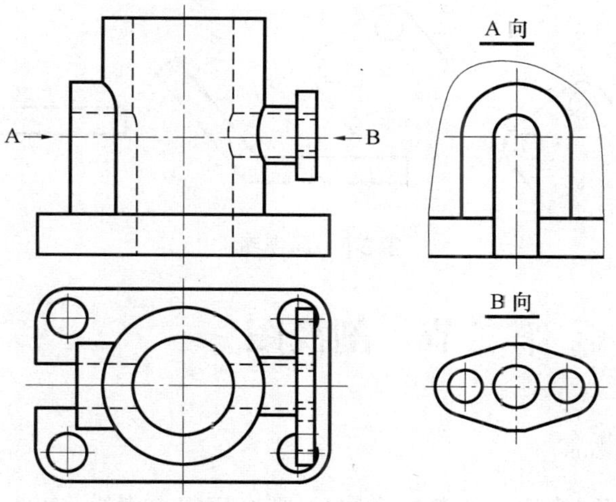

图 8-4　局部视图

局部视图的投影面仍为基本投影面,所表达的只是形体的局部,不画的部分用波浪线断开,这样既省图面又省工作量。但局部视图依附于基本视图,所以局部视图和基本视图比例相同。

画局部视图时应注意的事项:

(1)必须用带字母的箭头在基本视图上标明局部视图的位置和方向,并在局部视图的下方或上方注写相同字母的"×向"名称。

(2)局部视图有明显的轮廓线,以轮廓线为界,否则以波浪线为界。波浪线不要超出轮廓线。

(3)局部视图一般配置在箭头所指的方向上,如果配置不下或有其他原因,可移到图纸的任何位置,标明名称即可。

(4)局部视图按投影位置配置,中间没有其他视图隔开,可以省略标注。

(二)斜视图

需要表达的形体具有倾斜的结构表面时,在基本投影面上不能表达其真实形状,就需要用斜视图表达。

斜视图是物体向不平行于基本投影面的平面投射所得的视图。通常为了表述工程形体上倾斜面的真实形状,可以把它投射在和倾斜面平行的辅助投影面上。

绘制斜视图时应注意的问题:

(1)斜视图的标注方法与局部视图相同,只是箭头要垂直辅助投影面,而且字母必须水平书写,如图 8-5(a)所示。

(2)斜视图也应配置在箭头所指的方向和位置上,按“长对正、高平齐、宽相等”绘制,如果按指定位置配置有问题,可移在图纸的任何位置,如图 8-5(b)所示;必要时也可旋转放正,标注时应在上方或下方注写“×向旋转”,如图 8-5(c)所示。

(3)斜视图只表达倾斜部分的形状,其余部分不必画出,且以波浪线或断裂线为界。

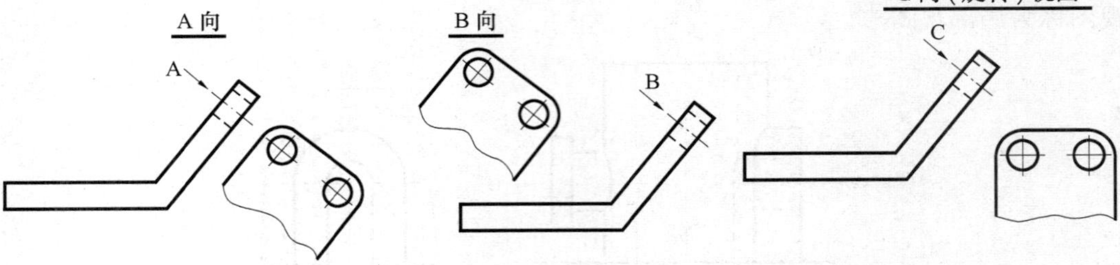

图 8-5　斜视图

第二节　剖视图

码 8-2　微课:剖视图绘制

一、剖视图的概念

用视图表达内部结构比较复杂的形体时,就会用很多虚线,虚线多了既让人难以分辨,也给尺寸标注带来了困难。剖视图主要用于表达形体内部不可见的结构,采用剖视图之后可以不用或少用虚线来表达形体的内部结构。

剖视图——假想用剖切面剖开形体,将处在观察者和剖切面之间的部分移去,而将其余部分向投影面投影所得视图,如图 8-6 所示。

剖切面可以是平面,也可以是柱面,剖切面规定平行或垂直投影面。

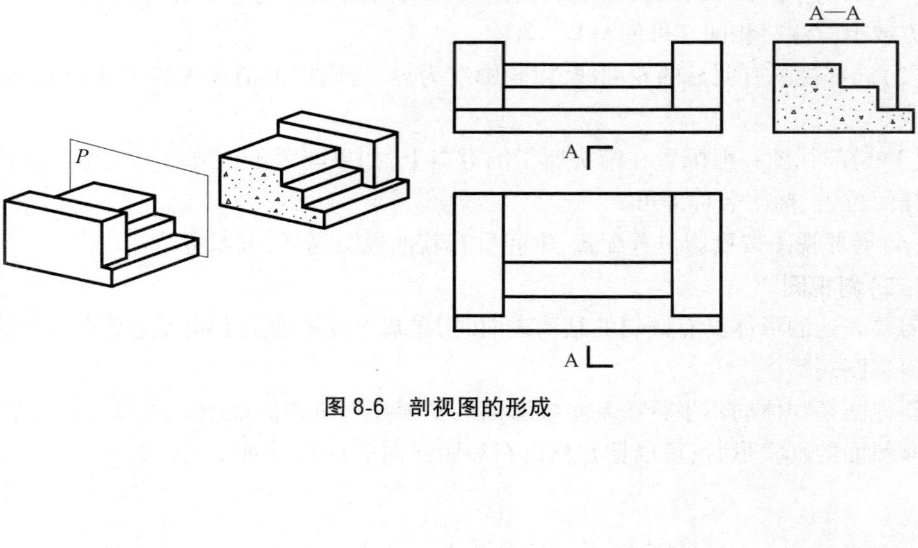

图 8-6　剖视图的形成

二、剖视图的种类

剖视图按剖切范围分为全剖视图、半剖视图和局部剖视图。

（一）全剖视图

用剖切面完全地将形体剖开所得的视图称为全剖视图，一般用于内部结构复杂而外形简单的形体，或者只是为了表达形体的内部结构。后面讲到的旋转剖视、阶梯剖视、斜剖视也属于全剖视。

（二）半剖视图

半剖视图只适用于具有对称平面的形体。在垂直于对称面的投影上，以中心线为界，一半画成视图，另一半画成剖视图。

（三）局部剖视图

用剖切面局部地剖开形体所得的视图称为局部剖视图。局部剖视不受形体是否对称的限制，具有同时能表达形体内、外结构的优点，所以被广泛应用。

三、剖视图的画法与标注

（一）画剖视图的步骤

（1）分析形体，画出形体必要的视图。

（2）确定剖切位置，画出剖切后的断面形状。

（3）画出断面形状后，再向投影面投影，画出可见轮廓线，得到剖视图。

（4）为了表明实体部分和空心部分的区别，实体部分要画上断面符号（相应的材料符号）。

（5）进行剖视图的标注。

（二）绘制剖视图应注意的事项

（1）剖视、断面的剖切位置是假想的，目的在于表达形体的内部结构形状，并不影响其他视图的完整性，所以其他视图应画完整，如图 8-6 所示。

（2）剖切后的视图不要出现不真实的情况，对称形体应从对称面上剖开，有轴线的应从对称轴线上剖开。

（3）为了图面清晰，剖视图虚线一般不画虚线，只有其他视图没有表达清楚的部分才画虚线。

（4）为了便于识别形体内部的空腔和实体，在剖切面和实体接触部分画上材料符号。

（三）断面符号

工程中常用的断面材料符号制图标准有规定画法。金属和砖的材料符号都是 45°斜线，斜线用细实线绘制。当形体上的主要轮廓线与水平线成 45°时，用 30°或 60°斜线。图 8-5 中为混凝土材料符号。

（四）剖视图的标注

为了方便看图，图中必须标明剖切方式和投影关系，剖视图标注要注明剖切位置、投影方向、剖视图编号和名称。

（1）剖切位置——在能够表示剖切方式的其他图上用粗实线绘制，剖切位置线的长度为 5~10 mm，绘制在剖切平面的起、止处，它不能和形体的轮廓线相交或重合。

(2)投影方向——用粗实线绘制,长度为 4～6 mm,连接在剖切位置线的外端,与剖切位置线成 90°。

(3)剖视图编号和名称——在投射方向线的端部用相同的字母或数字编号,并在相应的剖视图上标注相同的字母或数字“×—×”。剖切符号编号宜采用阿拉伯数字或拉丁字母,若有多个剖视图,应按顺序自左向右、由下而上连续编号。

(4)简化与省略标注。当剖视图按投影关系配置,中间又没有其他图形隔开时,可以省略投射方向。当单一剖切平面通过形体的对称平面或基本对称平面,且剖视图按投影关系配置,中间又没有其他图形隔开时,可以省略剖切位置和投射方向。

四、工程上常见的剖视图

(一)单一剖切面的全剖视

单一剖切面的全剖视——用一个剖切面沿形体的纵向或横向剖开,所得的视图称为全剖视。

全剖视适合外形简单、内部复杂,且在某个投影方向上视图不对称的形体。

画全剖视图时应注意:

(1)完整的标注如图 8-7 所示,剖切位置、投影方向在水平投影上,剖视图上应注写 A—A 相应的编号。

(2)当剖视图按投影位置配置,中间又没有其他视图隔开时,可省去投影方向。

(3)如果在形体的对称平面上剖开,剖视图按投影位置配置,可省略标注。图 8-7 所示的全剖就可省略标注。

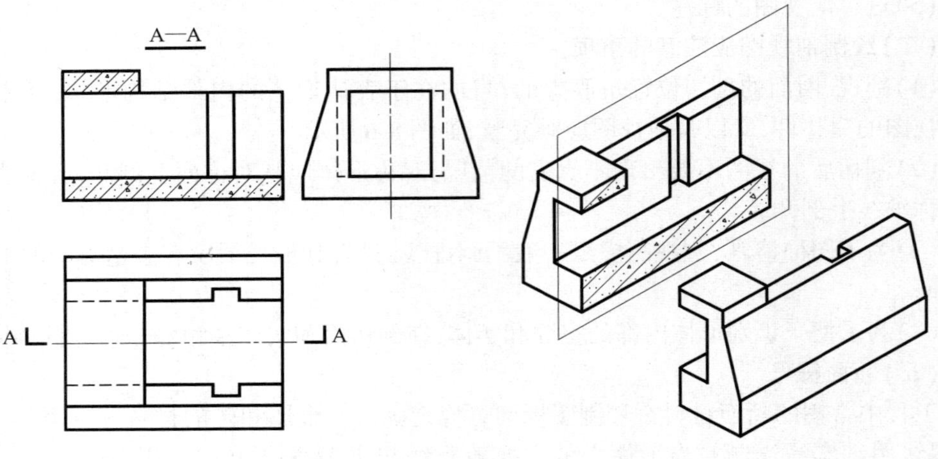

图 8-7　全剖视图

(二)半剖视图

半剖视——当物体具有对称平面,在垂直于对称平面的投影面上的投影,可以以中心线为界,一半画视图,另一半画成剖视图,如图 8-8 所示。

半剖视适合于内外结构都需要表达的对称形体,如果形体接近对称,其不对称部分另有视图表达,也可作半剖视。

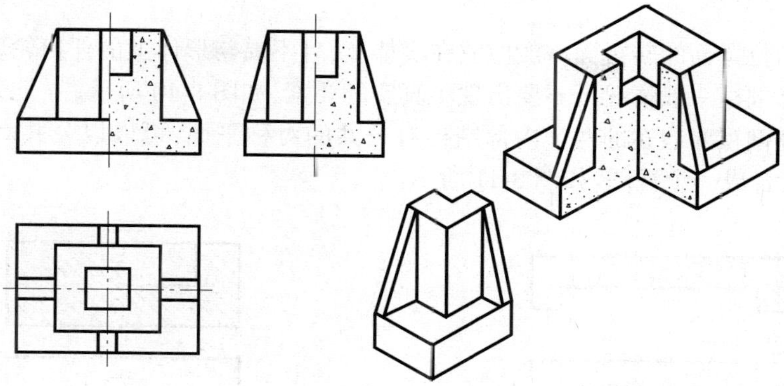

图 8-8 半剖视图

画半剖视图时应注意：

(1)半剖视图和剖视图分界线一定是点画线，不能用任何其他线条。

(2)画半剖视图时，一般在主视图、左视图中，视图在左，剖视图在右。

(3)由于半剖视具有对称性，所以当视图中的虚线是剖视图上的实线，剖视图上的虚线是视图上的实线时，虚线不画。

(4)当对称形体的对称面上有结构(内、外结构)轮廓线时，该形体不宜作半剖视。

(5)半剖视的标注与全剖视相同。

(三)阶梯剖视

用几个相互平行的平面剖切形体，所得的剖视图称为阶梯剖视。

阶梯剖视适用于形体内部复杂，但要表达的结构不在同一平面内，采用几个平行平面剖切可以达到目的的情况。

画阶梯剖视图时应注意：

(1)阶梯剖视图完整的标注如图 8-9 所示，在剖切位置面转折处应画出剖切位置线，一般在剖切位置线的外端画出投影方向，每处注写剖切名称、符号，如果转折处位置有限，不致引起误解，允许省略字母。

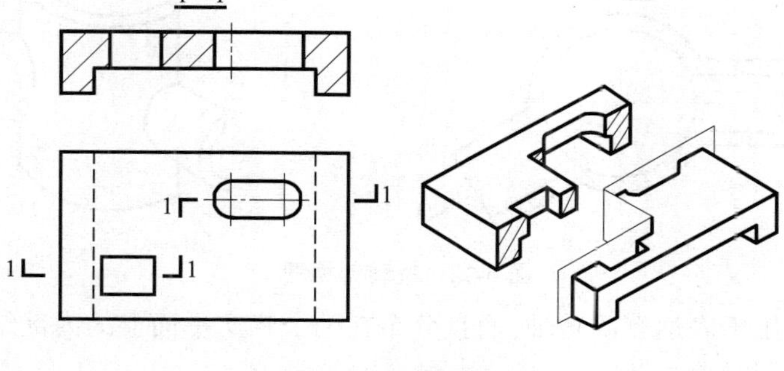

图 8-9 阶梯剖视图

(2)阶梯剖视投影时，是将几个平行平面拉在同一个平面内投影，几个平行平面之间不应画线。

(3)剖切位置面的转折面一般应放在实体上,且不要与形体上的任何轮廓线重合。

(4)阶梯剖视一般情况下不要出现不真实的要素,如图 8-10 所示。

(5)阶梯剖视要表达的两个内部结构有公共的对称平面,可以以公共对称平面为界一个画一半,合成一个视图,如图 8-11 所示。

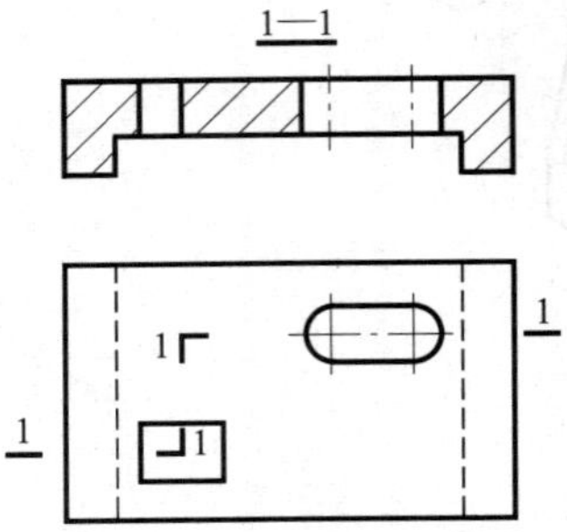

图 8-10　阶梯剖视出现不完整要素

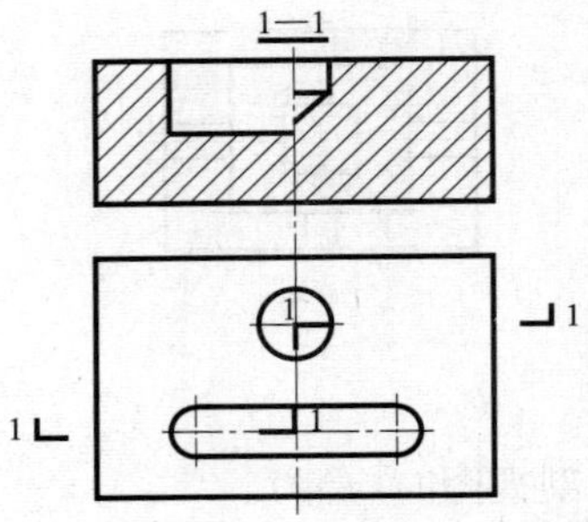

图 8-11　阶梯剖有公共对称面的剖视图

(6)阶梯剖视一般不能省略标注,但当剖视图按投影位置配置,中间没有其他视图隔开时,可以省略投影方向。

(四)旋转剖视

用两个相交平面(相交平面垂直某投影面)剖开物体所得的剖视图称为旋转剖视图,如图 8-12 所示。

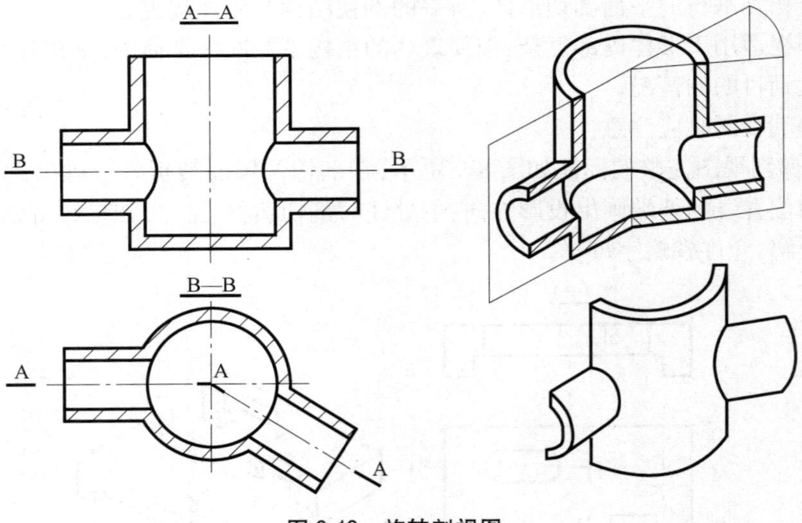

图 8-12　旋转剖视图

旋转剖视适用于表达有回转轴,而且分布在两个相交平面上的内部结构。

画旋转剖视图时应注意:

(1)旋转剖视是将选定的不平行投影面的平面旋转到与选定的投影面平行,再进行投影,因此在旋转剖中两剖切平面之间以轴线(中心线)分界。

(2)旋转剖视剖切平面后的结构要素(未剖切到的)仍按原位置投影。

(3)当形体剖切后,剖视图出现不完整的结构要素时,这部分结构要素按不剖切处理,如图 8-13 所示。

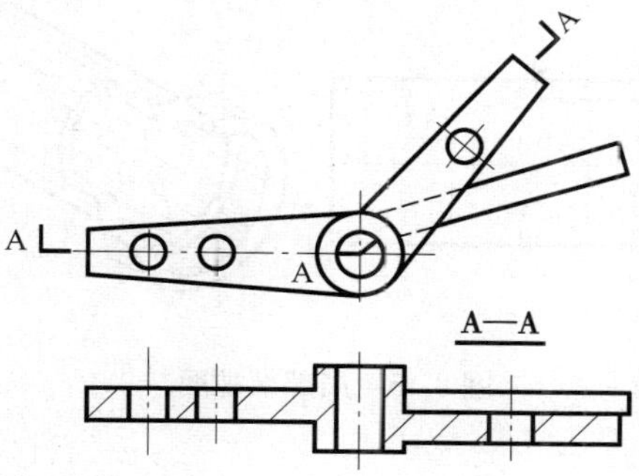

图 8-13　旋转剖视图不完整要素按不剖处理

(4)旋转剖视的标注与阶梯剖视相同,旋转剖视一般不能省略标注。

(五)斜剖视

用垂直于基本投影面的剖切平面剖开形体所得的剖视图称为斜剖视。

斜剖视用来表达形体上倾斜部分的内部结构和形状。

画斜剖视图时应注意:

(1)斜剖视剖切平面应与要表达的倾斜结构平行,剖开后向与剖切平面垂直的方向投影,将投影面旋转到与基本投影面重合画出,如图 8-14 所示的 1—1 剖视图。

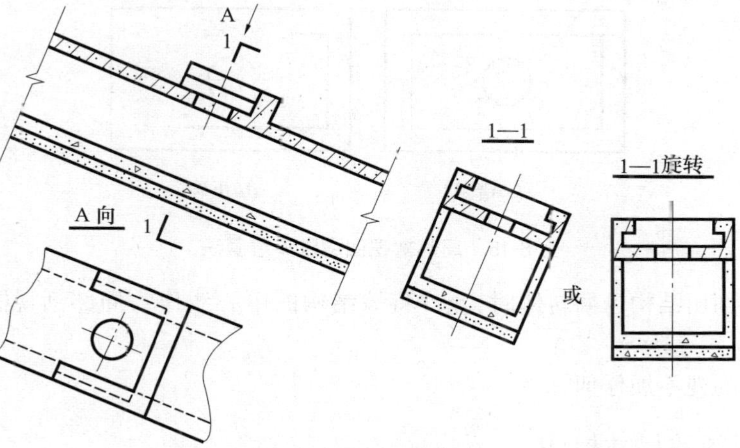

图 8-14　斜剖视图

(2)斜剖视图最好按投影位置就近配置。如果配置有困难,可移到图纸的任何位置画出,也可以旋转正,如图 8-14 所示的"1—1 旋转"标注。

(3)斜剖视适用于表达形体上倾斜的结构、形体与基本投影面平行的结构,在斜剖视图中不反映实形的一般避免表示。

(4)斜剖视的标注同全剖视,一般情况下斜剖视不省略标注。

(六)局部剖视

用剖切平面局部剖开形体,所得到的视图称为局部剖视,如图 8-15 所示。

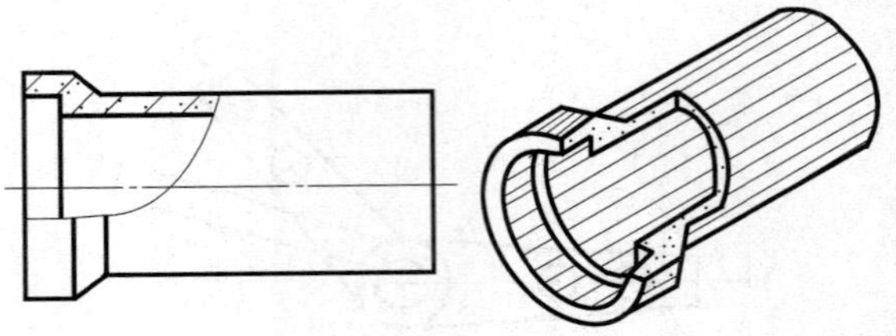

图 8-15　局部剖视图

局部剖视不受形体是否对称的条件限制,具有同时能表达形体内、外结构形状的优点,所以应用广泛,常用于以下几种情况:①形体上只有局部内部结构需要表达,没有必要全剖或半剖,如很多底板上的小孔;②形体内部结构需要表达,但外形复杂,不能全剖或不具备半剖的条件,如半剖中讲的对称结构的形体,内部或外部结构在对称面上有轮廓线,就适合作局部剖视。

画局部剖视图时应注意:

(1)局部剖视图在原视图上绘制,剖切范围用波浪线表示。

(2)局部剖视图内、外形体之间分界线用波浪线,波浪线不要和图形上的其他线重合,波浪线不应超出剖开部分的外形轮廓线,波浪线不能穿孔、穿槽而过,如图 8-16 所示。

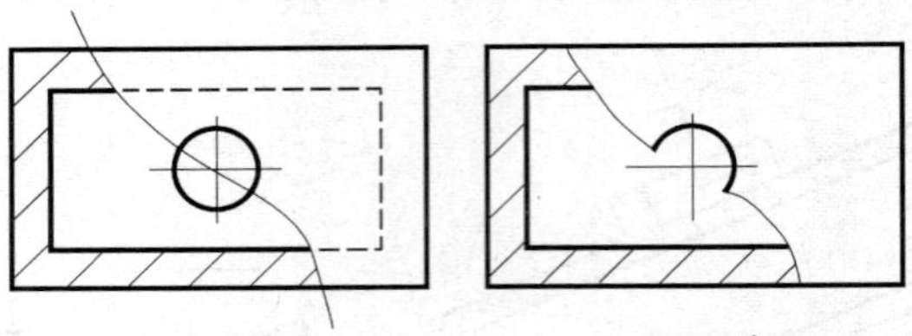

(a)错误　　(b)正确

图 8-16　局部剖视图中波浪线画法

(3)当被剖切结构为回转体时,允许将该结构的中心线作为局部剖视图与视图的分界线。

(4)局部剖视不加任何标注。

五、剖视图的尺寸标注

剖视图的尺寸标注方法和规则与前述视图的标注相同,为了看图方便,表示外部和内部的尺寸应尽可能地分开,如图 8-17(a)中外部尺寸 60、40、450 和内部尺寸 40,图 8-17(b)中外部尺寸 800、500、200 和内部尺寸 300。

在半剖视和局部剖视中,由于部分省去了虚线,常用一端带起止符的尺寸标注内部结构,这时,尺寸线稍微超过对称线,而尺寸数字仍为结构的全尺寸,标注形式如图 8-17 中

尺寸 $\phi150$、$\phi210$ 和 200。

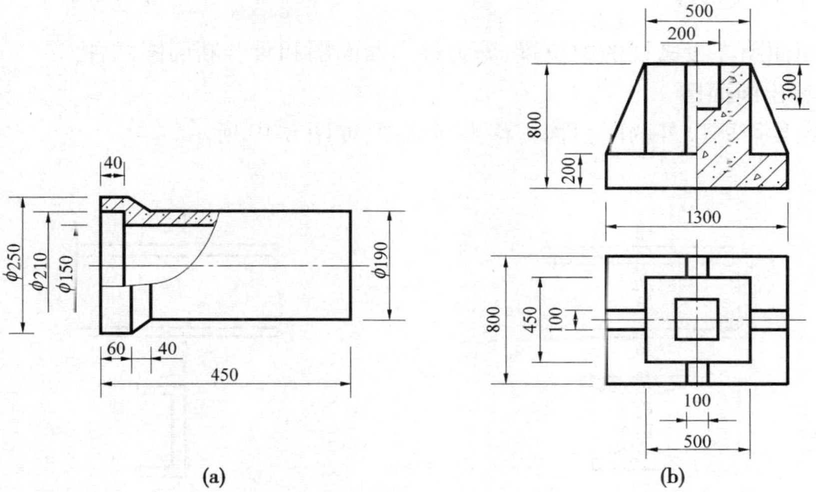

图 8-17　剖视图的尺寸标注

第三节　断面图

码 8-3　微课：断面图绘制

一、断面图的概念

断面图——假想用剖切平面将物体切开，仅画出物体与剖切平面的接触面部分的图形，如图 8-18 所示。从图 8-18(a)中可以看出，断面图与剖视图不同，断面图仅仅是一个"面"的投影，而剖视图则是形体被剖切后剩下部分的"体"的投影。所以，断面图主要是用来表达形体某处切断面的形状。图 8-18(b)中的 1—1 和 2—2 均为断面图。

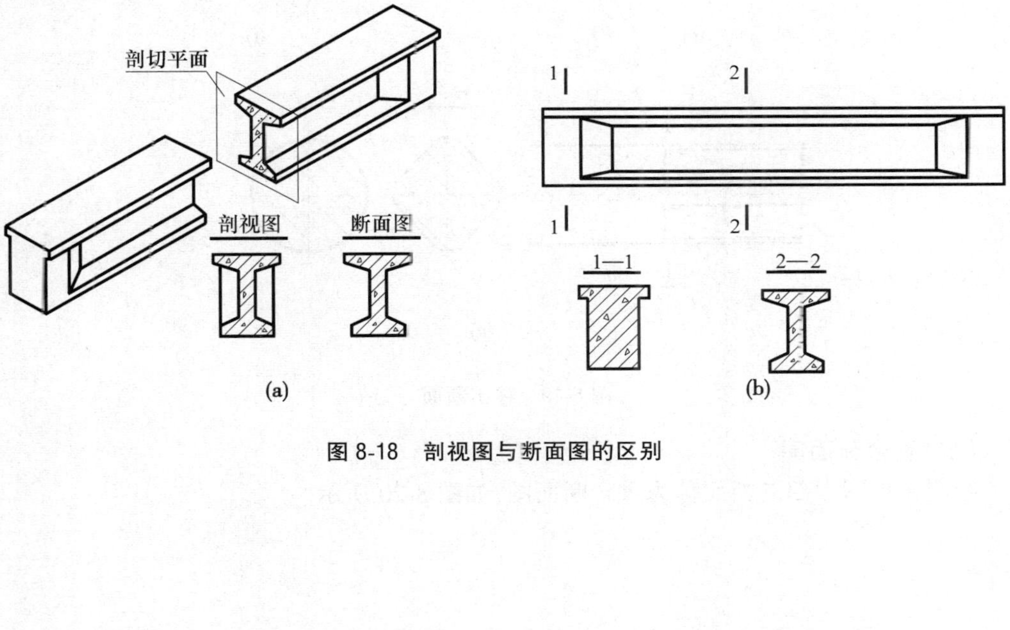

图 8-18　剖视图与断面图的区别

二、断面图的种类

根据断面图在投影视图中位置,分为移出断面图和重合断面图两种。

(一)移出断面图

绘制在投影图以外的断面称为移出断面图,如图 8-19 所示。

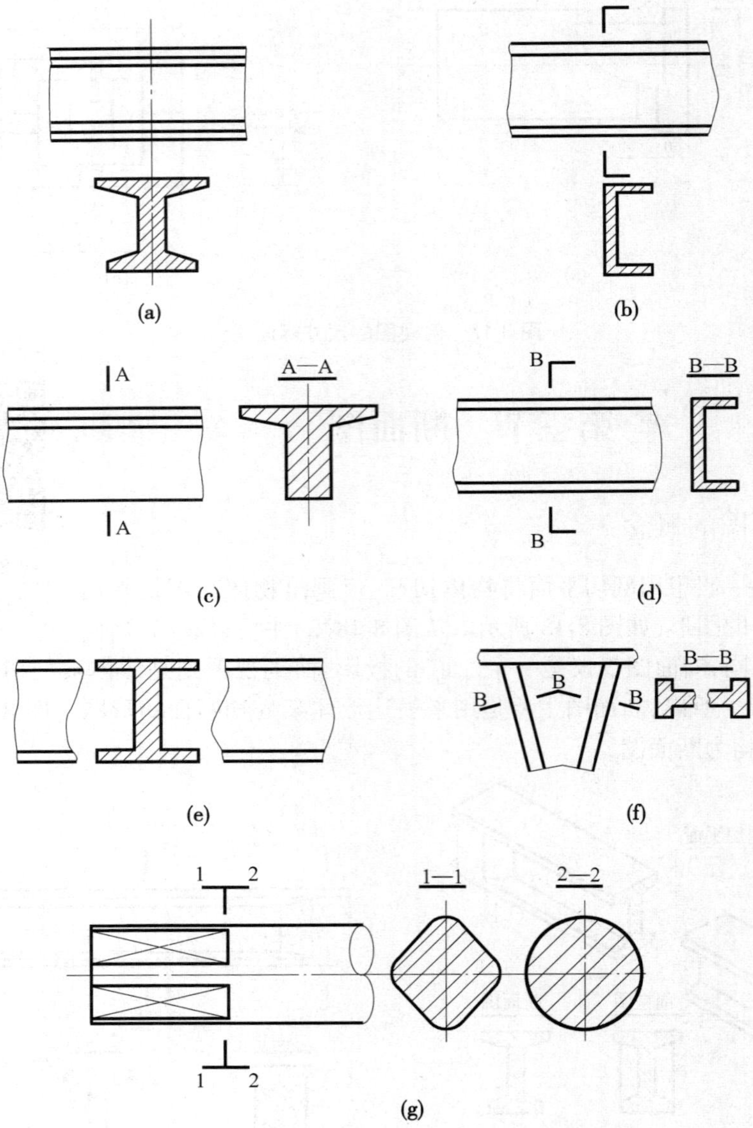

图 8-19　移出断面

(二)重合断面图

绘制在视图内部的断面称为重合断面图,如图 8-20 所示。

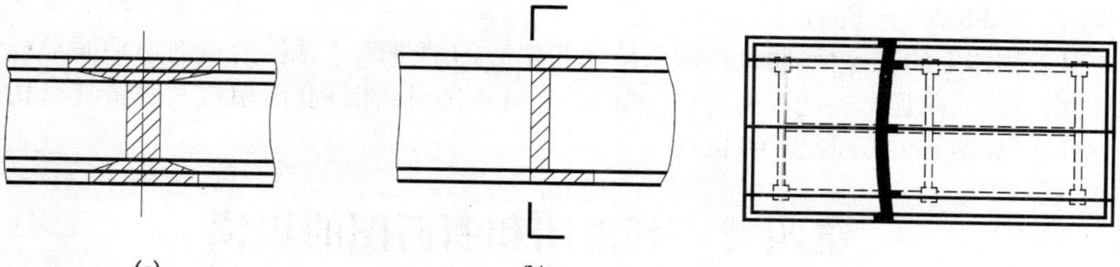

图 8-20　重合断面

三、断面图的画法与标注

(一)断面图的标注

(1)剖切符号用剖切位置线表示,应以粗实线绘制,长 5~10 mm。

(2)剖切符号的编号,宜采用阿拉伯数字或拉丁字母,按顺序编号,并应注写在剖切位置线的一侧,编号所在的一侧应为剖切后的投影方向,如图 8-18(b)所示。

(二)移出断面图的画法与标注

(1)移出断面图画在图形外,其轮廓线用粗实线绘制,并在断面上画上断面符号(材料符号),没指明材料的画上 45°的细实线。

(2)当移出断面图配置在剖切位置的延长线上,且断面图形对称时,省略标注,如图 8-19(a)所示。若断面图形不对称,则在剖切位置符号两端绘制与其垂直的粗实线表示投影方向,如图 8-19(b)所示。

(3)当断面图形对称时,移出断面图可绘制在图形的中断处,省略标注,如图 8-19(e)所示。

(4)移出断面图也可配置在图纸的其他位置,这时应标注,若断面图形对称,可省略投影方向线,如图 8-19(c)所示。

(5)当剖切平面通过回转面组成的孔、凹坑的轴线时,这些结构按剖视图绘制。当通过非回转面,导致出现完全分离的两部分断面时,这样的结构也按剖视图绘制。

(6)为了表达形体的真实形状,剖切平面应与剖切部分的主要轮廓线垂直,若用一个剖切平面不能满足要求,可用两个相交平面或多个平面分别垂直轮廓线剖切,其断面形状断开用波浪线,如图 8-19(f)所示。

(7)当用一个公共的剖切平面将物体剖开,而得到两个不同方向的断面图时,应按图 8-19(g)所示的形式标注。

(三)重合断面图的画法与标注

(1)重合断面图的轮廓线规定用细实线绘制,当视图中的轮廓线与断面图形重叠时,视图中的轮廓线仍完整绘出,不可间断。

(2)对称重合断面图可不标注,不对称重合断面图应标注剖切位置,并用粗实线绘制投影方向,但可不标字母,如图 8-20(a)、(b)所示。

(3)梁板的断面图画在结构平面布置图内时,断面涂黑,并且可不标注剖切位置和投影方向,如图 8-20(c)所示。

对于物体上的支撑板、肋板等薄壁结构和实心的轴、杆、柱、梁等,当剖切平面平行其轴线、中心线或薄板结构的板面时,其剖面部分可不画材料图例,而用粗实线将其与相邻部分分开,如图 8-8 半剖视图的肋板。

第四节　剖视图和断面图的识读

前面学习了形体的内外结构表达的常用方法,表达建筑物形体时,根据建筑物的特点及工作情况,综合运用所学的知识,将形体完整、清晰地表达出来。对于工程图样的阅读,也要运用所掌握的图样识读方法,分析图样上线的含义、线框的含义,从而了解其空间形状。

一、表达形体

用制图标准规定的各种表达方法,正确、清晰地表达工程建筑物形状,是工程技术人员必须具备的能力。把一个复杂的形体以图样的形式正确地表达在图纸上,首先要分析形体的结构与实际工作状况,选择视图,其次所选择的视图不仅能清晰地表达形体的结构形状特点,而且力求作图简便,便于技术交流。

【例 8-1】　选择一组视图表达图 8-21(a)所示的钢筋混凝土 U 形渡槽槽身的结构形状。

渡槽是渠系上一种跨沟过水建筑物,由槽身与下部的支撑结构组成,槽身各部分的名称和构造如图 8-21(a)所示。

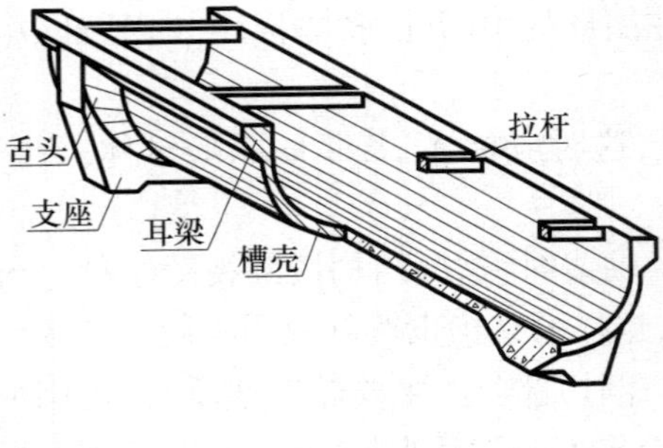

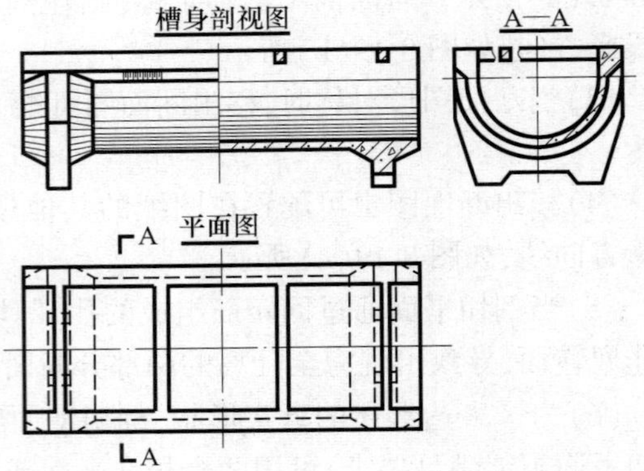

图 8-21　形体的表达

(1)形体分析。该 U 形渡槽槽身由槽壳、耳梁、支座和拉杆组成,由于槽壳较薄,而支座尺寸较厚,所以在它的连接处需要有一个应力过渡段,即为图示的“舌头”。

(2)主视图选择。由于渡槽是一个过水建筑物,在画水利工程图时,建筑物常按工作位置放置,并使其过水通道轴线平行于 V 面,水的流向从左至右。又由于渡槽整个形体前后对称,内、外形难易程度相当,所以主视图选半剖视比较好。这样既表达了内部立面情况,又表达了外部形状,还表达了制作渡槽各部分的材料(见材料分界线)情况。

(3)视图数量选择。只有主视图是不够的,主视图只反映渡槽槽身的立面情况,槽身前后方向的尺寸及布置还不清楚,还要画水平投影反映组成槽身各部分的位置及其连接关系，两个视图选择好了，渡槽U形过水断面的真实形状还没有表达清楚，需要画出左视图，由于渡槽前后对称，左视图也画半剖比较好，支座端面、槽壳的形状、厚度同时得到了表达。拉杆的截面形状主视图上已有所反映，不是非常明确，左视图中再用移出断面示出拉杆形状更清晰。分析看出这些视图已经足够表达清楚渡槽槽身的结构形状了，如图8-21(b)所示。

注意：在水利工程图中，材料分界线用中粗线绘制。

二、阅读图样

阅读图样是根据表达形体的视图、剖视图和断面图的名称，在有关图上寻找剖视、断面的剖切位置和投影方向，弄清楚它们之间的关系，分清形体的实心部分和空心部分以及各自的断面形状，利用前面学过的读图方法，形体分析、线面分析，想象其空间形状。

【例8-2】　已知涵洞的纵剖视图、水平投影和3—3、2—2剖视图，补画1—1阶梯剖视图，如图8-22所示(要求将翼墙及护底的虚线全部画出，其余虚线不画)。

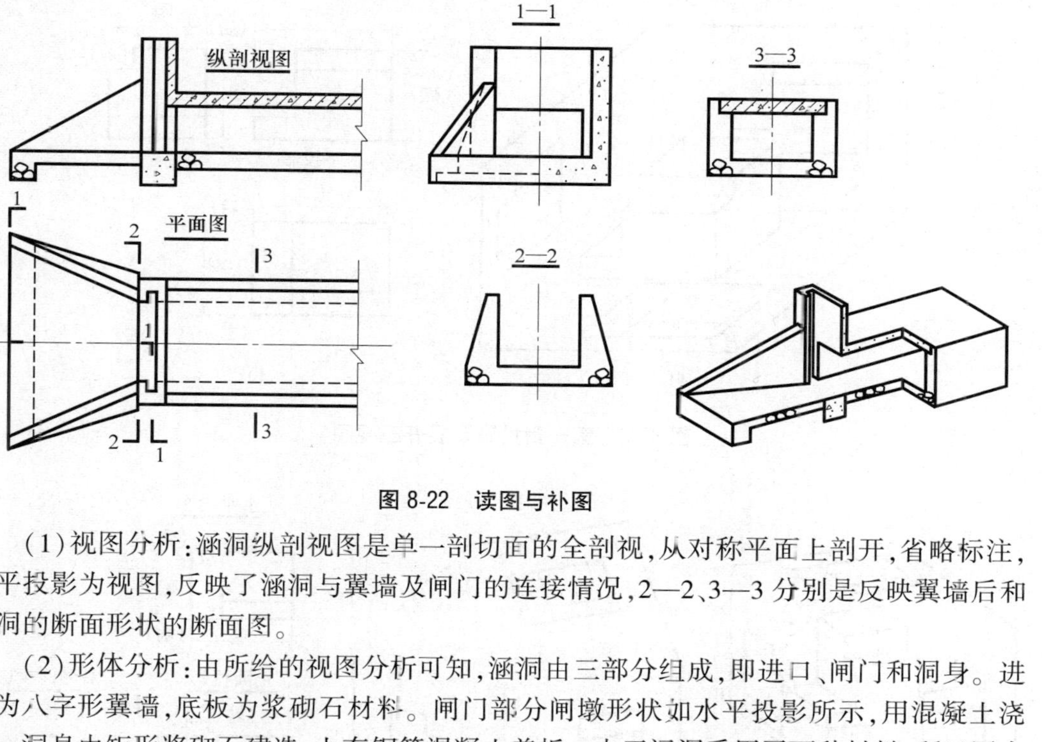

图8-22　读图与补图

(1)视图分析：涵洞纵剖视图是单一剖切面的全剖视，从对称平面上剖开，省略标注，水平投影为视图，反映了涵洞与翼墙及闸门的连接情况，2—2、3—3分别是反映翼墙后和涵洞的断面形状的断面图。

(2)形体分析：由所给的视图分析可知，涵洞由三部分组成，即进口、闸门和洞身。进口为八字形翼墙，底板为浆砌石材料。闸门部分闸墩形状如水平投影所示，用混凝土浇筑。洞身由矩形浆砌石建造，上有钢筋混凝土盖板。由于涵洞采用了两种材料，所以图中绘制了材料分界线。

(3)补1—1剖视图：1—1剖为阶梯剖，左边为翼墙的前端面位置，后视可看到翼墙后部和闸墩以及洞身，所以要画翼墙、闸墩墙和洞身的轮廓线。右边在闸槽位置，因而可看到闸墩墙，后视可看到洞身，由于剖视图一般不画虚线，所以洞身只画看得见的轮廓线。由于使用材料不同，剖开各部分要画上相应的材料符号。

第五节　第三角投影简介

我国制图标准规定，工程图样是将物体放置在第一分角内投影绘制，而世界上有些国家采用第三角投影，为了适应国际的合作与技术交流，我们对第三角投影也应有所了解。

两种投影都是用正投影法将物体向三个相互垂直的投影面 V、H、W 投射。第一角投影是将物体置于第一分角中，如图 8-23(a)所示，按“观察者—物体—投影面”的相对位置向三个投影面投射，得到三视图，三视图是正面投影、水平投影、左侧面投影；而第三角投影则是将物体置于第三分角中，如图 8-24(a)所示，这种是将投影面看成是透明的，按“观察者—投影面—物体”的相对位置，向三个投影面投射得到三视图，三视图是正面投影、水平投影、右侧面投影。

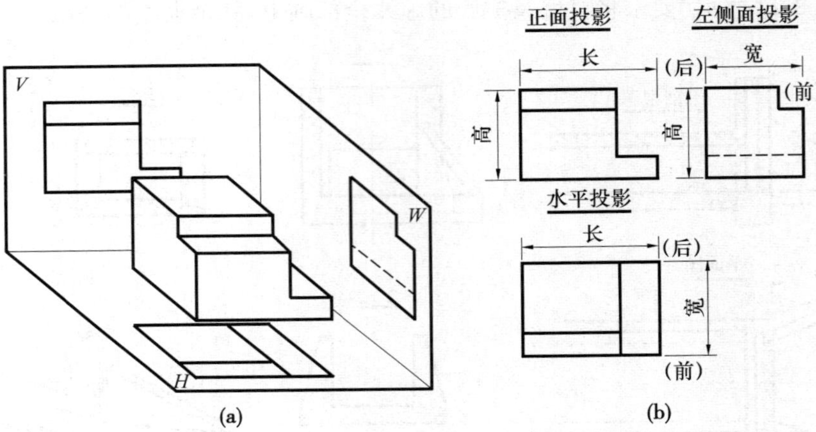

图 8-23　第一角投影及展开三视图

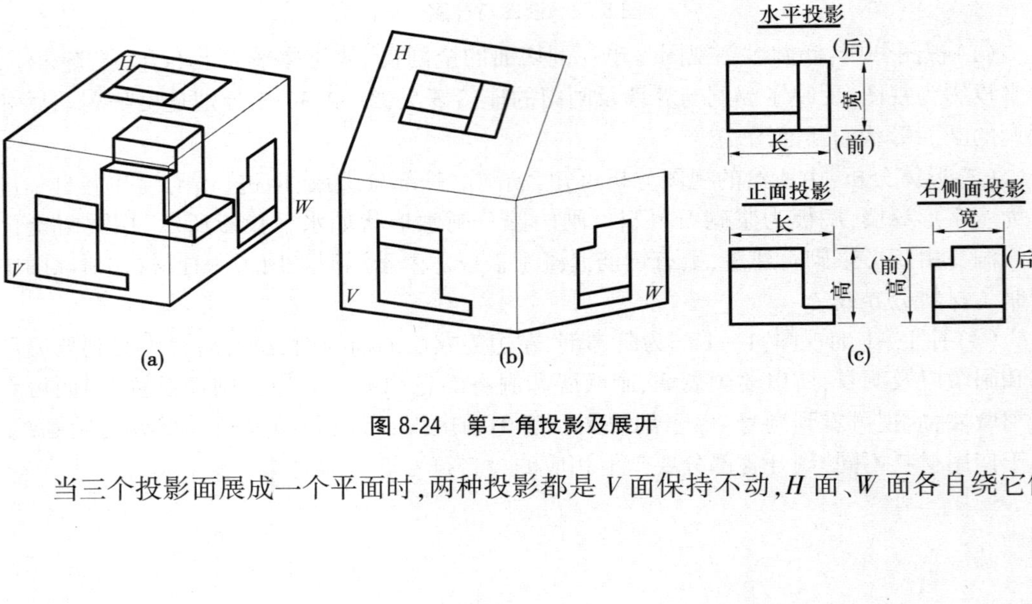

图 8-24　第三角投影及展开

当三个投影面展成一个平面时，两种投影都是 V 面保持不动，H 面、W 面各自绕它们与 V 面的交线旋转，使它们转到与 V 面成为同一平面的位置。第一角投影是 H 面向下旋转，W 面向右旋转，得到的视图配置是：水平投影在正面投影的下方，在正面投影右方的是左侧面投影，如图 8-23(b)所示。第三角投影是 H 面向上旋转，W 面也是向右旋转，如图 8-24(b)所示，从而得到的视图配置是水平投影在正面投影的上方，在正面投影右方是右侧面投影，如图 8-24(c)所示。

两种投影形成的三视图，如图 8-23(b)和图 8-24(c)所示三个视图间都应符合三等关系：正面投影与水平投影长对正；正面投影与侧面投影高平齐；水平投影与侧面投影宽相等、前后对应，水平投影中的下边都代表前方，上边都代表后方。但在第一角投影所得的左侧面投影中，右边代表前方，左边代表后方；在第三角投影所得的右侧面投影中，则左边代表前方，右边代表后方。

为了便于在图上识别所采用的投影法，国际标准规定，在标题栏内必须画出投影法识别符号。第一角投影法识别符号如图 8-25 所示，第三角投影法识别符号如图 8-26 所示。

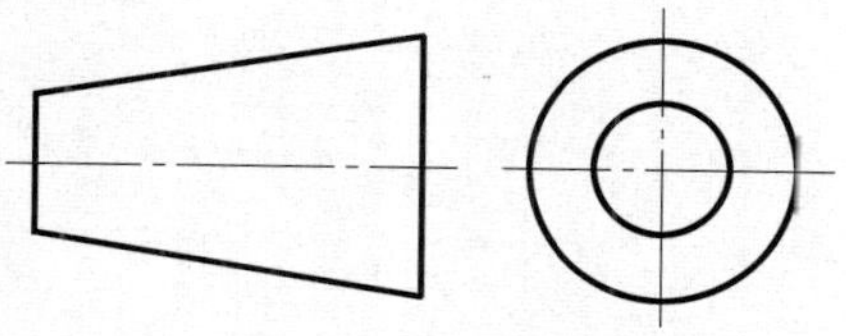

图 8-25　第一角投影法识别符号

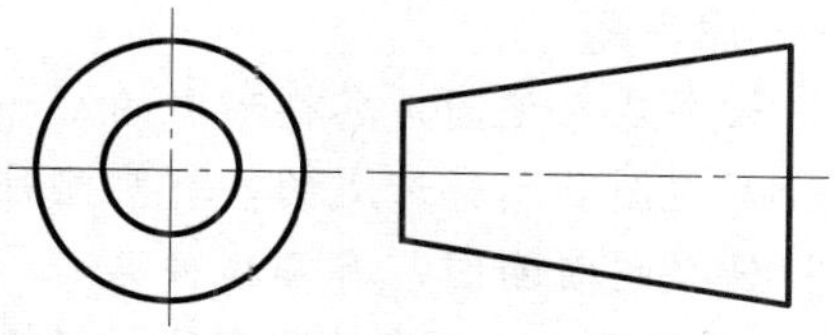

图 8-26　第三角投影法识别符号

实训八

实训目的：了解剖视图和剖面图的应用，掌握形体的表达方法及其尺寸标注。

实训内容：绘制柱基础的剖视图(见图 8-27)。

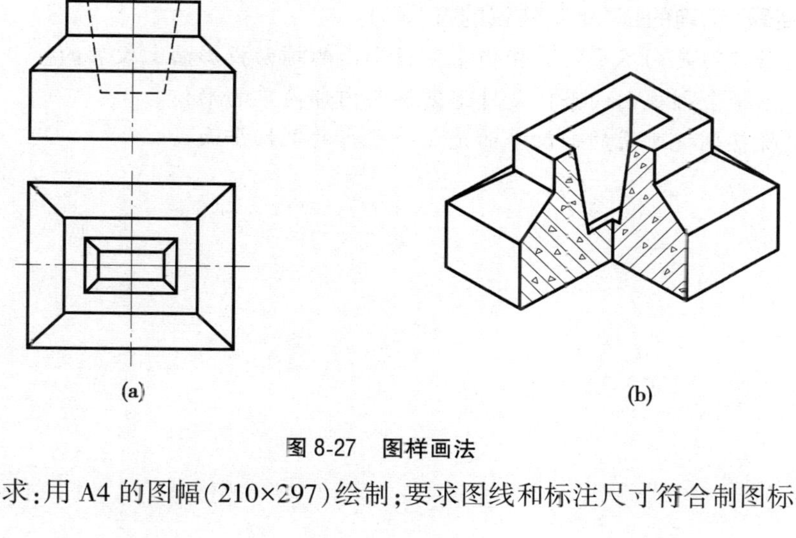

(a)　(b)

图 8-27　图样画法

实训要求：用 A4 的图幅(210×297)绘制；要求图线和标注尺寸符合制图标准；采用比

例为自定;图名为剖视图;图号为SX8。

实训步骤:

(1)先结合带剖面的轴测图,读懂所给视图。

(2)抄绘图8-27(a),并把主视和左视画成半剖视。

(3)标注尺寸并填写标题栏。

提示:

(1)半剖视表达是:左半个画成视图,右半个画成剖视。

(2)切记标注尺寸时不能只注一半长度。

(3)尺寸线一端带箭头,另一端要超过对称中线。

实训小结:(由实训者自行总结实训过程,如掌握了哪些技能,哪些知识点还欠缺)

复习思考题

一、思考题

1. 六个基本视图是怎样形成的?如何配置?
2. 剖视图是怎样形成的?有哪些种类?
3. 什么叫断面图?有哪些种类?

二、选择题(将正确的答案代号填在括号里)

1. 能表达出形体上下和前后方位的投影图是(　　)。

(a)主视图　(b)后视图　(c)仰视图　(d)右视图

2. 画局部视图时,应在基本视图上标注出(　　)。

(a)投影方向　(b)名称　(c)不标注　(d)投影方向和相应字母

3. 重合剖面应画在(　　)。

(a)视图轮廓线以外　(b)视图轮廓线以内

(c)按投影关系配置　(d)剖切位置线的延长线上

三、判断题(正确的打"√"、错误的打"×")

1.(　)斜视图是向不平行于任何基本投影面的辅助投影面上投影的。

2.(　)选择全剖视图的条件是外形复杂而内部简单的形体。

3.(　)阶梯剖视所用的剖切平面是几个平行的剖切平面。

第九章　标高投影

【学习要求】

理解标高投影的概念,掌握点、直线、平面的标高投影和圆锥面的标高投影,理解地形面的表示法,掌握坡面交线、坡脚线、开挖线的求作方法,具有运用等高线和地形断面图求解各种交线的能力。

【主要内容】

点、直线、平面的标高投影,曲面的标高投影及工程建筑物的交线。

【课程思政】

德才兼备,志存高远。党的二十大报告提出:"深入实施人才强国战略。培养造就大批德才兼备的高素质人才,是国家和民族长远发展大计。功以才成,业由才广。坚持党管人才原则,坚持尊重劳动、尊重知识、尊重人才、尊重创造,实施更加积极、更加开放、更加有效的人才政策,引导广大人才爱党报国、敬业奉献、服务人民。"

在实际工程中,如修建大坝、开挖基础、修筑道路等都与地面有密切的关系。在工程施工前,必须设计且画出地面形状和地面上的建筑物,以便从图上解决有关工程上的问题。由于地面形状是复杂的,长度和高度尺寸相差甚远,不便于用以前的多面正投影来表示,因此人们在长期的工程实践中总结出用标高投影法来表示工程建筑物与地形面的接触关系。所谓标高投影,是指在物体的水平投影上加注某些特征面、线以及控制点的高程数值的单面正投影。

如图 9-1(a)所示是一个四棱台的两面投影。水平投影确定后,正面投影主要提供四棱台的高度(2 m)。若用标高投影来表示,我们只需画出四棱台的水平投影,并加注其顶面和底面的高度数值 2.000 和 0.000。为了增强图形的立体感,在斜面上还画出了长短相间且等距的细实线(示坡线)以表示坡面。再给出绘图的比例或比例尺, 该四棱台的形

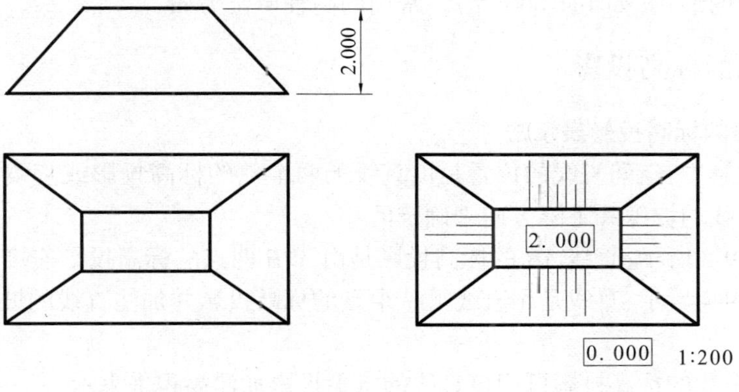

(a)　(b)

图 9-1　标高投影的概念　(单位:m)

状和大小就完全确定了。这就是标高投影法的应用。

第一节　点、直线、平面的标高投影

一、点的标高投影

码 9-1　微课：点、线的标高投影

在点的水平投影旁，标注出该点与水平投影面的高度距离，即得该点的标高投影。

如图 9-2(a)所示，应选择水平面 H 作为基准面，其高程为零，基准面以上的高程为正，基准面以下的高程为负。设空间有三个点 A、B、C，A 点高出 H 面 3 单位，B 点在 H 面上，C 点低于 H 面 2 单位，分别作出 A、B、C 三点在 H 面上的正投影。在投影图上字母 a、b、c 的右下角分别标出它们距离 H 面的高度数值 3、0、-2，得 a_3、b_0、c_{-2}，即为 A、B、C 三点的标高投影，如图 9-2(b)所示。数字 3、0、-2 分别为 A、B、C 各点的高程(又称标高)。

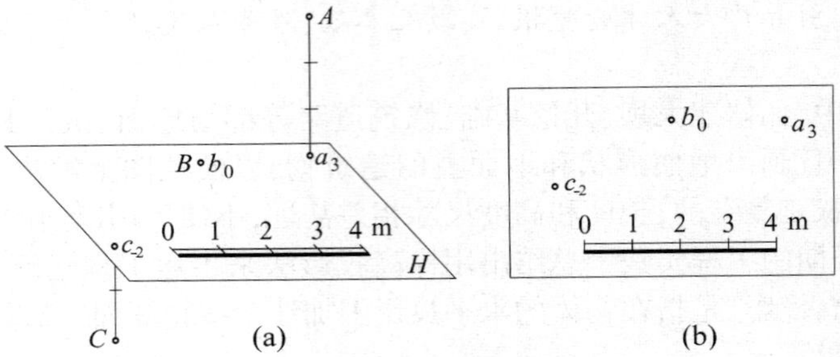

图 9-2　点的标高投影

应当指出，高程分为相对高程和绝对高程，相对高程是以某水平面为基准面的；绝对高程则采用与测量相一致的基准面，即以青岛黄海平均海平面作为我国统一的高程起算面。标高投影中应标注比例和高程。比例可采用比例尺(附有其长度单位)的形式，也可采用标注比例的形式(如 1∶1 000 等)。常用的高程单位为 m。

二、直线的标高投影

(一)直线的标高投影表示法

在标高投影中，空间直线的位置是由直线上两个点的标高投影或直线上一个点的标高投影及该直线的坡度和下降方向来确定的。

(1)如图 9-3 所示，直线 AB 的标高投影是由 A、B 两点的标高投影连接而成的。

(2)如图 9-4 所示，直线是用直线上一个点的标高投影并加注直线的坡度和下降方向来表示的。

注意：水平线的标高投影可用该直线的水平投影加注高程来表示。

(二)直线的坡度和平距

直线上两点之间的高度差与水平距离(水平投影长度)之比称为直线的坡度，用符号

i 表示，如图 9-5 所示。

$$坡度(i)= 高度差(\Delta H)/水平距离(L)= \tan \alpha$$

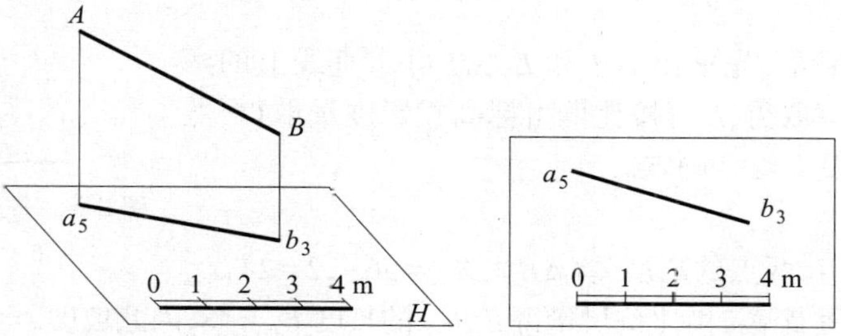

(a)　(b)

图 9-3　直线的标高投影(一)

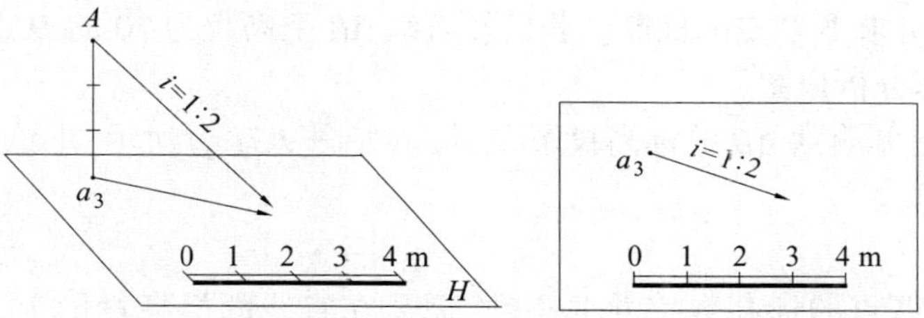

(a)　(b)

图 9-4　直线的标高投影(二)

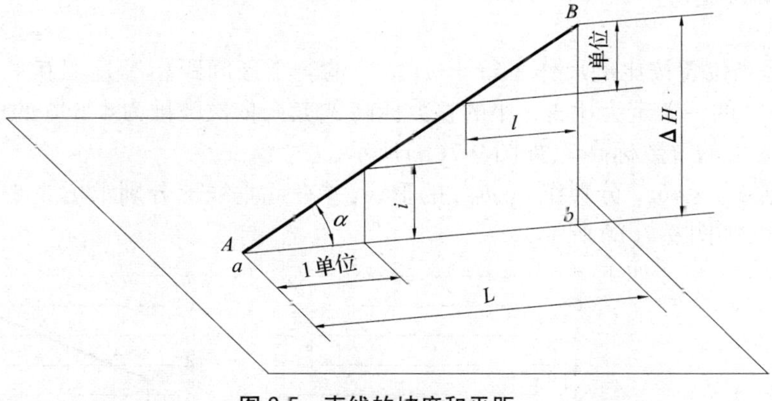

图 9-5　直线的坡度和平距

上式表明，两点间的水平距离为 1 单位(m)时其高度差即等于坡度。式中 α 为直线对水平面的倾角。因此，坡度也可以说是直线对水平面的倾角的正切。

当直线上两点间的高度差为 1 单位(m)时其对应的水平距离称为平距，用符号 l 表示，如图 9-5 所示。

$$平距(l)= 水平距离(L)/高度差(\Delta H)= \cot \alpha = 1/i$$

可见直线的坡度和平距是互为倒数的，即 $i=1/l$。坡度愈大，则平距愈小，反之亦然。

需要说明的是，平行于基准面的直线，其坡度为零，平距为无限大，直线上各点的高程都相等，该直线为水平线。

【例 9-1】　已知直线 AB 的标高投影为 $a_{36}b_{12}$，如图 9-6 所示，求直线 AB 的坡度与平距，并求直线上 C 点的标高。

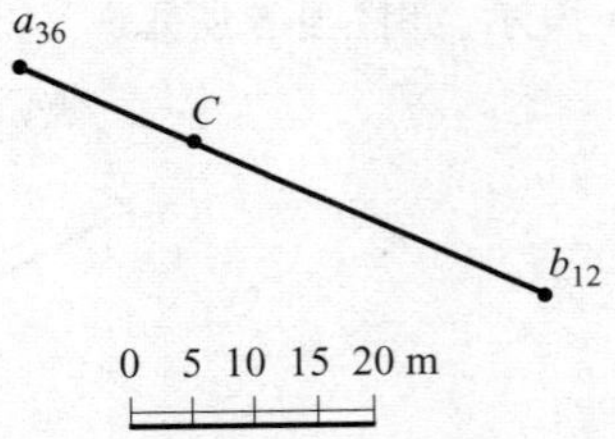

图 9-6　求直线的坡度、平距和 C 点的标高

分析：

欲求坡度与平距，先求出 ΔH 和 L，ΔH 可由直线上的两点的标高数值计算取得，L 可按比例由标高投影度量取得，然后利用 $i=\Delta H/L$ 及 $l=1/i$ 确定。

作图：

(1) H_{ab} 为 A、B 两点的高度差（ΔH），$H_{ab}=36-12=24$，L_{ab} 为 A、B 两点的水平距离，由比例尺量得 $a_{36}b_{12}$ 的长度 $L_{ab}=48$，因此坡度 $i=24/48=1/2$。

(2) 直线 AB 的平距 $l=1/i=2$。

(3) 按比例量得 ac 间距离为 16，据 $i=\Delta H/L$ 得 $1/2=H_{ac}/16$，即 $\Delta H=H_{ac}=8$，于是 C 点的标高应为 $36-8=28$。

用图解法也可求出 C 点的标高。若已知直线 AB 上高程为 20 的 D 点，怎样求其标高投影，请读者自行分析作图。

【例 9-2】　已知直线 AB 的标高投影 $a_{3.5}b_{6.8}$，如图 9-7(a) 所示，求该直线上的整数标高点。

分析：

直线上 A、B 两点的标高数字并非整数，需要在直线的标高投影上定出各整数标高点，称为刻度。为此，需在适当位置作一组与 $a_{3.5}b_{6.8}$ 平行等距的整数标高直线，再进一步求 AB 直线与相应标高直线的交点。

作图：

(1) 在适当位置按比例尺作平行于 $a_{3.5}b_{6.8}$ 的若干条间距相等且相互平行的辅助直线，将靠近 $a_{3.5}$ 的一条定为比 3.5 小的整数标高 3，其余依次类推为 4、5、6 的标高直线，一直作到比 6.8 大的整数标高 7，如图 9-7(b) 所示。

(2) 过点 $a_{3.5}$ 和 $b_{6.8}$ 分别作 $a_{3.5}b_{6.8}$ 的垂线，并在此垂线上分别求出 3.5 单位的 a' 和 6.8 单位的 b'，如图 9-7(b) 所示。

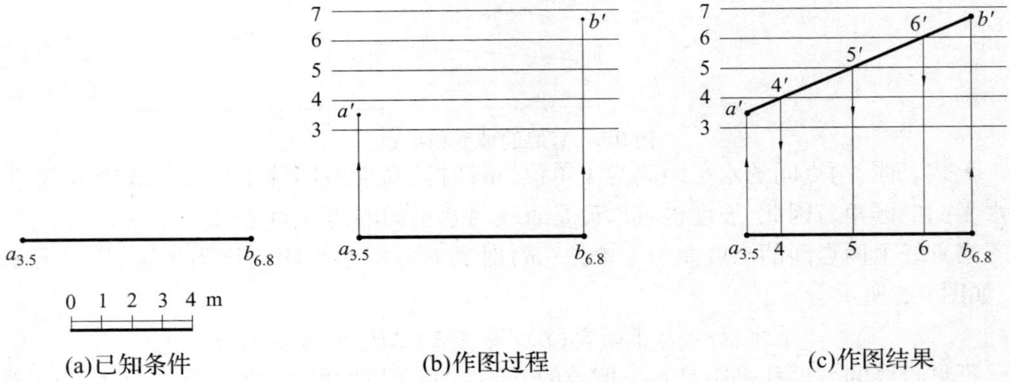

图 9-7　求直线上整数标高点

(3)连接$a'b'$,它与各平行线相交得$4'$、$5'$、$6'$各点,并由各点向$a_{3.5}b_{6.8}$作垂线,各垂足即为所求的整数标高点,如图9-7(c)所示。

必须指出:按例9-2的作图方法,求得$a'b'$就是线段AB的实长,它与辅助线的夹角,反映直线AB与水平面的倾角α。当然,辅助线也可不平行于$a_{3.5}b_{6.8}$,也可不按图中比例尺作图,同样可得结果,但不能得到AB直线的实长和倾角。

注意:上述能得到线段实长的作图方法就是地形断面法。

三、平面的标高投影

码9-2　微课:平面的标高投影

(一)平面上的等高线和坡度线

1. 等高线

平面上的水平线称为平面上的等高线。平面上的等高线可以看作许多间距相等的水平面与该平面的截交线。水平面的间距也就是等高线的高差。从图9-8(a)中不难看出平面上等高线有以下三个特性:

(1)等高线都是直线。

(2)等高线互相平行。

(3)当高差相等时,等高线的间距也相等。

上述三个特性同样也反映在它的标高投影图上,如图9-8(b)所示。平面上等高线之间的实际距离在H面上的投影就是等高线的水平距离,当等高线的高差为1单位时,相邻两条等高线间的水平距离称为平距,即图9-8中所示的l。为了正确地绘出平面上等高线的标高投影图,需要求出等高线的平距,等高线的平距与平面的坡度有着密切关系。

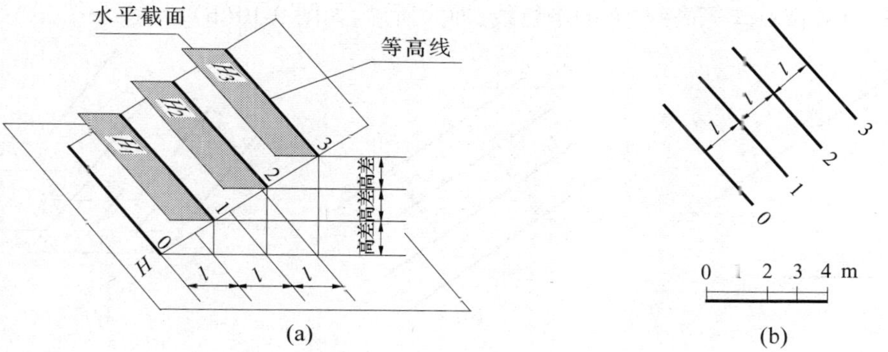

图9-8　平面上的等高线

2. 坡度线

平面对水平面的倾斜度称为平面的坡度,它是用平面上对H面的最大斜度线的坡度来表示的。平面上对水平面的最大斜度线,就是平面上的坡度线。

如图9-9所示,平面上的坡度线有下列特性:

(1)平面上的坡度线与等高线互相垂直,它们的水平投影也互相垂直。

(2)平面上坡度线的坡度代表平面的坡度,坡度线的平距就是平面上等高线的平距。

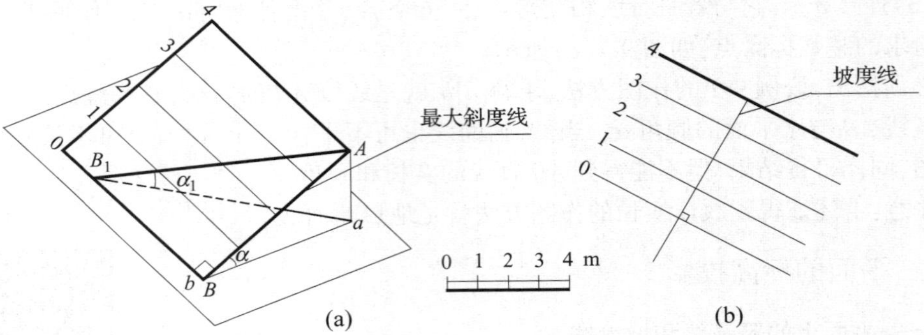

图 9-9　平面上的坡度线

(二)平面的表示法

1. 用一条等高线和平面的坡度线表示平面

图 9-10(a)所示是用平面上的一条高程为 18 的等高线 ab 和平面的坡度线表示平面，其坡度 $i=1:2$。知道平面上的一条等高线，就可以定出坡度线的方向。如果要作平面上间距为 1 m 的等高线(17、16、15)，先利用坡度求得平距(坡度的倒数)，然后在等高线的垂线上按比例截取各等高点，过各等高点即可作出相应的等高线。

其作图方法如下：

(1)根据坡度 $i=1:2$，求出平距 $l=2$。

(2)在坡度线上从等高线 18 的交点 c 起，沿下坡方向按比例连续截取 3 个平距，得 e、f、g 三个截点。

(3)过各截点作等高线 18 的平行线，即为所求，如图 9-10(b)所示。

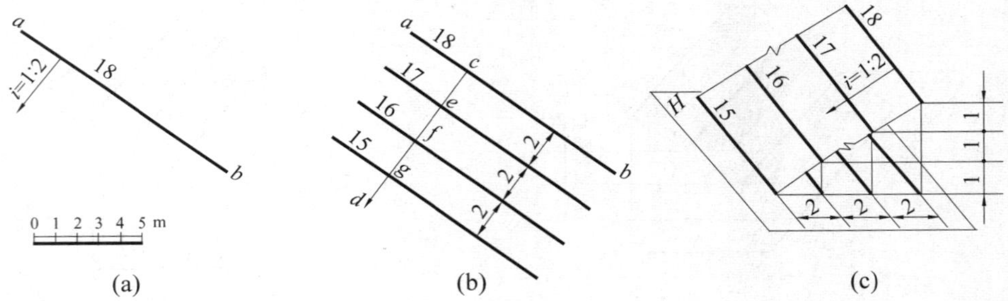

图 9-10　平面的表示法(一)

2. 用一条倾斜直线和平面的坡度表示平面

图 9-11(a)所示是用平面上一条倾斜直线 a_4b_0 和平面的坡度 $i=1:0.5$ 来表示平面的，双点画线的箭头表示大致坡向，其坡度的准确方向需待作出平面上的等高线后才能确定。该平面上高程为零的等高线必通过点 b_0，且与 a_4 的水平距离为 $L=\Delta H/i=\Delta H\times l=4\times0.5=2$。以 a_4 为圆心、$R=2$ 作圆弧，过点 b_0 作直线与圆弧相切，切点为 c_0，直线 b_0c_0 即为此平面上高程为零的等高线，如图 9-11(b)所示。

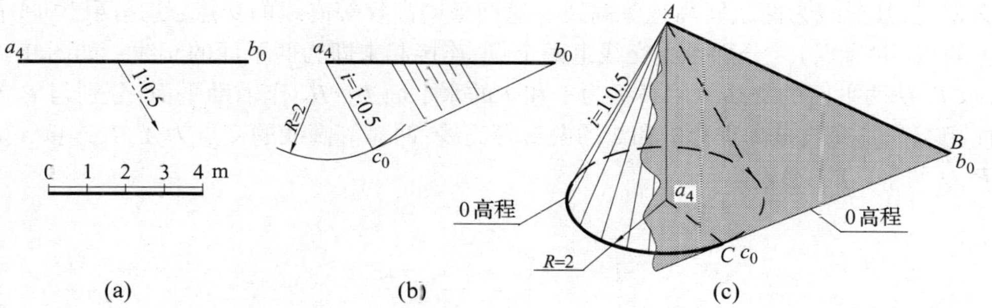

图 9-11　平面的表示法(二)

上述作图方法也可理解为[见图 9-11(c)]:以点 A 为锥顶,作一素线坡度为 1:0.5 的正圆锥,此圆锥与标高为零的基准面交于一圆,此圆的半径为 2。过直线 AB 作一平面与此圆锥相切,切线 AC 是圆锥的一条素线,也是所作平面上的一条坡度线,直线 BC 就是该平面上标高为零的等高线。

注意:两条水平线的标高投影也可表示一个平面。

(三)坡面上的示坡线

坡面上垂直于等高线的直线就是坡面上的坡度线,坡度线的方向与示坡线的方向一致,示坡线是平面上对水平面的最大斜度线。所以,示坡线应垂直于坡面上的等高线。在斜坡面上加画示坡线是为了区分水平面与斜坡面。规定:示坡线用长短相间的细实线从坡面较高的一边画出,间距要相等,长短要整齐,一般长线为短线的 2~3 倍,如图 9-12 所示。

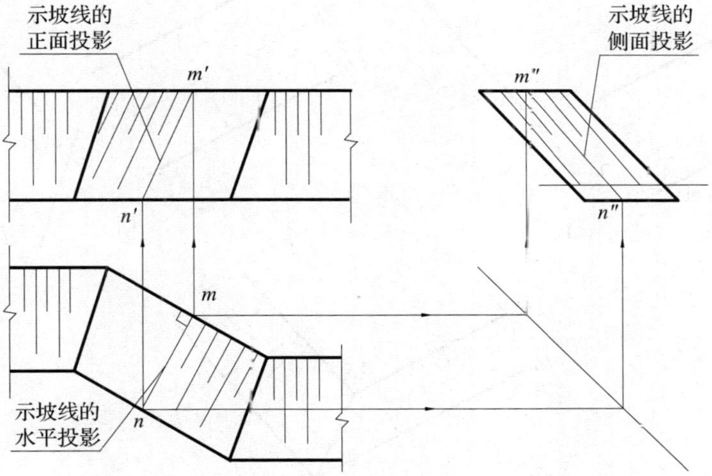

图 9-12　示坡线的画法

四、两平面的交线

在标高投影中,求两平面的交线时,通常采用辅助平面法,即用水平辅助面与两已知平面相交,其交线为两条同高程等高线。这两条同高程等高线的交点,就是两已知平面交线上的点(共有点)。分别作出交线上两个点,连接起来即为两平面的交线。如图 9-13 所示,求 P、Q 两平面的交线。用高程为 1 和 2 的水平面 H_1、H_2 作辅助平面,分别与 P、Q 两平面相交。其交线是高程为 1 和 2 的两对等高线,两对等高线的交点为 A、B,连接 A、B 即为 P、Q 两平面的交线。

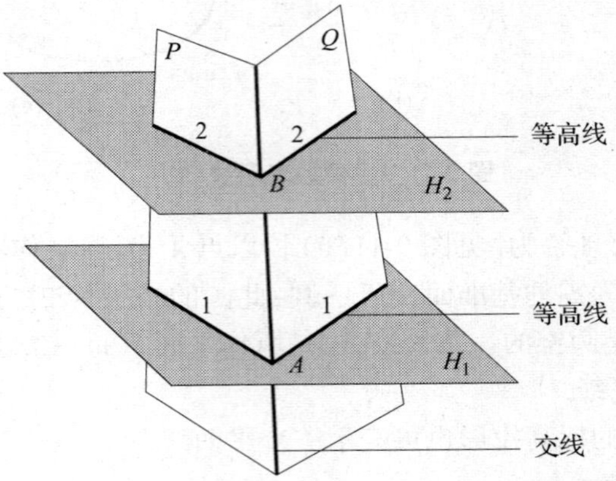

图 9-13　求 P、Q 两平面的交线

【例 9-3】　已知平面 P 由两条等高线 20 和 16 表示,平面 Q 由一条等高线 18 和坡度 1:1.5 表示,如图 9-14 所示,求两平面的交线。

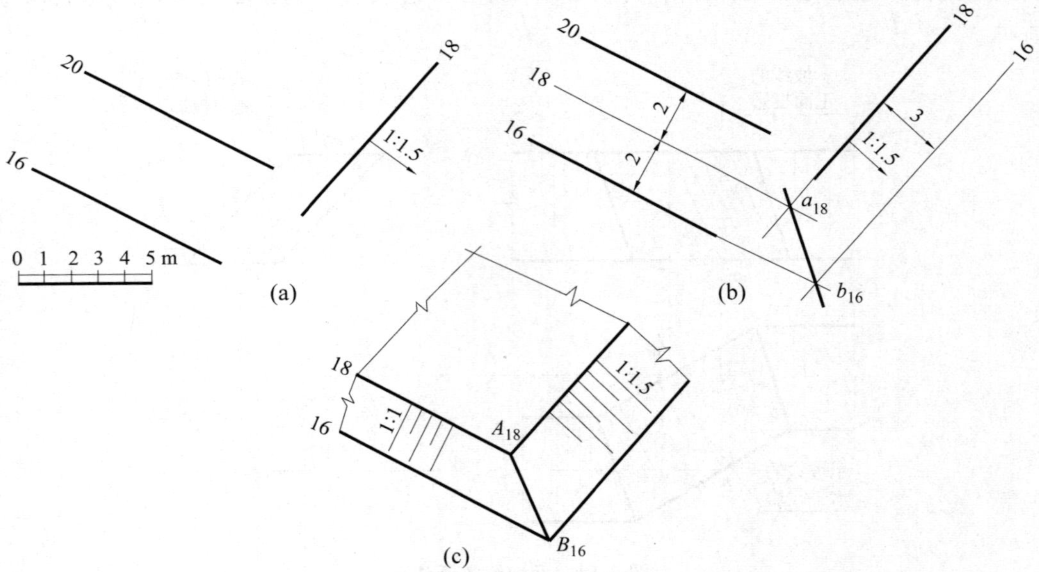

图 9-14　两平面的交线

分析:

求两平面的交线,主要是求作两平面上相同等高线的交点。

作图:

(1)分别作出两平面的两对同高程的等高线,如图 9-14(b)中标高为 18、16 的等高线。

(2)两条高程为 18 的等高线相交于 a 点,两条高程为 16 的等高线相交于 b 点。

(3)连接 a、b 两点,则 ab 即为所求两平面交线的标高投影。

【例 9-4】 已知地面高程为 8 m,基坑底面的高程为 3 m,坑底的大小和各坡面的坡度如图 9-15(a)所示。试作基坑开挖完成后的标高投影图。

分析:

如图 9-15(c)所示,因坑底和地面均为水平面,地面高程为 8 m,主要是求各坡面与地面的交线(开挖线),即坡面上与地面上同高程的等高线(标高为 8 m 的等高线)以及相邻坡面间的交线。

作图:

(1)作开挖线:各坡面上标高为 8 m 的等高线分别与基坑底的边线平行,其水平距离可由 $L=l\times\Delta H$ 求得,式中高差 $\Delta H=5$ m,所以:

当 $i=1:2$时,$l=2$,$L_1=5\times2=10$(m);

当 $i=1:3$时,$l=3$,$L_2=5\times3=15$(m)。

然后按图中的比例依 L 值分别作基坑相应边的平行线,即为开挖线。

(2)作坡面交线:运用求交线的方法,连接两坡面的共有点,如图 9-15(b)所示。

(3)画出各坡面的示坡线,完成作图。

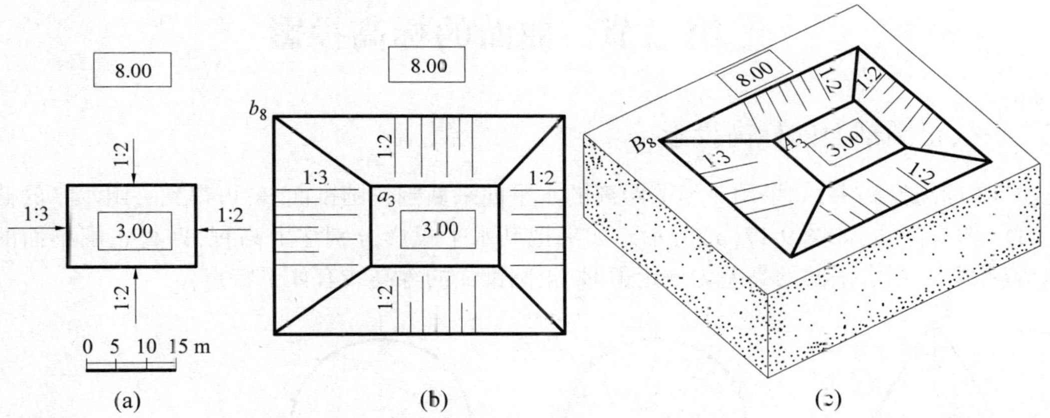

图 9-15　作基坑的标高投影图

【例 9-5】 如图 9-16(a)所示,在高程为 2 m 的水平地面上修建一平台,台顶高程为 5 m,有一斜坡道通至平台顶面。平台坡度为 1:1,斜坡道两侧的坡面坡度为 1:1.2,试画出其坡脚线和坡面交线。

分析:

如图 9-16(c)所示,坡脚线即各坡面与地面的交线,是坡面上高程为 2 m 的等高线。

作图:

(1)求坡脚线:平台坡脚线与坡面顶边 a_5b_5 平行,水平距离为 $L_1=1\times3=3$(m)。据此作出平台的坡脚线。

斜坡道两侧坡脚线求法与图 9-11 相同:分别以 a_5、b_5 为圆心,$R=1.2\times3=3.6$(m)为半径画圆弧,再由 c_2、d_2 分别作两圆弧的切线,即为斜坡道两侧的坡脚线。

(2)求坡面交线:平台边坡的坡脚线与斜坡道两侧坡脚线的交点 m、n 就是平台坡面与斜坡道两侧坡面的共有点,同理 a_5、b_5 也是共有点,连接 a_5m、b_5n,即为所求的坡面交线。

(3)画各坡面上的示坡线,完成作图,如图 9-16(b)所示。

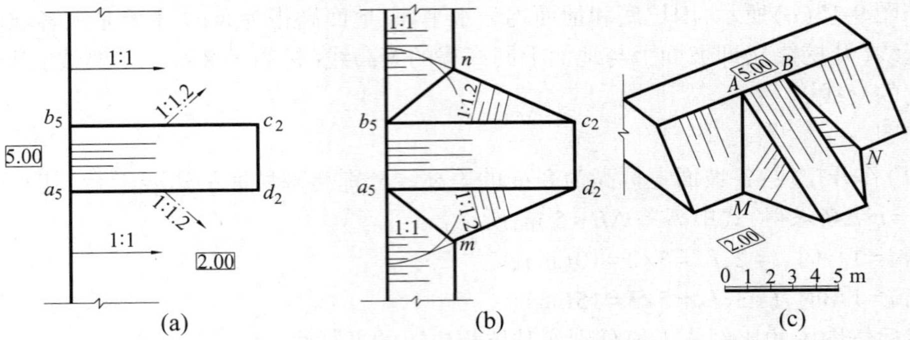

图 9-16　平台和斜坡道的标高投影

第二节　曲面的标高投影

一、正圆锥面的标高投影

在标高投影中,如果用一组等距离的水平面来截割正圆锥面,就可得到一组水平的截交线,即等高线,如图 9-17(a)所示。如果把其水平投影分别注上高程,即得正圆锥面的标高投影。当水平面的高差为一定值时,正圆锥面的等高线有如下特点:

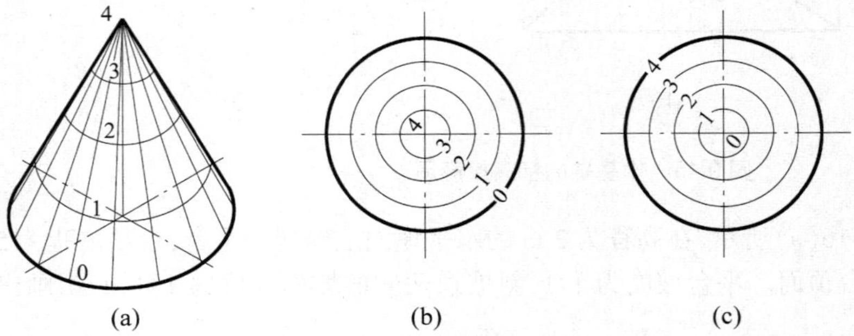

图 9-17　圆锥面的标高投影

码 9-3　微课:曲面的标高投影

(1)等高线是一组同心圆。

(2)高差相同时,等高线之间的水平距离相等。

(3)圆锥正立时,等高线越靠近圆心,其高程越大,如图 9-17(b)所示;圆锥倒立时,等高线越靠近圆心,其高程越小,如图 9-17(c)所示。

正圆锥面上的素线对水平面具有相同的倾角,即各素线均为正圆锥面上的坡度线。因此,圆锥面上的示坡线应通过锥顶。

在土石方工程中,常将建筑物的侧面做成坡面,而在其转角处做成与侧面坡度相同的圆锥面,如图 9-18(a)、(b)所示。

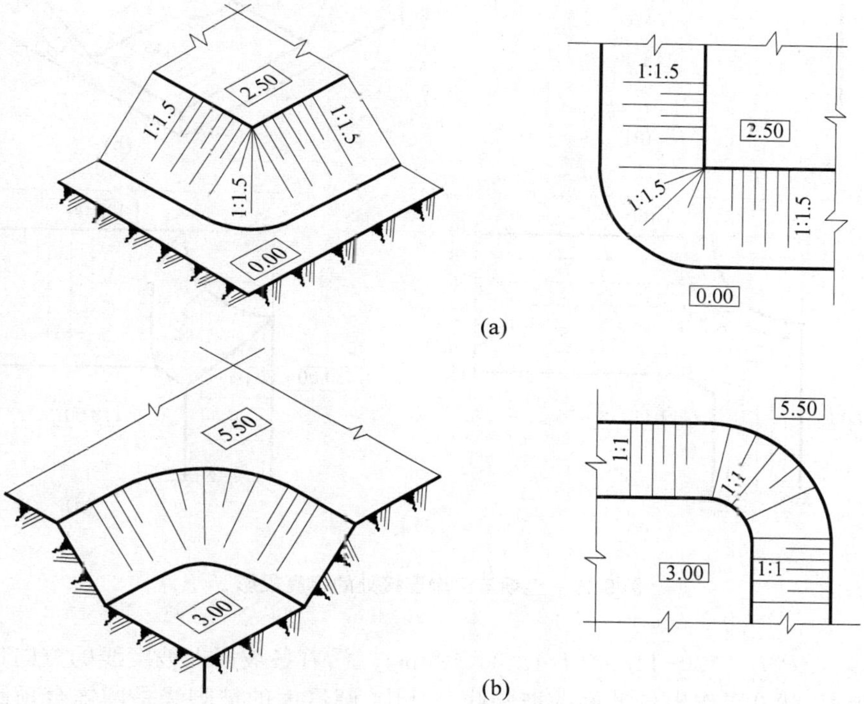

图 9-18　圆锥面应用实例

【例 9-6】　土坝与河岸常用圆锥面护坡连接。如图 9-19(a)所示,各坡面坡度已知,河底高程为 118.00 m。河岸、土坝、圆锥台顶面高程为 130.00 m,完成该连接处的标高投影。

分析:

本题需求两类交线:①坡脚线,共有三条,其中两斜面与河底面的交线是直线,圆锥面与河底面的交线是圆曲线;②坡面交线,共有两条,它是两斜面与圆锥面的交线,是非圆曲线,该曲线可由斜坡面与圆锥面上一系列同高程等高线的交点确定,如图 9-19(b)所示。

作图:

(1)求坡脚线。因河床底面是水平面,各面与河床底面的交线是各坡面上高程为 118.00 m 的等高线,坝顶轮廓线是各坡面上高程为 130.00 m 的等高线,两等高线间的水平距离为:$L_{坝坡}=\Delta H/i=(130-118)/(1/2)=24(\mathrm{m})$,$L_{河坡}=\Delta H/i=(130-118)/(1/1)=12$

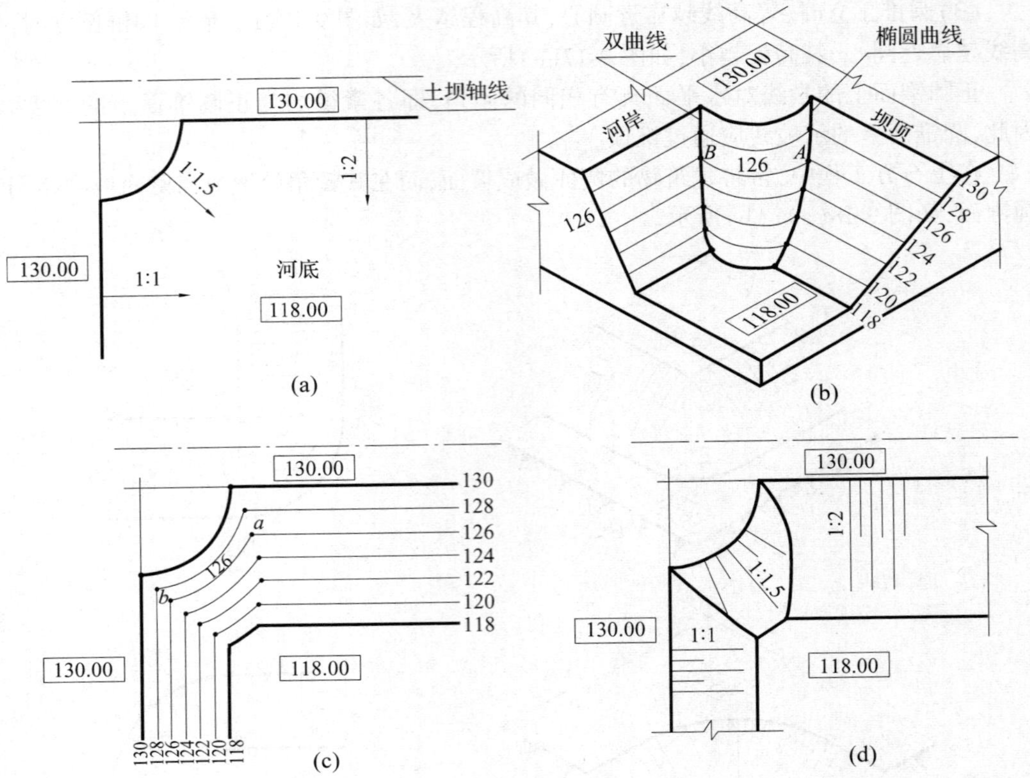

图 9-19　土坝与河岸连接处的标高投影

(m), $L_{锥坡}=\Delta H/i=(130-118)/(1/1.5)=18$(m)。沿着各坡面上坡度线的方向量取相应的水平距离,就可以作出各坡面的坡脚线。其中,圆锥面的坡脚线是圆锥台顶圆的同心圆,如图 9-19(c)所示。

(2)求坡面交线。在各坡面上作出高程为 128.00、126.00…一系列等高线,得相邻面上同高程等高线的一系列交点,即为坡面交线上的点,如图 9-19(c)所示。依次光滑连接各点,即得交线。画出各坡面的示坡线,加深完成作图,如图 9-19(d)所示。

二、地形面的标高投影

地面的形态是比较复杂的,为了能简单而清楚地表达地形高低起伏,工程上常用等高线来表示。池塘的水面与岸边的交线就是一条地面上的等高线,如果池塘中的水面不断下降,就会在岸边留下不同高程等高线的痕迹。池塘中的水面就是一个水平面。因此,地形等高线也就是水平面与地面的交线。

假想用一组间距相等的水平面 H_1、H_2、H_3 截切山丘,就可以得到一组高程不同的等高线,如图 9-20(a)所示。画出这些等高线的水平投影并标明它们的高程,再加绘比例尺和指北针等,即得地形面的标高投影图,又称为地形图,如图 9-20(b)所示。

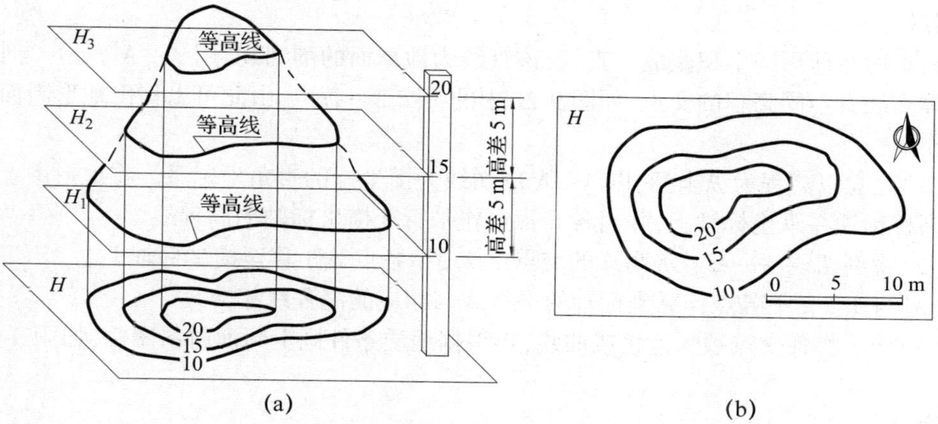

图 9-20　地形面的标高投影

地形图上的等高线有以下特性：

(1) 等高线是各点高程相等而不规则的闭合曲线。

(2) 除悬崖峭壁外，等高线不相交、不重合。

(3) 高差相等时，等高线越密，地面坡度越陡；等高线越稀，地面坡度越缓。

三、地形断面图

用一铅垂面剖切地形面，画出剖切平面与地形面的交线和材料图例，即得地形断面图。

【例 9-7】　已知地形断面图如图 9-21 所示，在地形图上作出 A—A 处的地形断面图。

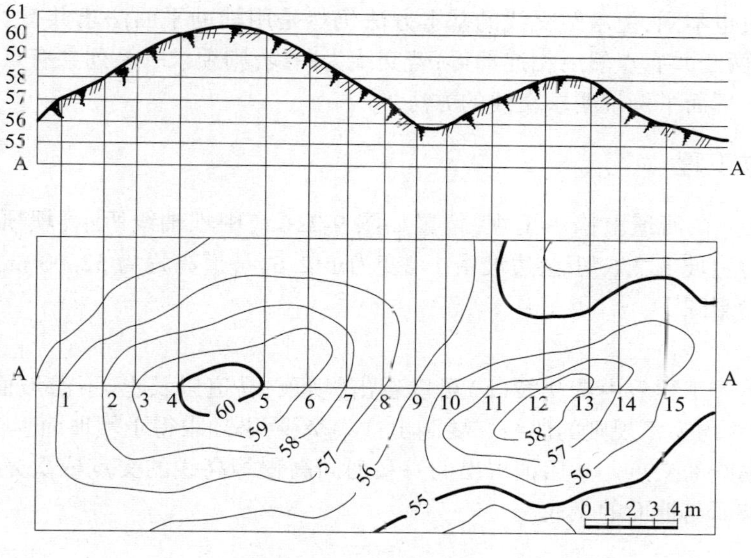

图 9-21　地形断面图

分析：

铅垂面在地形图上积聚成一直线，该直线为地形面的剖切线，用 A—A 表示。剖切线与各等高线有不同高程的交点，如图 9-21 中的 1、2、3…各点，由此可以作出地形断面图。

作图：

(1)建立以高程为纵坐标，以 A—A 剖切线为横坐标的直角坐标系。将地形图上各等高线高程标注在纵坐标轴上，并由各高程点作平行于横坐标轴的高程线。

(2)将剖切线 A—A 与等高线的交点 1、2、3…各点等距移至横坐标轴上。

(3)自 1、2、3…各点作纵坐标轴的平行线与相应的高程线相交。

(4)徒手将各交点顺势连接成曲线，再根据地质条件画上断面材料图例，如图 9-21 所示。

注意：

(1)有时为了充分显示地形面的起伏情况，允许采用不同的纵横比例。

(2)地形断面图布置在剖切线的铅垂方向上，有利于作图，也可画在其他适当位置。

(3)标高图中，等高线用细实线绘制，计曲线用中粗实线绘制。

第三节　工程建筑物的交线

建筑物的交线是指建筑物本身坡面间的交线以及坡面与地面的交线。土建施工后具有一定坡度的平面或曲面称为坡面，坡面分为开挖坡面和填筑坡面，坡面与地面的交线称为坡边线。坡边线分为开挖坡边线（简称开挖线）和填筑坡边线（简称坡脚线）。坡边线需用粗实线绘制。

由于建筑物的表面可能是平面或曲面，地面可能是水平地面或不规则地形面，因此它们的交线性质也不同，但求解交线的基本方法仍然是用辅助平面法求共有点。若交线为直线，只需求两个共有点然后相连即得；若交线为曲线，则须求一系列共有点，然后依次连接即得交线。下面举例说明求交线的方法。

一、填方工程

【例 9-8】　在河道上修一土坝，位置如图 9-22(a)中坝轴线所示，坝顶宽 6 m，高程 61.00 m，上游边坡 1∶2.5，下游边坡由 1∶2变为 1∶2.5，马道高程为 52.00 m、宽 4 m，试作土坝的标高投影图。

分析：

土坝为填方工程。由图 9-22(b)可以看出，坝顶、马道以及上、下游坡面与地面都有交线，这些交线均为不规则的曲线。要画出这些交线，必须求得土坝坡面上等高线与地面上同高程等高线的交点。然后把求出的一系列同高程等高线的交点依次光滑连接起来，即得土坝各坡面与地面的交线。

作图：

(1)作坝顶平面图。如图 9-22(c)所示，在坝轴线两侧各量取 3 m，画出坝顶边线。坝顶高程为 61.00 m，用内插法在地形图上用虚线画出 61 m 等高线，从而确定出坝顶面的左、右边线。注意坝顶左、右边线是高程为 61 m 的不规则曲线而非直线(可徒手连接)。

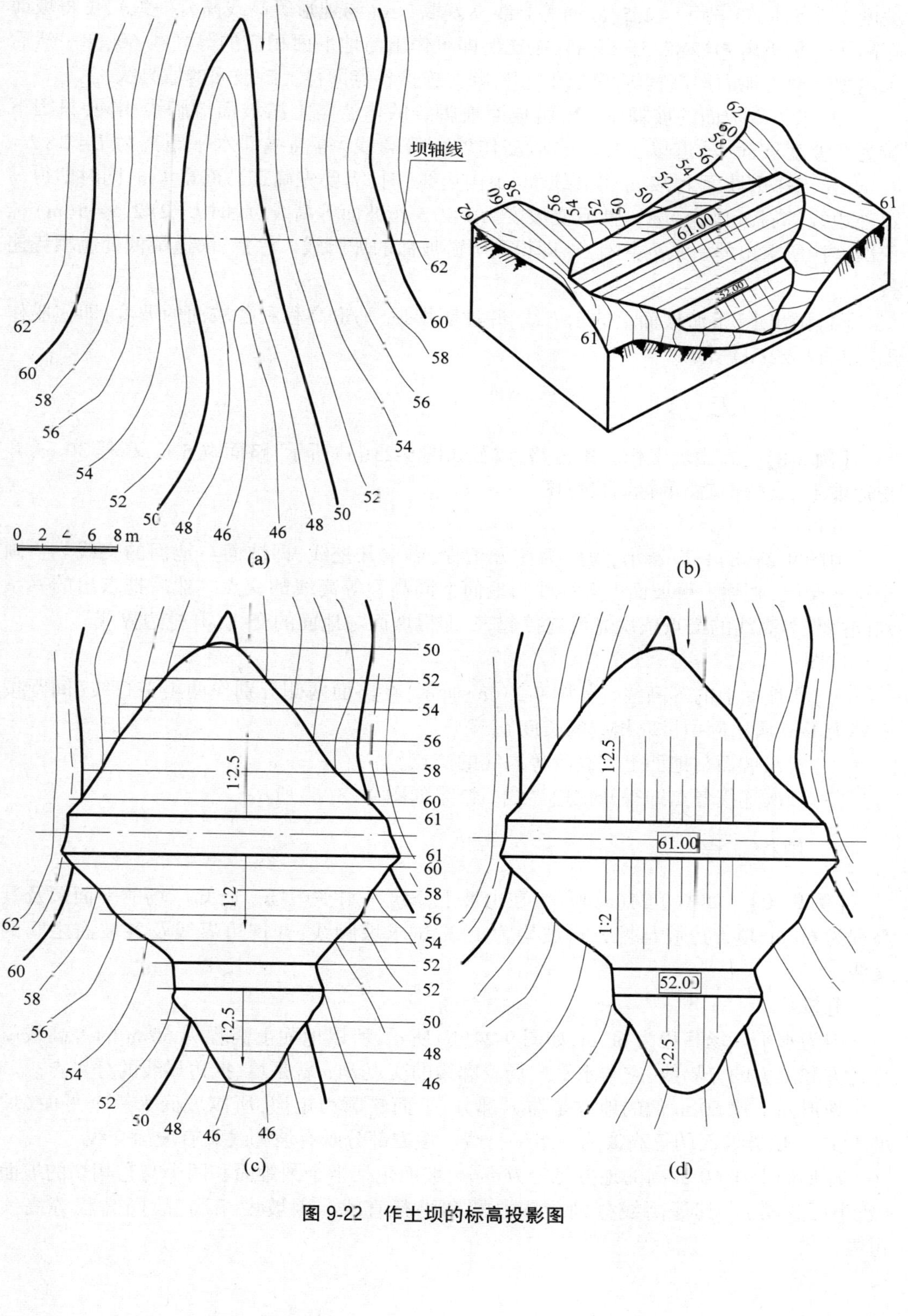

图 9-22　作土坝的标高投影图

(2)求上游坡面的坡脚线。在上游坡面上作与地形面相应的等高线,根据上游坡面坡度1:2.5,已知平距$l=2.5$,坡面等高线高差取2 m(与地形等高线高差一致),可得坡面等高线水平距离$L=2\times2.5=5$(m),按比例即可作出与地形面相应的等高线60、58…然后求出坝坡面与地面同高程等高线的交点,顺次连接各点即得上游坡面的坡脚线。

(3)求下游坡面的坡脚线。下游坡面坡脚线的作法与上游坡面坡脚线相同,只因下游为变坡度坡面,马道以上按1:2坡度作坡面等高线[等高线间水平距离为$L=2\times2=4$(m)],当作出坡面上52 m等高线(马道内边线)时,需要先确定马道宽4 m,同时即得马道外边线(高程也是52 m),然后变坡度为1:2.5作坡面等高线[此时$L=2\times2.5=5$(m)]。依次连接所求出的一系列共有点,即得到下游坡面的坡脚线。注意:河道最低处应顺势连接。

(4)画出上、下游坡面上的示坡线,并注明坝顶、马道高程和各坡面的坡度,即完成作图,如图9-22(d)所示。

二、挖方工程

【例9-9】 在山坡上修一条道路,位置如图9-23(a)所示,路面宽5 m,高程30 m,开挖边坡1:1,试作道路的标高投影图。

分析:

由图9-23(b)可以看出,道路为挖方工程,需求开挖线,即坡面与地面的交线。要画出这些交线,必须求得坡面上等高线与地面上同高程等高线的交点。然后把求出的一系列同高程等高线的交点依次光滑连接起来,即得坡面与地面的交线(开挖边界线)。

作图:

(1)作坡面上的等高线。如图9-23(c)所示,在路面两侧分别作两组平行线(间距按高差为1 m从比例中量取相应的长度)。

(2)找出坡面与地面上同高程等高线的交点。

(3)顺次连接各点即得开挖边界线。结果如图9-23(d)所示。

三、填挖工程

【例9-10】 如图9-24(a)所示,在山坡上修筑一水平广场。已知广场的平面图及其高程为60 m,填方边坡与挖方边坡均为1:1,试求坡脚线、开挖边界线及各坡面之间的交线。

分析:

因为水平广场高程为60 m,如图9-24(b)所示,所以地面上高程为60 m的等高线就是挖方和填方的分界线,它与水平广场轮廓线的交点a、b就是填、挖边界线的分界点。

地形面上比60 m低的地方是填方部分,平面轮廓为矩形,所以坡面为三个平面(坡度1:1)。填方坡面的等高线为一组平行线。填方部分既有坡脚线又有坡面交线。

地形面上比60 m高的地方是挖方部分,坡面包括半个圆锥面和两个与它相切的坡面(较小可忽略)。其等高线分别为同心圆和平行直线。因坡度相同,故同高程等高线相切。

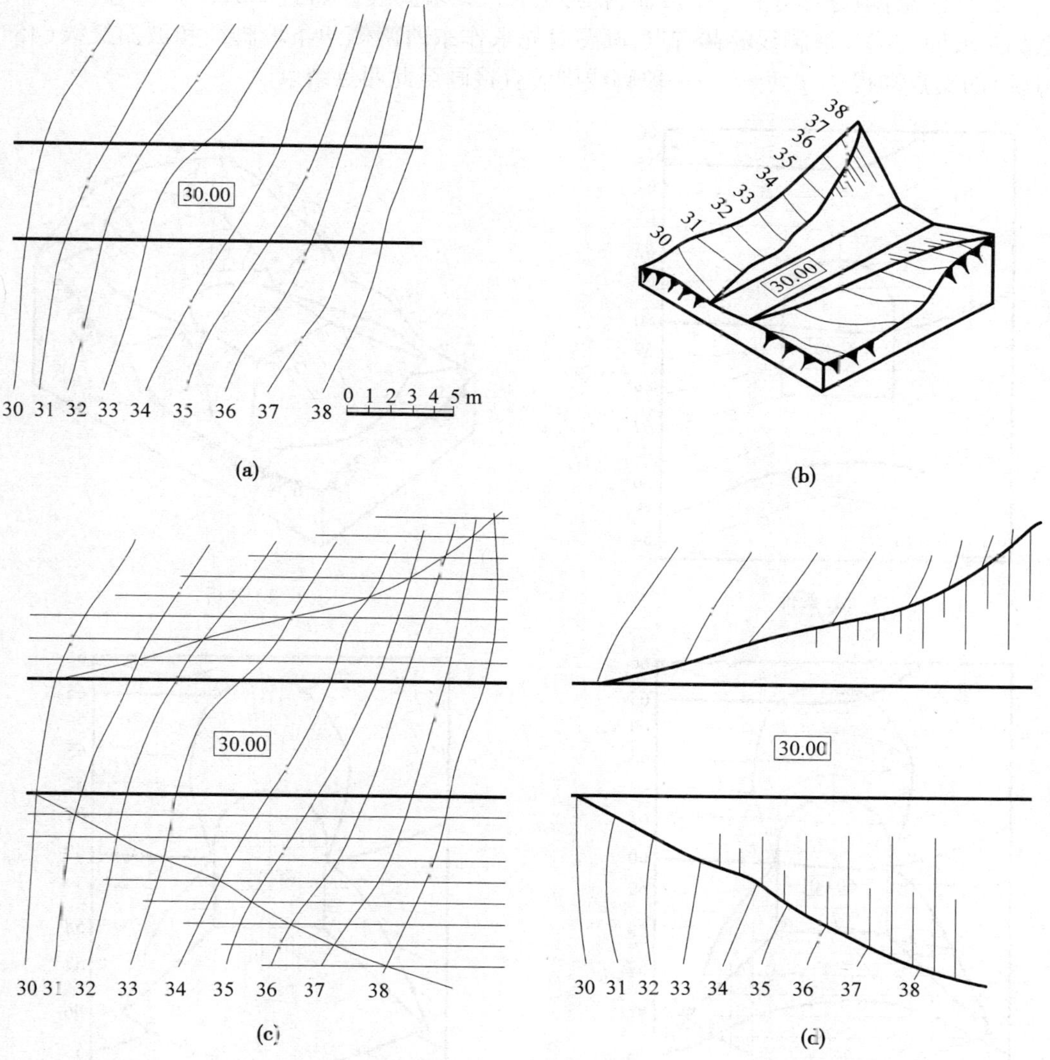

图 9-23　道路开挖工程

作图[如图 9-24(c)、(d)所示]：

(1)求坡面交线。因填方部分三个坡面的坡度均为 1:1，所以过 c、d 两点作 45°斜线即为坡面交线(若相交坡面的坡度不同，应求各坡面同高程等高线的交点)。

(2)求坡脚线。以坡面交线和高程为 60 m 的地形等高线为界，求出各坡面上高程为 59 m、58 m、57 m…的等高线，并求出它们与地面上同高程等高线的交点，然后连点得坡脚线。

(3)求开挖线。先作出挖方圆锥面与地面的交线，过圆心任意画一条坡度线，以平距 $l=1$ m 截取若干点，即得高程为 61 m、62 m、63 m…的各点，然后以 o 为圆心，过这些点作一系列同心圆，即为圆锥面上的等高线，再作出与圆锥面与地面上同高程等高线的交点，连点即得开挖线(若挖方部分还有平面坡面，其作法和上述求坡脚线类似)。

(4)画出倒圆锥面及各坡面上的示坡线，并标注坡度，作图结果如图 9-24(d)所示。

必须注意:填方部分有三个坡面,就必然有三条坡脚线。如图 9-24(c)所示的 e、f 两点都是坡面交线与坡脚线的共有点,画图时先求作东西两侧两条坡脚线和坡面交线(45°斜线)的交点即得 e、f 两点,另一坡脚线则应直接画至此两点结束。

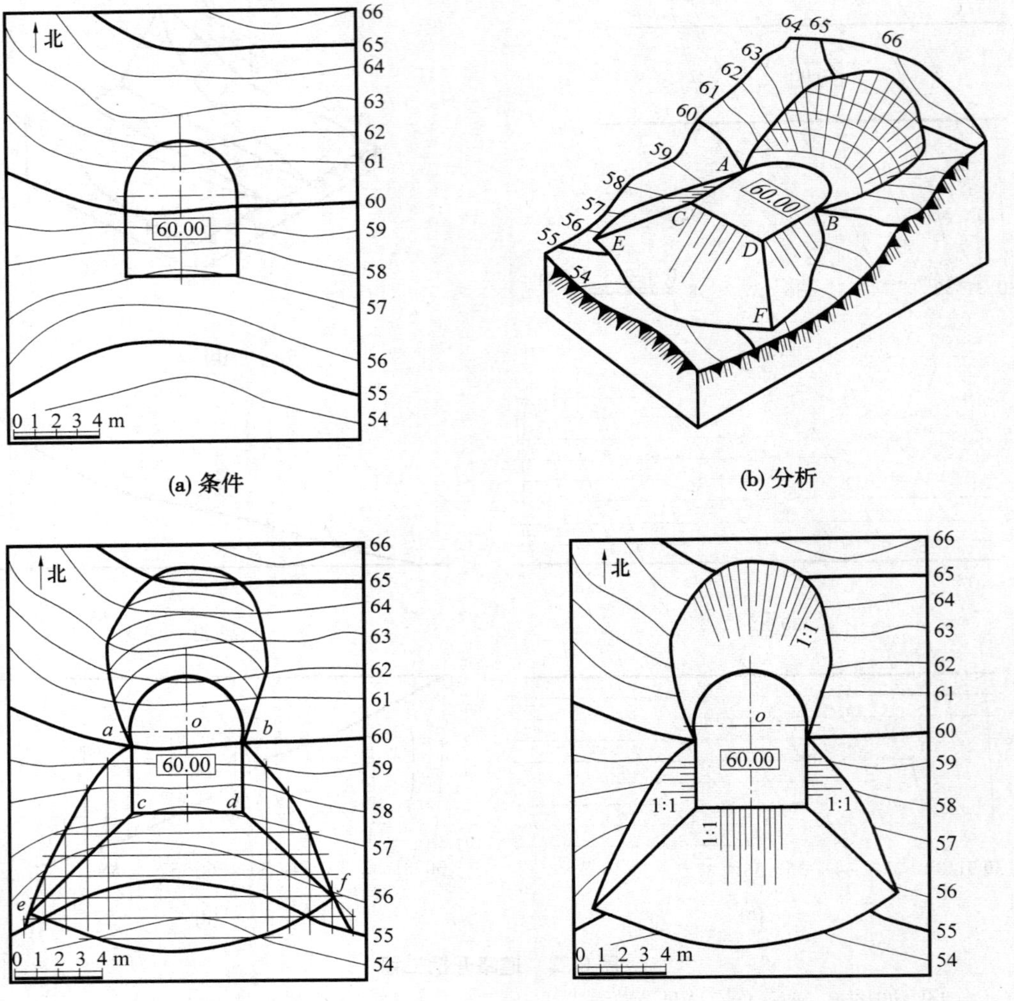

(a) 条件 (b) 分析

(c) 作图 (d) 结果

图 9-24 求广场的标高投影图

【例 9-11】 如图 9-25(a)所示,在地形面上修建一条道路,已知路面位置和道路填、挖方的标准断面,用地形断面法完成道路的标高投影图。

分析:

因路面高程为 40 m,所以地面高程高于 40 m 的一端要挖方,低于 40 m 的一端要填方,高程为 40 m 的地形等高线是填、挖方的分界线。道路两边的直线段边坡为平面,中间部分的弯道段边坡为圆锥面,两者相切,无坡面交线。各坡面与地面的交线均为不规则的曲线。

作图[如图 9-25(b)所示]:

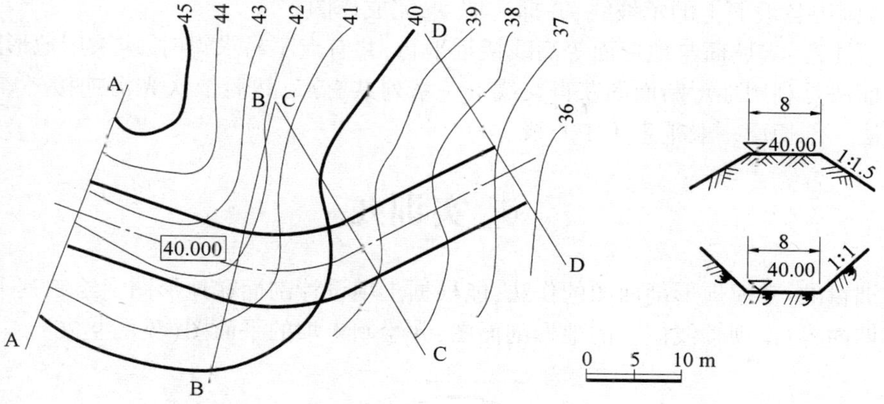

(a)已知条件

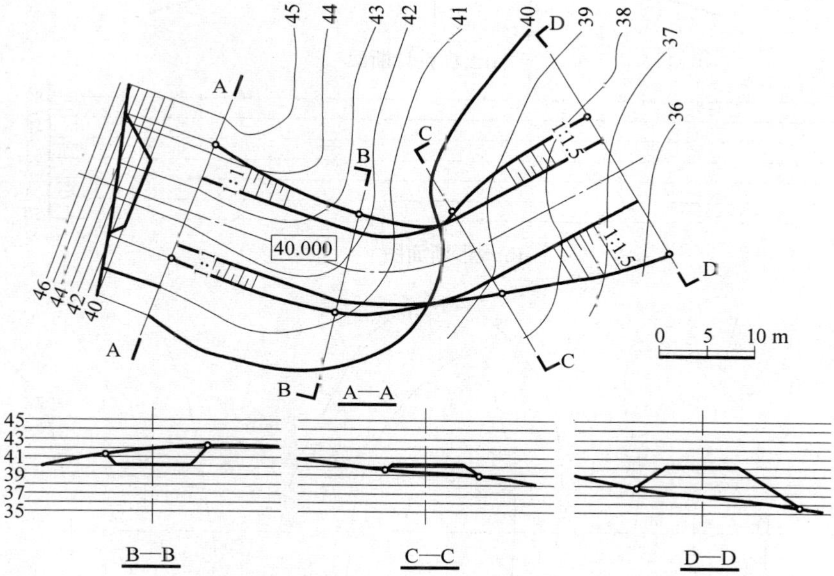

(b)先确定填挖方的分界点,再画各断面图,得交点,

并返回到标高投影图中,依次连点得交线

图 9-25　用地形断面法求作道路的标高投影图

(1)求填、挖方分界点。高程为 40 m 的地形等高线与路面两边线的交点即为填、挖方的分界点,也是坡脚线和开挖线的分界点。

(2)求坡脚线和开挖线。在道路上隔适当距离作剖切面,如 A—A、B—B、C—C、D—D。以 A—A 断面为例说明作图方法:先用与地形图相同的比例作一组水平辅助线,与高程为 35 m、36 m、37 m、…、45 m 的地面等高线对应,并定出道路中心线位置;然后以此为基准线画出地形断面图,并按道路标准断面图画出路面边坡的断面图,两者的交点即为挖方线上的点,将交点到中心线的水平距离返回到标高投影图上,即得标高投影图上开挖线的点,求出一系列共有点,连接各点即得开挖线和坡脚线。

(3)画出各坡面上的示坡线,并标注坡度,完成作图。

必须注意:当坡面与地形面等高线接近平行,共有点不易求得时,应采用地形断面法。地形断面法是利用地形断面图获得交线上一系列共有点,然后依次光滑连接各点得到交线的方法。剖切面一般垂直于中心线。

实训九

实训目的:掌握地形剖面图的作法,能根据土坝设计剖面在地形图上绘制其平面图。

实训内容:作坝轴线位置的地形剖面图,并绘制土坝的平面图(见图9-26)。

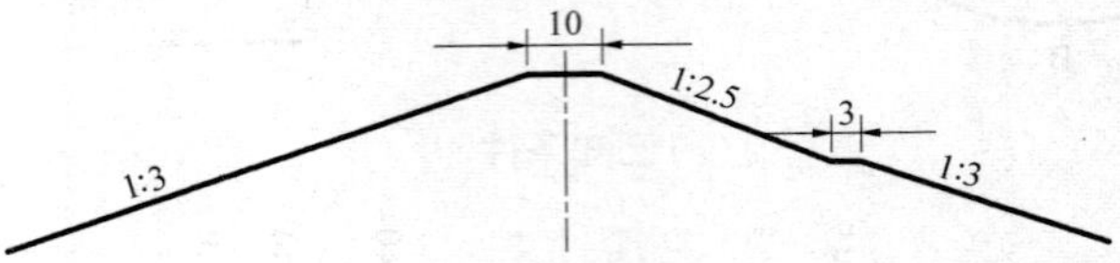

(a)土坝设计断面

(b)地形断面图

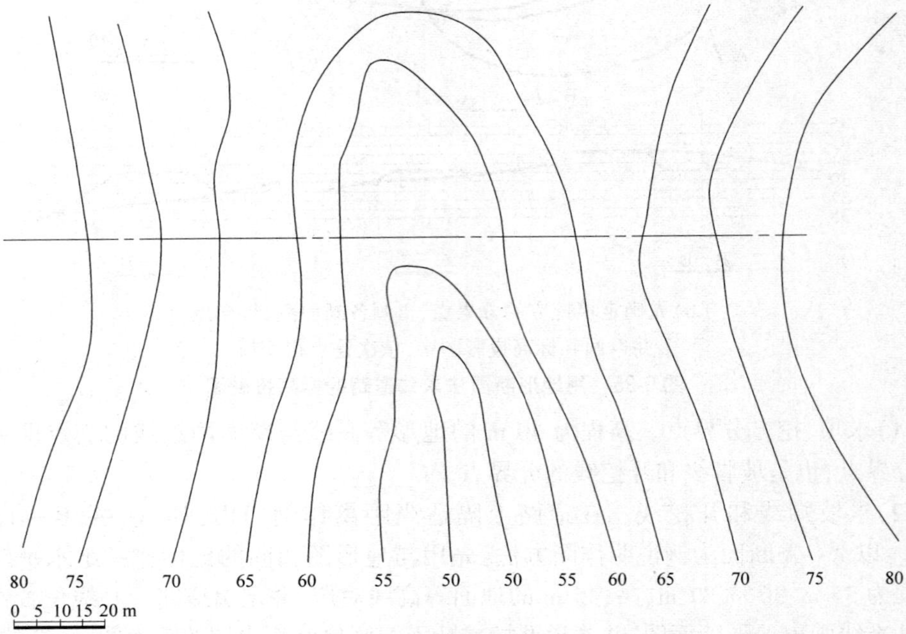

(c)土坝平面图

图9-26 标高投影

实训要求：用A4的图幅（210×297）绘制；要求按标高投影的原理绘制；采用比例为自定；图名为标高投影；图号为SX9。

实训步骤：

（1）读土坝设计剖面图。

（2）作地形剖面图。

（3）在地形图上绘制土坝的平面图。

提示：

（1）采用所给比例尺作图。

（2）用光滑曲线依次连接坝坡面与地形面上同高程等高线的交点。

实训小结：（由实训者自行总结实训过程，如掌握了哪些技能，哪些知识点还欠缺）

复习思考题

一、思考题

1. 什么是标高投影？点、直线、平面在标高投影中怎样表示？

2. 什么是坡面交线、坡脚线、开挖边界线？怎样求作建筑物的交线？

3. 怎样作地形剖面图？什么是地形剖面法？

二、选择题（将正确的答案代号填在括号里）

1. 标高投影是（　　）。

（a）多面投影　　（b）中心投影

（c）单面正投影　　（d）平行投影

2. 平面上的示坡线（　　）。

（a）与等高线平行　　（b）是正平线

（c）与等高线垂直　　（d）是一般位置线

3. 直线上两点的高差是3，两点间的水平距离是9，该直线的平距为（　　）。

（a）1/3　　（b）3　　（c）1/9　　（d）9

三、判断题（正确的打“√”、错误的打“×”）

1.（　）平面的坡度是指平面上最大斜度线的坡度。

2.（　）只要两平面的倾斜坡度不同，那么两平面就不可能有交线。

3.（　）建筑物上相邻两坡面交线上的点是同高程等高线的交点。

第十章　建筑物中常见曲面

【学习要求】

了解工程建筑物中常见的曲面(柱面、锥面、渐变面和扭曲面),掌握柱面和锥面的画法,熟练掌握方圆渐变面和扭曲面的形成及其表示方法。

【主要内容】

柱面和锥面、方圆渐变面和扭曲面。

【课程思政】

科技人才,大国工匠。党的二十大报告提出:“加快建设国家战略人才力量,努力培养造就更多大师、战略科学家、一流科技领军人才和创新团队、青年科技人才、卓越工程师、大国工匠、高技能人才。”鼓励青年以奋力拼搏的顽强意志,掌握高科技,做国家栋梁。

水工建筑物中常见的曲面有柱面、锥面、渐变面和扭曲面等。为了使图样表达得更清楚,还需在其表面画出若干条素线或示坡线,以增强立体感,便于读图。

第一节　柱面和锥面

曲面视图可用曲面上的素线或截面法所得的截交线表达曲面,素线和截交线用细实线绘制。

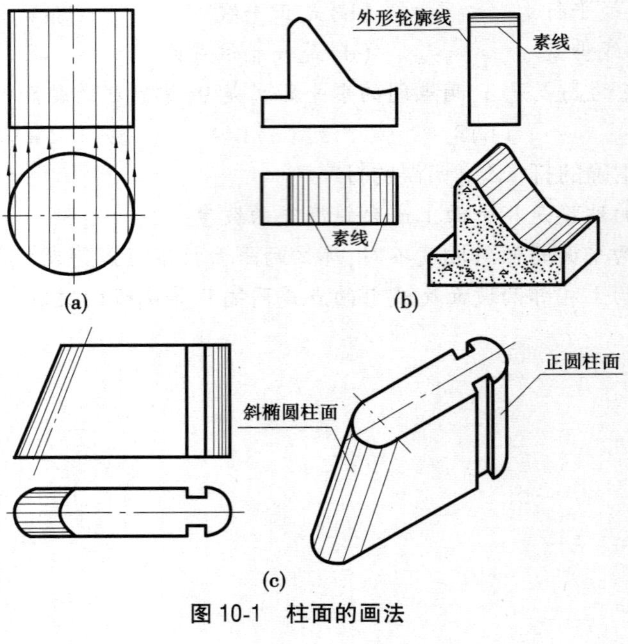

图 10-1　柱面的画法

一、柱面

水工图中,常在柱面反映其轴线实长的视图中用细实线绘制若干条素线。图 10-1(a)表示正圆柱面素线的绘制原理。实际绘图时,可不必采用等分圆弧按投影规律绘制,而是按素线投影特点绘制,即素线越靠近轮廓越密,越靠近轴线越稀。图 10-1(b)、(c)为柱面的应用实例。

二、锥面

对于锥面,有两种画法:①在反映其轴线实长的视图中画出若干条有疏密之分的直素线,在反映锥底圆弧实形的视图中画出若干条均匀的直素线,如图 10-2(a)所示;②在锥面的各视图中画出若干条示坡线,如图 10-2(b)所示。图 10-2(c)为斜椭圆锥面的应用实例。

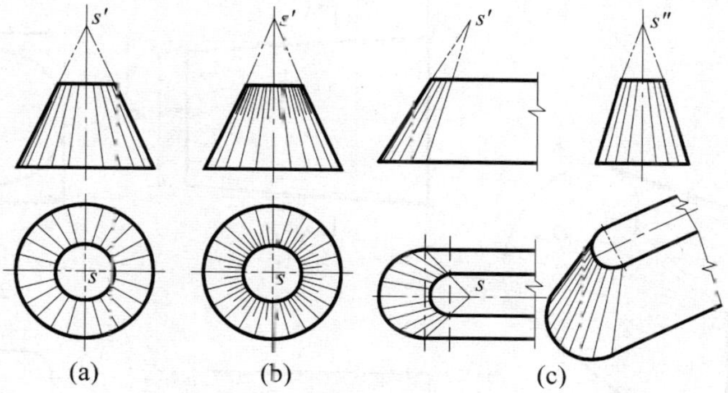

图 10-2　锥面的画法

第二节　方圆渐变面

一、方圆渐变面的概念

方圆渐变面是在方(矩)形和圆形之间的逐渐变化面。抽水站的引水管道常为圆形断面,但其进口处为了安装闸门,需做成矩形断面。为使水流平顺,在矩形断面和圆形断面之间须用方圆渐变面过渡。

二、方圆渐变面的表示法

要合理和准确地表达方圆渐变面过渡段,必须掌握方圆渐变面的组成、方圆渐变面的表示方法和方圆渐变面的断面画法。

(1)方圆渐变面的组成。渐变面是由四个三角形平面和四个部分斜椭圆锥面相切而成的组合面,如图 10-3(a)所示。矩形的四顶点 S_1、S_2、S_3、S_4 就是四个斜椭圆锥的顶点,圆周的四段圆弧就是斜椭圆锥的底圆,圆心 O 与锥顶的连线 OS_1、OS_2、OS_3、OS_4 即为四个部分斜椭圆锥的圆心连线。

(2)方圆渐变面的表示。如图 10-3(b)所示:①用粗实线画出方圆渐变面的轮廓形状;②用细实线画出平面与斜椭圆锥面的分界线(切线),其主视图和俯视图均与斜椭圆锥的圆心连线的同面投影重合;③锥面部分画出素线。

(3)方圆渐变面的断面。为了施工放样,需绘制方圆渐变面任意位置的断面。如图 10-3(c)主视图中 A—A 剖切位置线表示用一个侧平面剖切方圆渐变面,其断面的高为 H,宽为 B,由此可作出矩形。因为剖切面截断四个斜椭圆锥,所以断面图的四个角不是直角而是圆弧。圆弧的圆心为剖切平面与斜椭圆锥圆心连线的交点,半径 r_1 可从主(或俯)视图中量取,画出四个圆弧,便得渐变面的断面,即四个角为圆角的矩形,如图 10-3(c)所示。

必须注意:方圆渐变面的断面图是一个封闭的线框,而不是一个面。

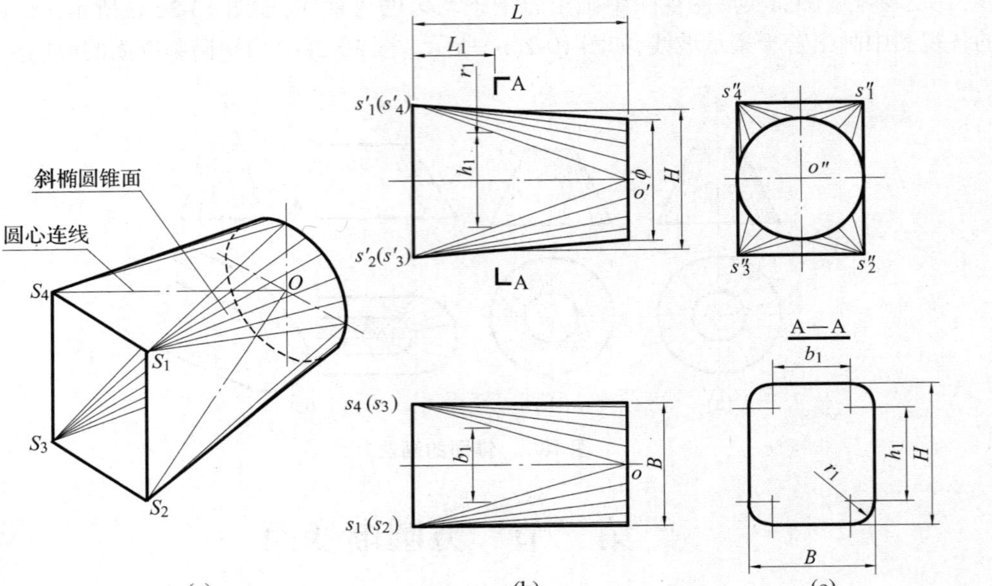

图 10-3 方圆渐变面的表示法

第三节 扭曲面

常见渠道的断面为梯形,而水工建筑物(如水闸、渡槽)的过水断面为矩形,为使水流平顺,在渠道的倾斜面和水工建筑物的铅垂面之间,需用一个过渡面来连接,这个过渡面一般采用扭曲面(又称扭面)。扭面所在部分的实体(如进出口段)称为扭面过渡段,如图 10-4(a)所示。

一、扭面的形成

将图 10-4(a)中的内扭面 $ABCD$ 置于三投影面体系中,如图 10-4(b)所示,扭面 $ABCD$ 可看作由直母线 AB 沿交叉二直线 AD(侧平线)和 BC(铅垂线)运动,并始终平行于导平面(H 面)而形成。也可把图 10-4(b)中的 AD 看作直母线沿交叉二直线 AB(水平线)和 CD(侧垂线)运动,并始终平行于导平面(W 面)而形成。

在扭面形成的过程中,母线运动时的任一位置称为扭面的素线。同一扭面可以有两种方式形成,也就有两组素线。如图 10-4(b)所示,一组为水平线(Ⅰ—Ⅰ、Ⅱ—Ⅱ…),另一组为侧平线($Ⅰ_1$—$Ⅰ_1$、$Ⅱ_1$—$Ⅱ_1$…)。

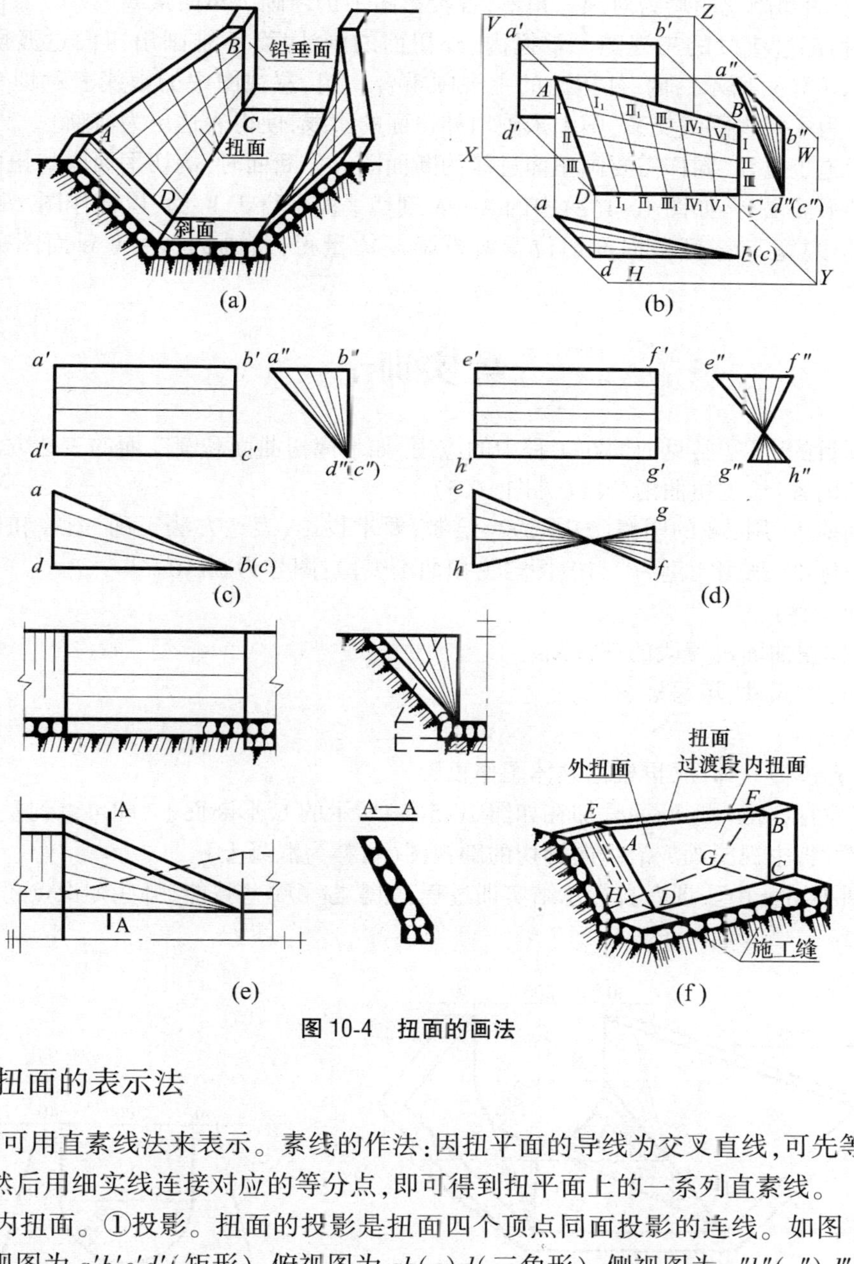

图 10-4　扭面的画法

二、扭面的表示法

扭面可用直素线法来表示。素线的作法:因扭平面的导线为交叉直线,可先等分两端的导线,然后用细实线连接对应的等分点,即可得到扭平面上的一系列直素线。

(1)内扭面。①投影。扭面的投影是扭面四个顶点同面投影的连线。如图 10-4(c)所示,主视图为 $a'b'c'd'$(矩形),俯视图为 $ab(c)d$(三角形),侧视图夫 $a''b''(c'')d''$三角形。注意:扭面是曲面,其三面投影之间不存在类似形关系。②素线。标准规定,在扭面的投影图上需用细实线画出扭面素线的投影,即等分两端的导线,用直线连接对应的等分点,形成素线的投影。图 10-4(c)中,主视图和俯视图为一组对应的直素线(水平线),侧视图为另一组直素线(侧平线)。

(2)外扭面。如图 10-4(f)中扭面过渡段的背水面 *EFGH* 为一光滑过渡的曲面,这个曲面称为外扭面。图 10-4(d)为外扭面 *EFGH* 的投影。主视图上是和内扭面完全相同的矩形,俯视图和侧视图均为对顶三角形,各投影图中仍须画出扭面素线。

(3)扭面过渡段的三视图。掌握内、外扭面的画法后,不难画出扭面过渡段的三视图,如图 10-4(e)所示。内、外扭面的主视图重合。俯、左视图中的虚线表示埋在土下的轮廓线。为了减少图线交叉,图中未画出外扭面的素线,使得表达更为清晰。

为了施工放样,同样需要画扭面过渡的断面图。作断面时,剖切平面应与扭面形成过程中的导平面平行,如图 10-4(e)中的 A—A 剖切平面平行于 *W* 面,以便作图。断面图中所需的尺寸(宽、高)可根据剖切位置按投影规律量得,所画的 A—A 断面图见图 10-4(e)。

实训十

实训目的:了解常见曲面在工程中的应用,如掌握扭曲面和渐变面的表达方法。

实训内容:绘制扭曲渐变段(见图 10-5)。

实训要求:用 A4 的图幅(210×297)绘制;要求投影、表达方法正确,图线和标注尺寸符合制图标准;采用比例为 1:10;图名为扭曲渐变段;图号为 SX10。

实训步骤:

(1)作扭曲面过渡段的三视图。

(2)标注尺寸,填写标题栏。

提示:

(1)先读懂立体图,再根据立体图作投影。

(2)注意先把梯形断面叠加在如图 10-5(b)所示的 U 形断面上,即可得到左视图。

(3)可将主视图画成沿纵向剖切的剖视图(材料为混凝土)。

实训小结:(由实训者自行总结实训过程,如掌握了哪些技能,哪些知识点还欠缺)

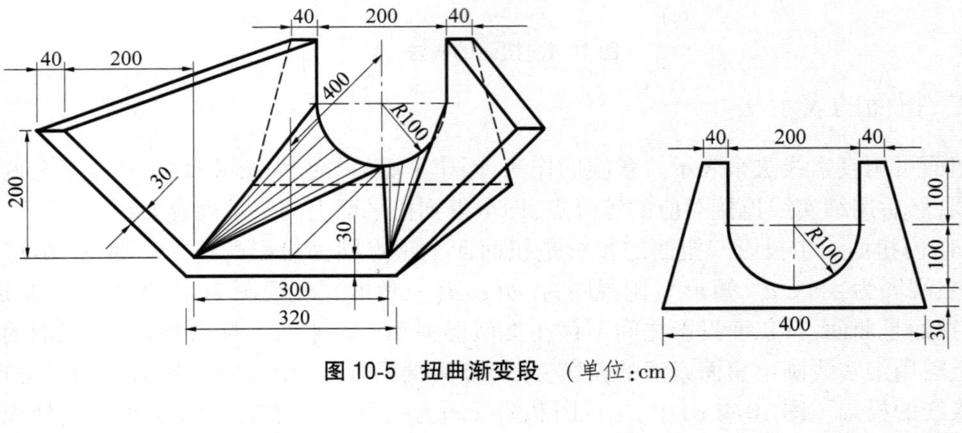

图 10-5　扭曲渐变段　(单位:cm)

复习思考题

一、思考题

1. 水工建筑物中常见的曲面有哪些？
2. 方圆渐变面是怎样形成的？
3. 扭曲面是怎样形成的？

二、选择题(将正确的答案代号填在括号里)

1. 水工图中规定，在回转体的曲面上画出的素线是(　　)。
   (a)粗实线　(b)细实线　(c)点画线　(d)虚线
2. 圆锥曲面上的素线应该是(　　)。
   (a)不过锥顶　(b)过锥顶　(c)点画线　(d)虚线
3. 扭曲面的侧面投影上的素线应该是(　　)。
   (a)平行于正平面　(b)平行于水平面　(c)平行于侧平面　(d)一般位置线

三、判断题(正确的打"√"、错误的打"×")

1. (　)圆柱曲面上的素线是从平行轴线开始到轮廓线逐渐加密地用细实线画出。
2. (　)方圆渐变面长度1/2处剖面圆弧的半径是圆形半径的1/2。
3. (　)从扭曲面翼墙的中间平行两端面剖切，其剖面形状是梯形。

第十一章　水利工程图

【学习要求】

了解水工图的特点和分类,掌握水工图的表达方法和尺寸注法,掌握水工图的读图和绘图的方法及步骤。了解钢筋混凝土结构图的内容、图示特点和表示方法。

【主要内容】

水利工程图的分类及特点、表达方式、尺寸标注、识读和绘制,以及钢筋图。

【课程思政】

心存至善,方能致远。党的二十大报告提出:"加强人才国际交流,用好用活各类人才。深化人才发展体制机制改革,真心爱才、悉心育才、倾心引才、精心用才,求贤若渴,不拘一格,把各方面优秀人才集聚到党和人民事业中来"。奋斗者攻坚克难,成在自信自强、坚持不懈。

用来表达水工建筑物设计意图、施工过程的图样称为水利工程图,简称为水工图。

第一节　水工图的分类及特点

一、水工图的分类

水利工程的兴建一般需要经过勘测、规划、设计、施工和验收等五个阶段。各个阶段都要绘制相应的图样,不同阶段对图样有不同的要求。

(一)规划图

规划图是用图例和文字表达水利工程的布局、位置、类别等内容的示意性图样,如流域规划图、灌区规划图等。图11-1所示为某灌区规划图。

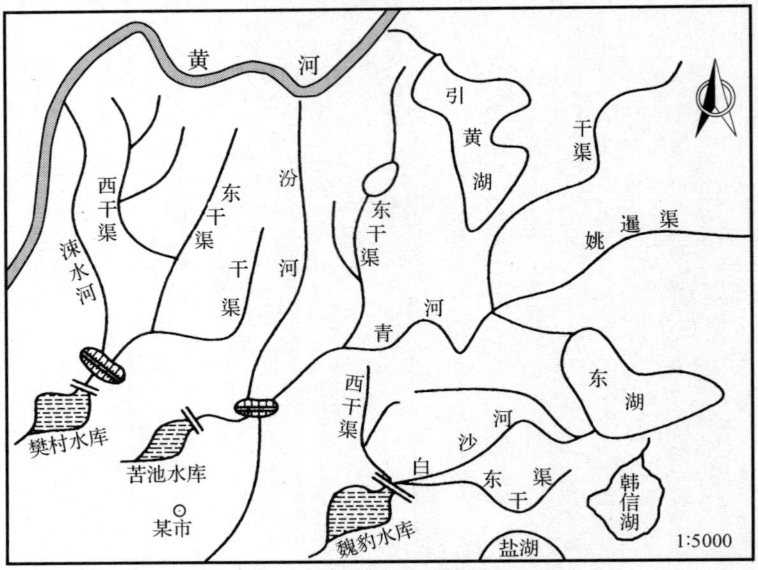

图11-1　某灌区规划图

从图 11-1 中可看出，该灌区有 3 座水库作为取水渠首，总干渠和分干渠总长为 50 多 km，灌溉面积 6 万多 hm^2，灌区内水库、总干渠及分干渠的位置均以图例为示意性表达。

规划图的主要特点如下：

(1) 规划图为平面图，通常绘制在地形图上，采用制图标准规定的“水工建筑物平面图例”绘制，无须表达建筑物的结构形状。常见的水工建筑物平面图例见表 11-1。

表 11-1　常见的水工建筑物平面图例

序号	名称	图例	序号	名称	图例
1	水库 大型	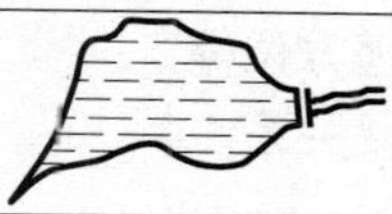	11	隧洞	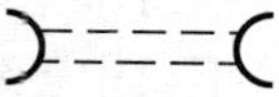
1	水库 小型		12	渡槽	
2	混凝土坝	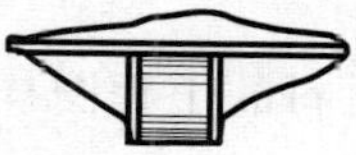	13	虹吸	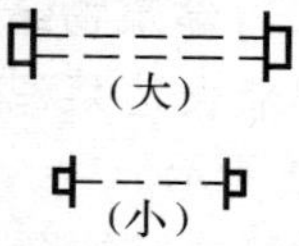 (大) (小)
3	土石坝	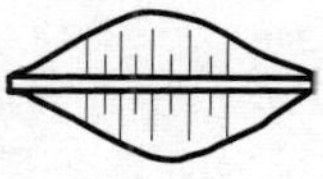	14	涵洞(管)	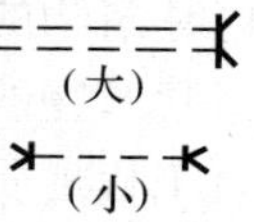 (大) (小)
4	溢洪道	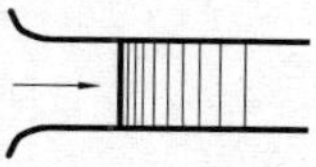	15	跌水	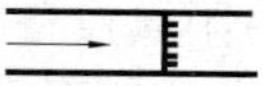
5	水闸	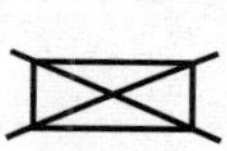	16	斗门	
6	水电站 大比例尺	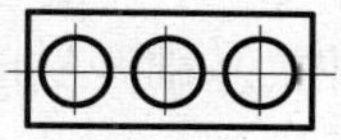	17	灌区	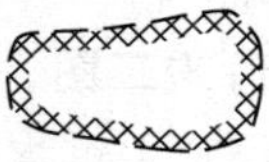
6	水电站 小比例尺		18	分(蓄)洪区	
7	船闸	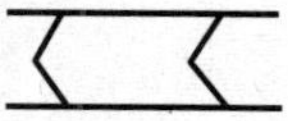	19	护岸	
8	泵站		20	堤	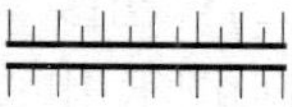
9	水文站		21	渠	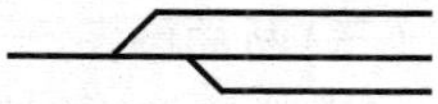
10	水位站				

(2)规划图表达的地域较大,仅反映整个工程的概貌。因此,画图须采用小比例尺。

(二)枢纽布置图

在水利工程中,由几个水工建筑物有机组合的综合体称为水利枢纽。常见的水利枢纽有水库枢纽(包括挡水坝、输水涵洞、溢洪道等)、泵站枢纽(包括泵站、进水闸等)。

将水利枢纽中各主要建筑物的平面形状和位置画在地形图上,这样的工程图样称为枢纽布置图。

枢纽布置图一般包括以下主要内容:

(1)枢纽所在地的地形、河流、水流方向和地理方位等。

(2)枢纽中各建筑物的平面形状及其相互位置关系。

(3)建筑物与地面相交情况及填挖方坡边线。

(4)建筑物的主要高程和主要尺寸。

枢纽布置图是枢纽中各建筑物定位、施工放线、土石方施工及绘制施工总平面图的依据。

(三)建筑物结构图

用来表达某建筑物形状、大小、结构及建筑材料的工程图样称为建筑物结构图,如图11-2所示。

建筑物结构图一般包括下列主要内容:

(1)建筑物的结构、形状、尺寸及材料。

(2)建筑物的细部构造。

(3)工程地质情况及建筑物与地基的连接方式。

(4)建筑物的工作情况,如特征水位、水面曲线等。

(5)附属设备的位置。

(四)施工图

按照设计要求绘制的指导施工的图样称为施工图。它主要表达施工程序、施工组织、施工方法等内容。常见的施工图有施工场地布置图、基础开挖图、混凝土分期分块浇筑图、钢筋图等。

(五)竣工图

工程施工过程中,难免对建筑物的结构作局部改动。因此,应按竣工后建筑物的实际结构绘制竣工图,供存档和工程管理用。

二、水工图的特点

(一)小比例尺多

水工建筑物形体庞大,画图时多采用小比例尺,各类水工图常用比例见表11-2。

(二)详图多

因画图采用的比例尺小,细部构造表达不清,水工图中常采用较多的详图来表达建筑物的细部构造(有关详图知识在本章下一节中介绍)。

(三)断面图多

水工建筑物所用的建筑材料繁多,为同时表达建筑物各部分断面形状及建筑材料,以便施工放样,因此水工图中断面图应用较多。

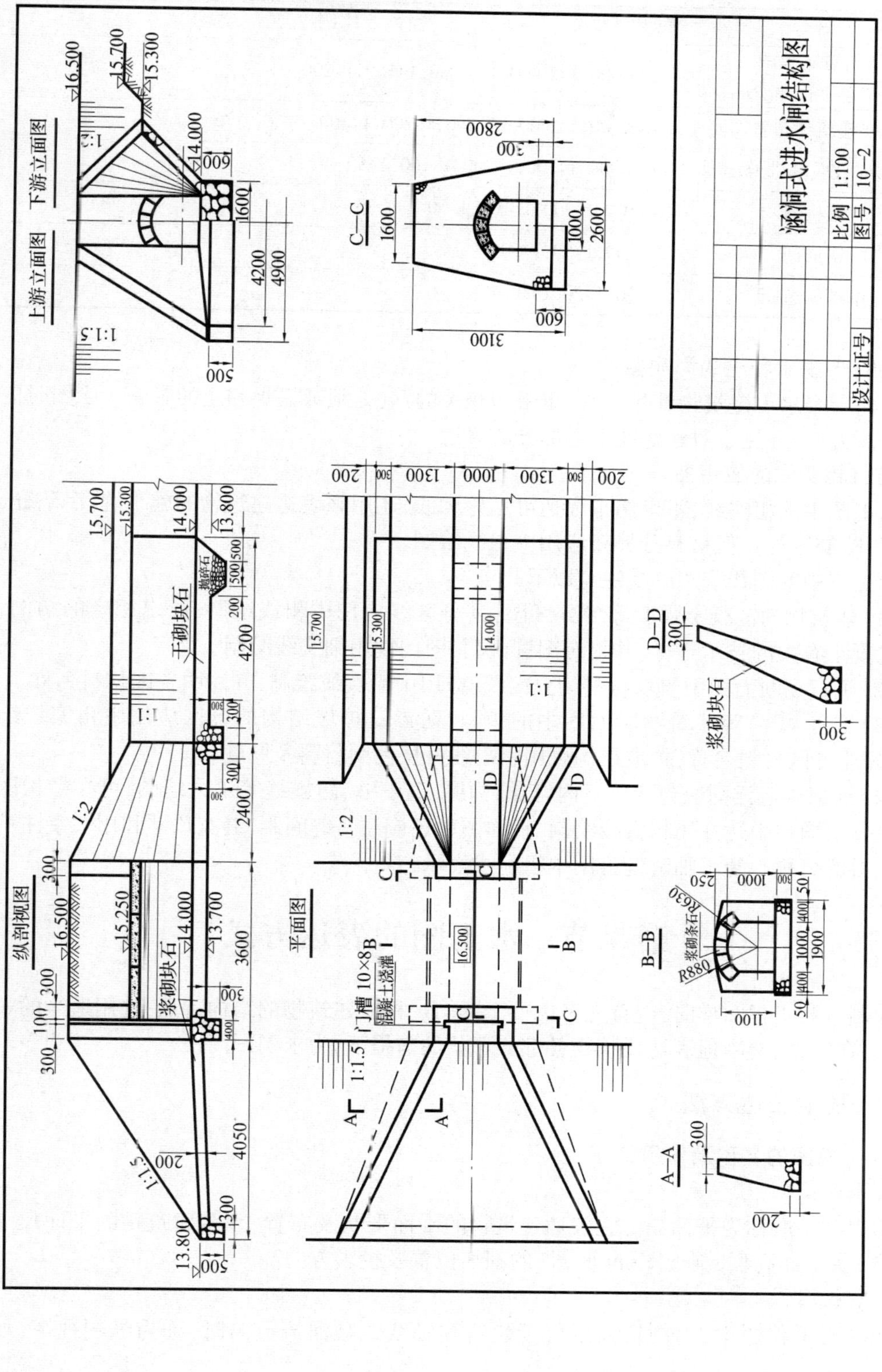

图 11-2　涵洞式进水闸结构图

表 11-2　水工图常用比例

图类	比例
枢纽总布置图、施工总平面布置图	1:5 000,1:2 000,1:1 000,1:500,1:200
主要建筑物布置图	1:2 000,1:1 000,1:500,1:200,1:100
基础开挖图、基础处理图	1:1 000,1:500,1:200,1:100,1:50
结构图	1:500,1:200,1:100,1:50
钢筋图	1:100,1:50,1:20
细部构造图	1:50,1:20,1:10,1:5

(四)考虑水和土的影响多

任何一个水工建筑物都是和水、土密切相关的,处处须考虑水和土的影响。绘图时应考虑水流方向,并注意对建筑物上下部分的表达。

(五)粗实线的应用多

水工图中的粗实线,不仅用来表达可见轮廓线,还用来表达建筑物的施工缝、沉陷缝、温度缝、防震缝等。但材料分界线应用中粗线绘制。

水工图中的图线应用时要注意以下几点:

(1)建筑物的混凝土强度等级分区图,其分区线应用中粗线绘制,绘出相应的图例,标注混凝土有关的技术指标,并附有图例说明,图例线用细实线绘制。

(2)土石坝断面图中筑坝材料的分区线,应用中粗实线绘制,并注明各区材料名称。

(3)渠道、堤防等建筑物断面图中的填料、防渗及护坡结构的分区应用中粗实线绘制,并标注各区材料名称,护坡结构可用引出线分层注明材料及厚度。

(4)细部构造详图应包括以下内容:结构缝、温度缝、防震缝等永久缝图,可在结构图或浇筑分块图中表达并用粗实线绘制,在详图中还应注明缝间距、缝宽尺寸和用文字注明缝中填料的名称。施工临时缝可用中粗虚线表示。

第二节　水工图的表达方式

绘制水利工程图样时,应首先考虑便于读图。根据建筑物的结构特点,选用适当的表达方法,在完整、清晰地表达建筑物各部分形状的前提下,力求制图简便。

一、基本表达方法

(一)视图的名称及作用

1. 平面图

俯视图一般称为平面图。它表达建筑物的平面形状及布置,表明建筑物的平面尺寸(长、宽)及平面高程、剖视图(断面图)的剖切位置及投影方向。

2. 剖视图

在水利工程图中,当剖切面平行于建筑物轴线或顺河流流向时,称为纵剖视图,如

图 11-2 所示；当剖切面垂直于建筑物轴线或河流流向时，称为横剖视图。

剖视图表达建筑物的内部结构形状及位置关系，表达建筑物的高度尺寸及特征水位，表达地形、地质情况及建筑材料。

3. 立面图

正视图、左视图、右视图、后视图可称为立面图或立视图。当视向与水流方向有关时，视向顺水流方向所得立面图，称为上游立面（或立视）图；视向逆水流方向时，称为下游立面（或立视）图。

立面图主要表达建筑物的立面外形。

4. 断面图

水工图中多采用移出断面，主要表达建筑物组成部分的断面形状、建筑材料及尺寸大小。

5. 详图

将建筑物的部分结构用大于原图形所采用的比例画出的图形，称为详图，如图 11-3 所示。详图可画成视图、剖视图、断面图，它与被放大部分的表达方式无关。其标注形式为：在被放大部分处用细实线画小圆圈，并标注字母。详图用相同的字母标注其图名，并注写比例。

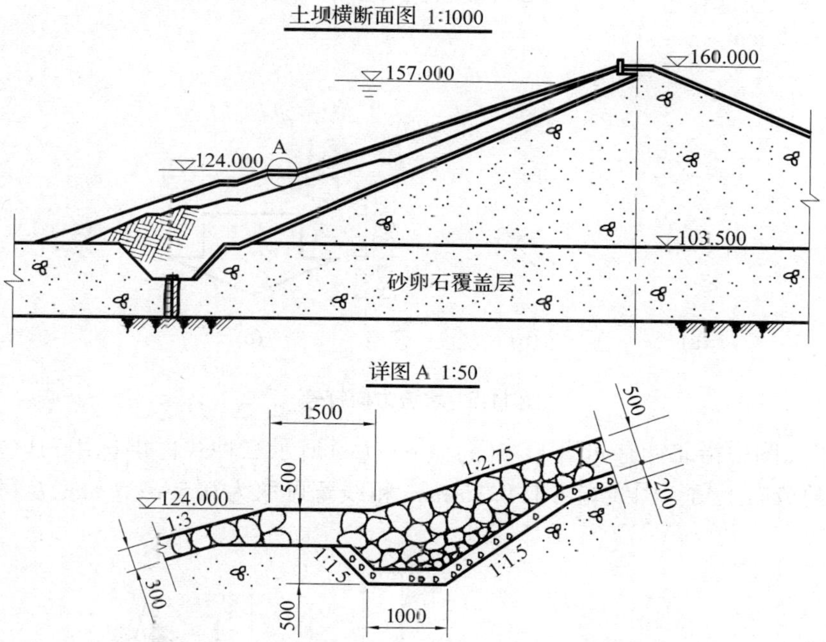

图 11-3 详图 （单位：尺寸，mm；高程，m）

（二）视图的选择及配置

平面图是一个比较重要的视图。绘制挡水建筑物如挡水坝、水电站等的平面图时，应使水流方向为自上而下，并画水流方向符号；绘制过水建筑物如水闸、涵洞等的平面图时，应使水流方向从左向右。对于河流，规定视向顺水流方向时，左边为左岸，右边为右岸。

为便于读图，各视图应尽可能按投影关系配置，但由于建筑物的大小不同，为了合理利用图纸,允许将某些视图配置在图幅内的适当地方。对大型或较复杂的建筑物,也可将每个视图分别画在单独的图纸上。

(三)视图名称及比例的标注

水工图中应将各视图的图名注写在对应图形的上方,并在图名下方画一粗横线。当整张图纸中只用一种比例时,比例应注写在标题栏中,否则按如下形式注写:

<u>平面图 1:200</u>　或　<u>平面图</u> 1:200

按以上形式注写时,比例的字高应比图名的字高小一号或二号。

当一个视图中的铅垂和水平两个方向采用不同比例时,应分别标注纵横比例,但两个比例不宜超过 5 倍,如图 11-4 所示。

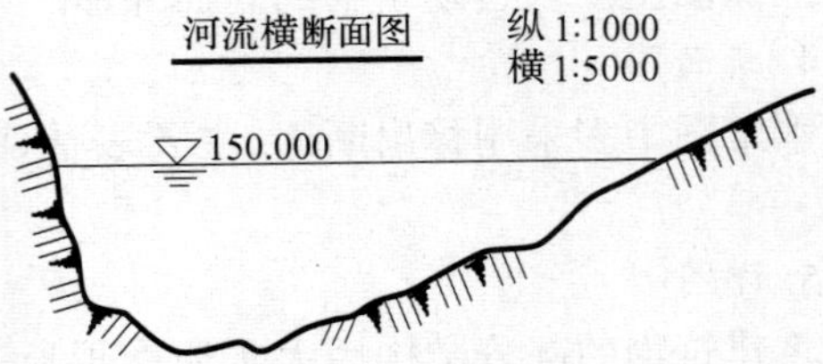

图 11-4　纵横比例的标图

(四)水工图中常用的符号

(1)图样中表示水流方向的箭头符号,有如图 11-5(a)、(b)、(c)所示三种式样供选用。其图线宽可取为 0.35~0.5 mm,B 可取为 10~15 mm。

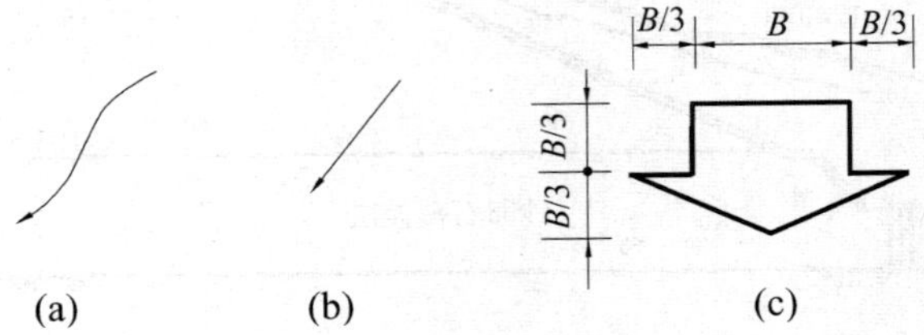

图 11-5　水流方向符号

(2)平面图中指北针有如图 11-6(a)、(b)、(c)所示三种式样供选用,其位置一般在图的左上角或右上角。图线宽可取 0.35 mm,粗线宽可取为 0.5~0.7 mm,B 可取为 16~20 mm。

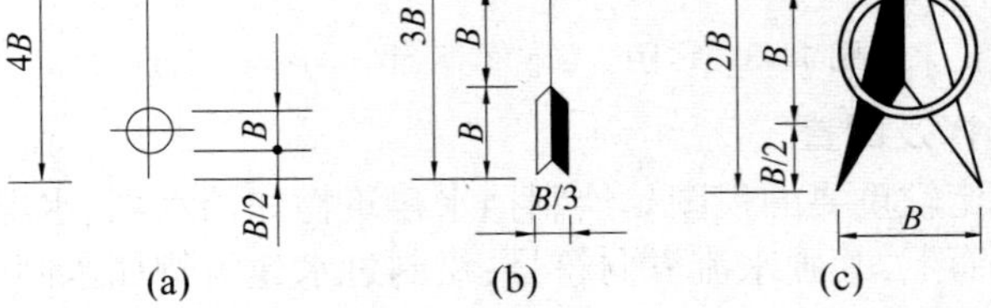

图 11-6　指北针

(3)图形的对称符号应按图 11-7 所示式样用细实线绘制。对称线两端的平行线长度为 6~8 mm,平行线间距可取为 2~3 mm,且距端点为 3 mm。

(4)图形的连接符号可用细实线表示,图形的连接用细实线表示的,细实线两端靠图形一侧的大写拉丁字母表示连接编号。两个被连接的图形应采用相同的字母编号,如图 11-8 所示。

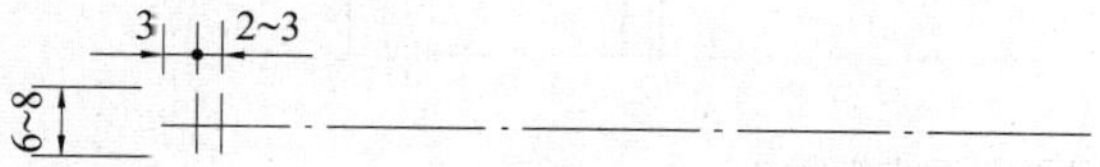

图 11-7 对称符号 (单位:mm)

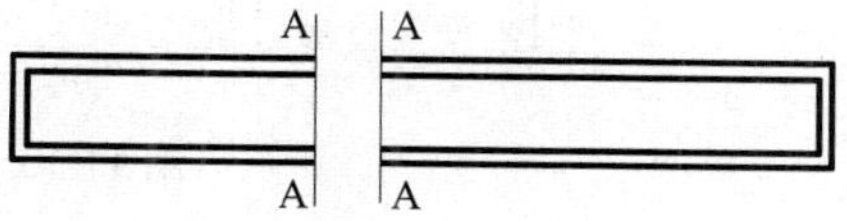

图 11-8 连接符号

(五)文字说明

水工图中可有必要的文字说明,文字应简明扼要,正确表达设计意图,其位置宜放在图纸的右下方或适当位置。

二、规定画法和习惯画法

(一)展开画法

当构件或建筑物的轴线(或中心线)为曲线时,可将曲线展开成直线后,绘制成视图、剖视图和断面图。这时,应在图名后注写"展开"二字,或写成"展视图"。图 11-9 所示渠道,其剖视图是采用与渠道中心线重合的柱状剖切面剖切后展开而得到的。展开的方法是:先把柱面后面的建筑物投射到柱面上,投射方向一般为径向(投射线与柱面正交)。对于其中的进水闸,投射线平行于闸的轴线,以便真实反映闸墩及闸孔的宽度,然后将柱面展开成平面,即得 A—A(展开)剖视图。

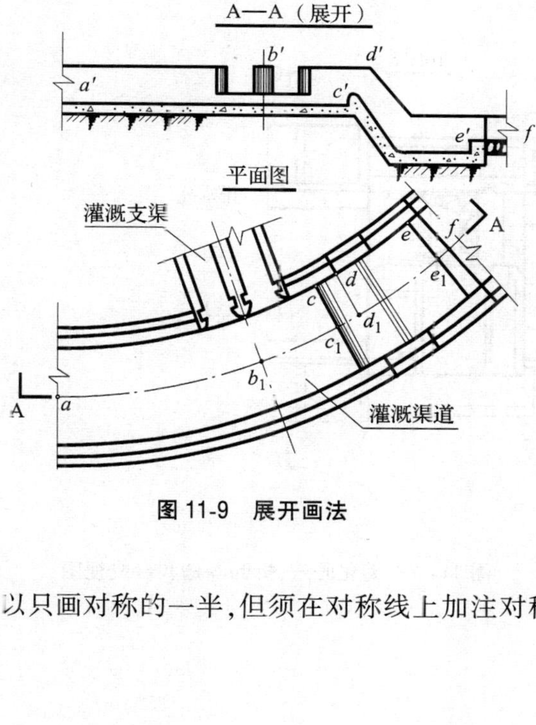

图 11-9 展开画法

(二)省略画法

当图形对称时,可以只画对称的一半,但须在对称线上加注对称符号,如图 11-10 涵洞平面图。

图 11-10　涵洞平面图省略画法

(三)简化画法

(1)对于图样中的一些细小结构,当其成规律地分布时,可以简化绘制,如图 11-11 中的排水孔。

(2)图样中的某些设备(如闸门启闭机、发电机、水轮机调速器、桥式起重机)可以简化绘制。

(四)拆卸画法

当视图、剖视图中所要表达的结构被另外的结构或填土遮挡时,可假想将其拆掉或掀掉,然后进行投影。图 11-11 所示平面图中,对称线上半部的一部分桥面板及胸墙被假想拆卸,填土被假想掀掉。

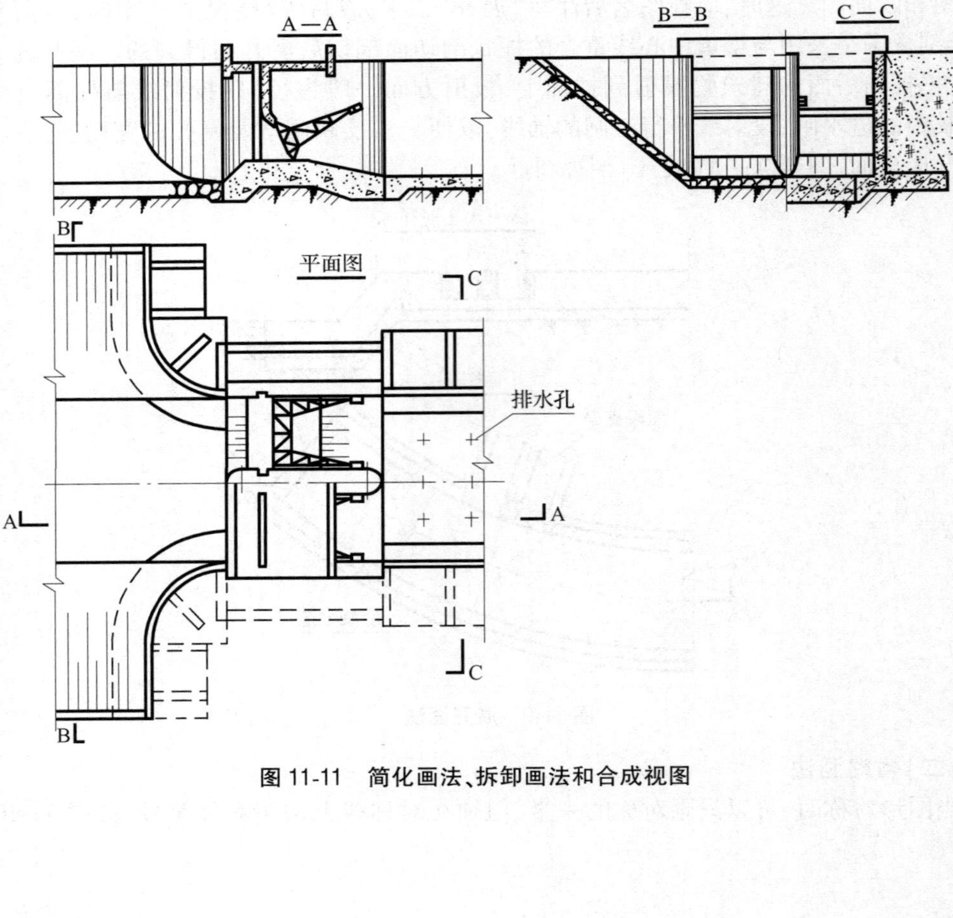

图 11-11　简化画法、拆卸画法和合成视图

(五)合成视图

对称或基本对称的图形,可将两个相反方向的视图或剖视图或断面各画对称的一半,并以对称线为界,合成一个图形,称为合成视图。如图 11-11 中 B—B 和 C—C、图 11-2 中的"上下游立面图"均为合成视图。

(六)分层画法

当结构有层次时,可按其构造层次分层绘制,相邻层用波浪线分界,并可用文字注写各层结构的名称,如图 11-12 所示。分层画法可理解为分层局部剖切的局部剖视图。

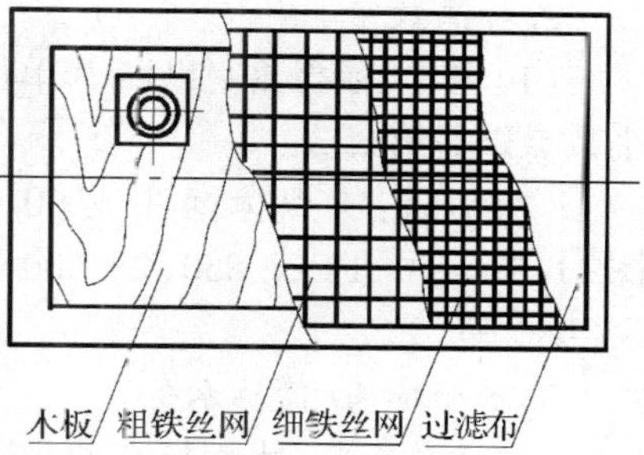

图 11-12　分层画法

(七)连接画法

当图形较长时,可将其分成两部分绘制,再用连接符号相连,并用大写拉丁字母编号,这种画法称为连接画法,如图 11-13 所示。

(八)断开画法

对于较长的构件或建筑物,当沿长度方向的形状不变,或按一定的规律变化时,可以断开绘制,这种画法称为断开画法,如图 11-14 所示。必须注意连接画法与断开画法的区别。

注意:对原来倾斜的直线当采用断开画法后要相互平行,且按全长尺寸标注。

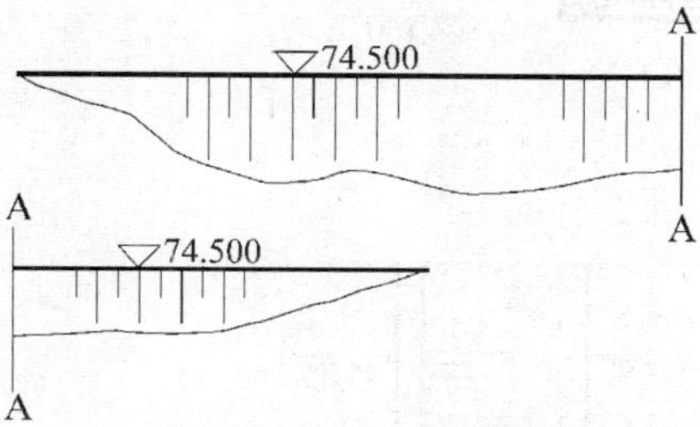

图 11-13　土坝立面图连接画法

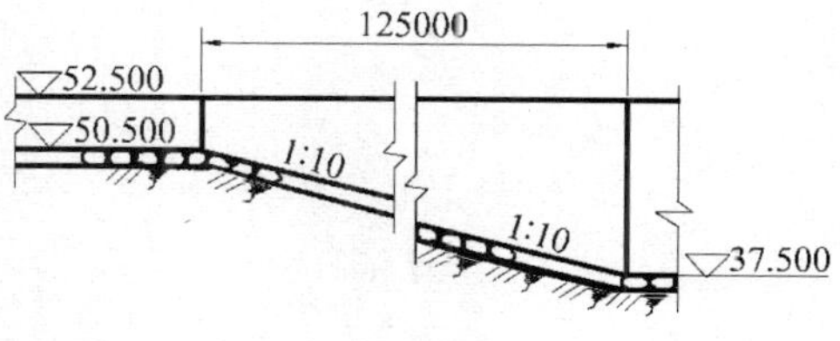

图 11-14　渠道断开画法

第三节　水工图的尺寸注法

本节是在组合体视图及剖视图尺寸标注的基础上,根据水工图的特点及施工测量的要求,介绍水工图尺寸标注的特点与方法。

一、铅垂尺寸的注法

(一)标高的注法

标高由标高符号和标高数字两部分组成,如图 11-15(a)、(b)所示。

1. 标高符号

(1)在立面图和铅垂方向的剖视图、断面图中,标高符号一般采用如图 11-15(a)所示的符号(为 45°等腰三角形),用细实线绘制,其高度(h)宜采用标高数字的高度,即符号与数字同高。标高符号的尖端向下指,也可向上指,但尖端必须与被标注高度的轮廓线或引出线接触。标高数字应注写在标高符号的右边,如图 11-15(e)所示。

(2)在平面图中,标高符号是采用细实线绘制的矩形线框,矩形线框的长、宽比约为 2∶1(适当时也可按数字的排列长度取长、宽比为 3∶1),标高数字注写在其中,如图 11-15(b)所示。当图形较小时,可将符号引出绘制,如图 11-15(f)、(g)所示。

2. 标高数字

(1)单位:标高数字以 m 为单位,注写到小数点以后第三位,在总布置图中,可注写到小数点以后第二位。

(2)形式:零点标高注成±0.000 或±0.00;正数标高数字前一律不加"+"号,如图 11-15(e)中的 27.850、28.500 等;负数标高数字前必须加注"-"号,如-2.180、-5.980 等。

3. 水面标高(简称水位)

(1)水位符号:水面标高的注法与立面图中标高注法类似,不同之处是需在水面线以下绘制三条渐短的细实线,如图 11-15(c)所示。

(2)特征水位:特征水位应在标注水位的基础上加注特征水位名称,如图 11-15(d)中的"正常蓄水位"。

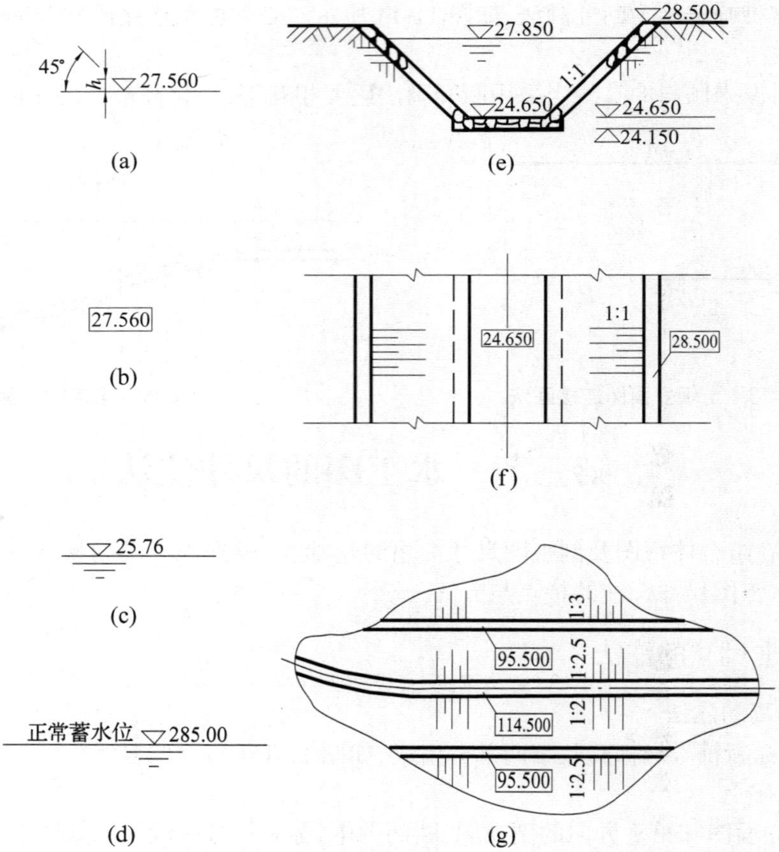

图 11-15　标高的注法

(二)高度的注法

水工图中铅垂方向的尺寸可以只注标高,也可以既注标高又注高度。在标注高度尺寸时,其尺寸一般以建筑物的底面为基准,因为建筑物都是由下向上修建的,以底面作为高度基准,便于随时测量与检验。

二、水平尺寸的注法

标注水平尺寸的关键在于选好基准。当建筑物在长度或宽度方向对称时,应以对称轴线(或中心线)为基准,如图 11-2 进水闸的宽度方向即以对称轴线作为尺寸基准。当建筑物的某一方向无对称轴线时,则以建筑物的主要结构的端面为基准,如图 11-2 中进水闸长度方向即以闸室底板上游端面为基准。

三、桩号的标注

河道、渠道及隧洞等建筑物的轴线、中心线长度方向的定位尺寸,可采用“桩号”的方法进行标注,如图 11-16 所示。

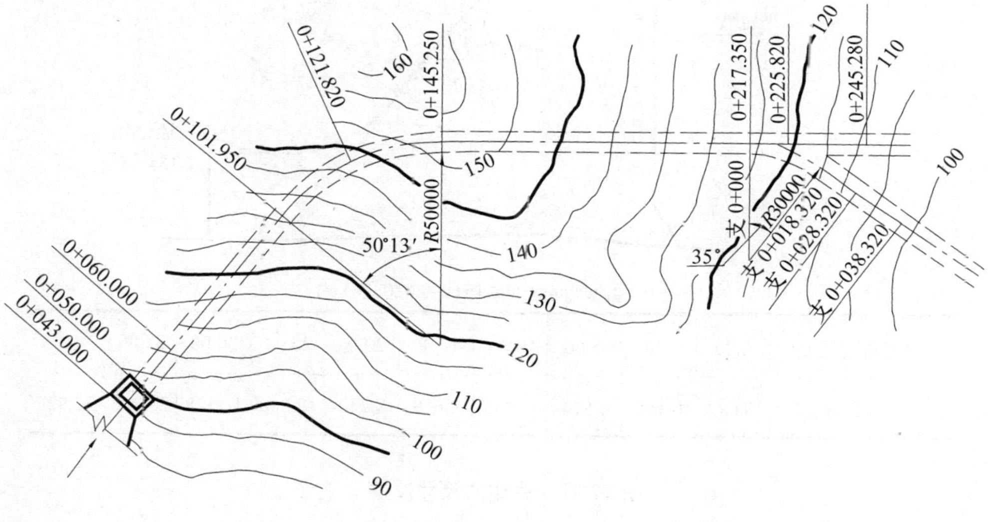

图 11-16　桩号的标注

(1)桩号的标注形式:标注形式为 $k \pm m$,k 为公里数,m 为米数。起点桩号标注成 0+000;起点桩号之前(与桩号的尺寸数字增加的方向相反)标注成 $k-m$,如 0-020;起点桩号之后标注成 $k+m$,如图 11-16 中的 0+043.000,表示该桩号距起点桩号为 43 m;0+060.000,表示该桩号距起点桩号为 60 m,两桩号之间相距 17 m。

(2)桩号的数字注写:桩号数字一般垂直于定位尺寸方向或轴线方向注写,且标注在其同一侧;当轴线为折线时,转折点处的桩号数字应重复标注;当平面轴线为曲线时,桩号沿径向设置,桩号数字应按弧长注写。当同一图中几种建筑物均采用“桩号”标注时,可在桩号数字前加注文字以示区别,如图 11-16 中的“支 0+018.320”,即表示支线上该桩号距起点桩号为 18.32 m,且为弯曲轴线的弧长,而“支 0+028.320”,则表示支线上该桩号距起点桩号为 28. 32 m(包含弧长)。

四、曲线的尺寸注法

(一) 连接圆弧的尺寸注法

连接圆弧需标出圆心、半径、圆心角、切点、端点的尺寸,对于圆心、切点、端点,除标注尺寸外,还应注上高程和桩号。

(二) 非圆曲线的尺寸注法

非圆曲线(如溢流坝面)一般用非圆曲线上各点的坐标来表示,如图 11-17 所示。

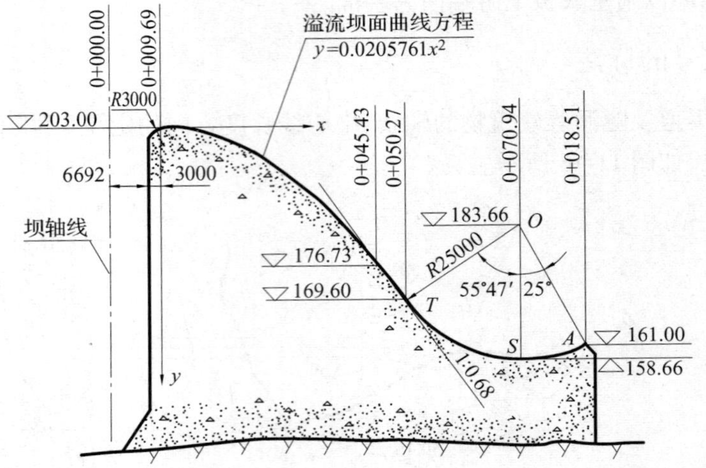

溢流坝面曲线坐标($y=0.0205761x^2$)

x	0.00	1.00	2.00	3.00	5.00	10.00	15.00	20.00	25.00	30.00	35.00	40.00
y	0.000	0.021	0.082	0.185	0.514	2.058	4.629	8.230	12.860	18.518	25.206	32.922

图 11-17　曲线的尺寸注法

五、简化注法

(1) 多层结构尺寸的注法。注写多层结构的尺寸时可用引线引出,引出线必须垂直通过被引的各层,文字说明和尺寸数字应按结构的层次注写,如图 11-18 所示。

(2) 均匀分布的相同构件或构造,其尺寸可简化标注。如某进水闸结构图,平面图中的尺寸"7×800",表示排水孔横向间距有 7 个,间距值为 800 mm。

另外,由于水工建筑物的施工是分段进行的,因此水工图中要求注出各分段尺寸,并且还要标注总体尺寸,这样形成的封闭尺寸链不仅允许而且需要。当同一建筑物的几个视图分别画在不同的图纸上时,为了便于读图也允许标注重复尺寸。

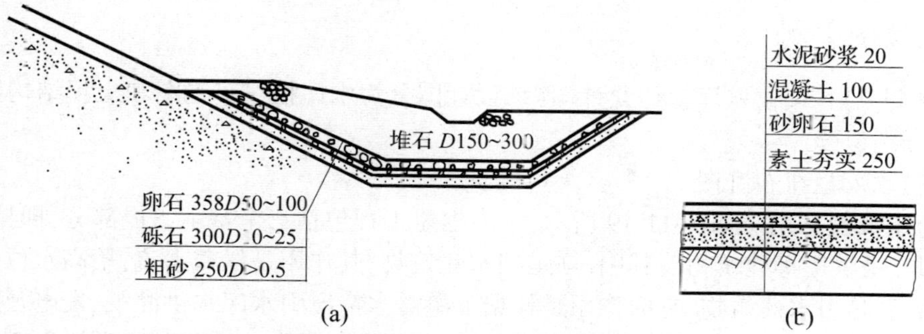

图 11-18　多层结构的尺寸注法

第四节　水工图的识读

一、读图的目的和要求

读图的目的是了解工程设计的意图，以便按照设计的要求组织施工、验收及管理。

通过读图必须达到下列基本要求：

（1）了解水利枢纽所在地的地形、地理方位和河流的情况以及组成枢纽的各建筑物的名称、作用和相对位置。

（2）了解各建筑物的结构、形状、尺寸、材料及施工的要求和方法。

提高识读水工图的能力对于学习专业课乃至从事工程技术工作都有重要意义。为了培养和提高识读水工图的能力，还必须掌握一定的专业知识，并在工程实践中继续巩固和逐渐提高。

二、读图的步骤和方法

识读水工图一般是由枢纽布置图看到建筑物结构图；由主要结构看到次要结构；由大轮廓看到小构件。对于建筑物结构图，应采用"总体→局部→细部→总体"的循环过程。具体步骤如下：

（1）概括了解。阅读标题栏及有关说明，了解建筑物的名称、作用、制图比例、尺寸单位及施工要求等内容。

（2）分析视图。从视图表达方法入手，分析采用了哪些视图、剖视、断面和详图等，了解剖视、断面的剖切位置及投射方向，确定详图表达的部位和各视图的大概作用。

（3）分析形体。所谓分析形体就是将建筑物分解为几个主要部分来逐一识读。分解时应考虑建筑物的结构特点，有些建筑物可沿水流方向分段（如涵洞、水闸等），有些可沿高度分层（如水电站），有些还可按地理位置或结构分为上、下游，左、右岸，以及外部和内部等，读图时须灵活运用。

读图过程中应注意将几个视图或几张图纸联系起来同时阅读，不可只盯住一个视图或一张图纸。只有灵活运用读图的方法，才易读懂工程图样。

三、读图举例

【例 11-1】 阅读水库枢纽设计图(该设计图分为水库枢纽布置图和土坝结构图两部分),现分别识读。

(一)水库枢纽布置图

(1)组成及作用。如图 11-19 所示,水库枢纽工程包括三个基本组成部分,即挡水坝、输水涵洞、溢洪道等建筑物。其中,坝是挡水建筑物,其作用是拦截水流,抬高水位以形成水库。涵洞是引水建筑物,它的作用是根据下游需水情况引水库水供灌溉、发电及其他目的之用。溢洪道是泄水建筑物,当上游来水过多时,它可以防止洪水从坝顶漫溢而引起溃坝事故。

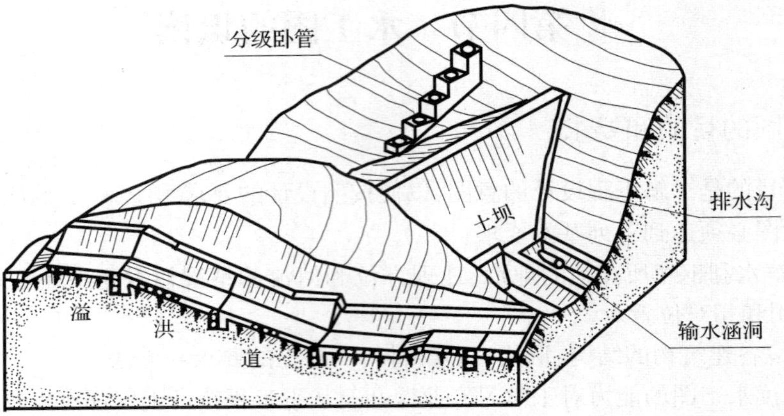

图 11-19　水库枢纽示意图

(2)读图。图 11-20 所示水库枢纽布置图是将组成水库枢纽的土坝、溢洪道和输水涵洞等几个主要建筑物画在地形图上,以表示其平面形状及位置。

从枢纽布置图中可以看出枢纽所在地区的地形、水流方向及地理方位等。在河道的两边有两座小山,土坝就布置在两座小山之间。输水涵洞在河道的左岸穿过土坝的坝体并与坝轴线垂直通向下游;在上游左岸山坡上筑有分级卧管,它是涵洞的进口建筑物,其下端与输水涵洞相连。在河道右岸山坡上筑有溢洪道,溢洪道的各段底板上都注有高程,各斜坡面上都画有示坡线并注有坡度,四周的曲线为溢洪道的开挖线。

(二)土坝结构图

(1)分析视图。如图 11-21 所示,土坝由坝身、截水槽、排水体和护坡四部分组成,主要用于挡水。土坝结构图中包括土坝最大横断面图和上游坝脚详图 A。土坝最大横断面图是在河床底部垂直于坝轴线剖切而得到的。

(2)读图。由土坝横断面图可知,坝身为梯形断面,土坝坝体全部采用壤土堆筑而成,是均质土坝。坝顶高程为 62.00 m,坝顶宽为 4 m。上游边坡为 1∶3,用干砌块石护坡,先在其底层铺 200 mm 厚的粗砂,再铺 200 mm 厚的卵石,表层再砌 400 mm 厚的干砌块石。下游边坡为 1∶2.5,用草皮护坡,在高程 54.00 m 处设有 2 m 宽的马道,并筑有堆石棱体排水。从图 11-21 中还可以看出上、下游的最高水位和坝体底部清基后挖出截水槽的断面形状。

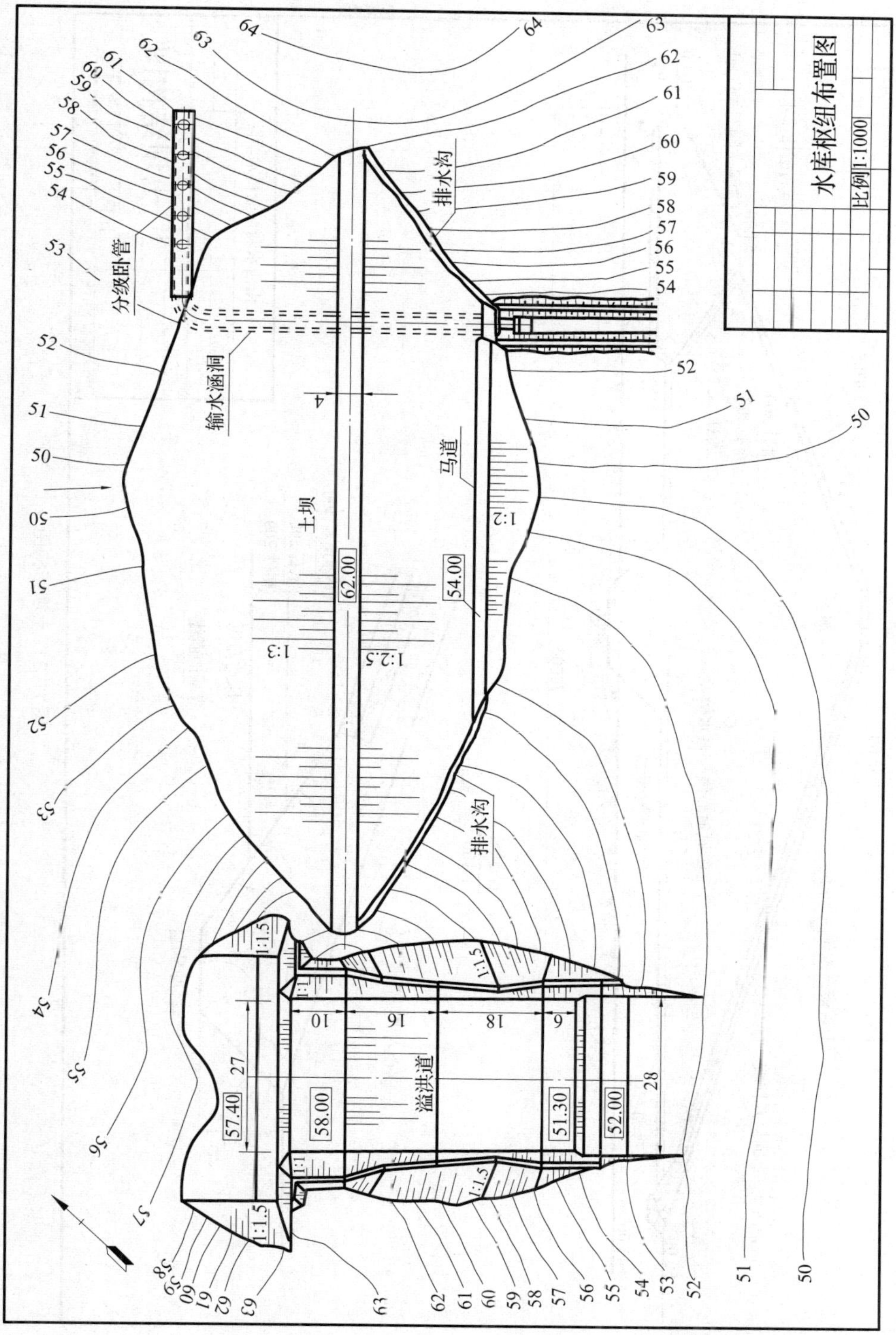

图 11-20　水库枢纽布置图

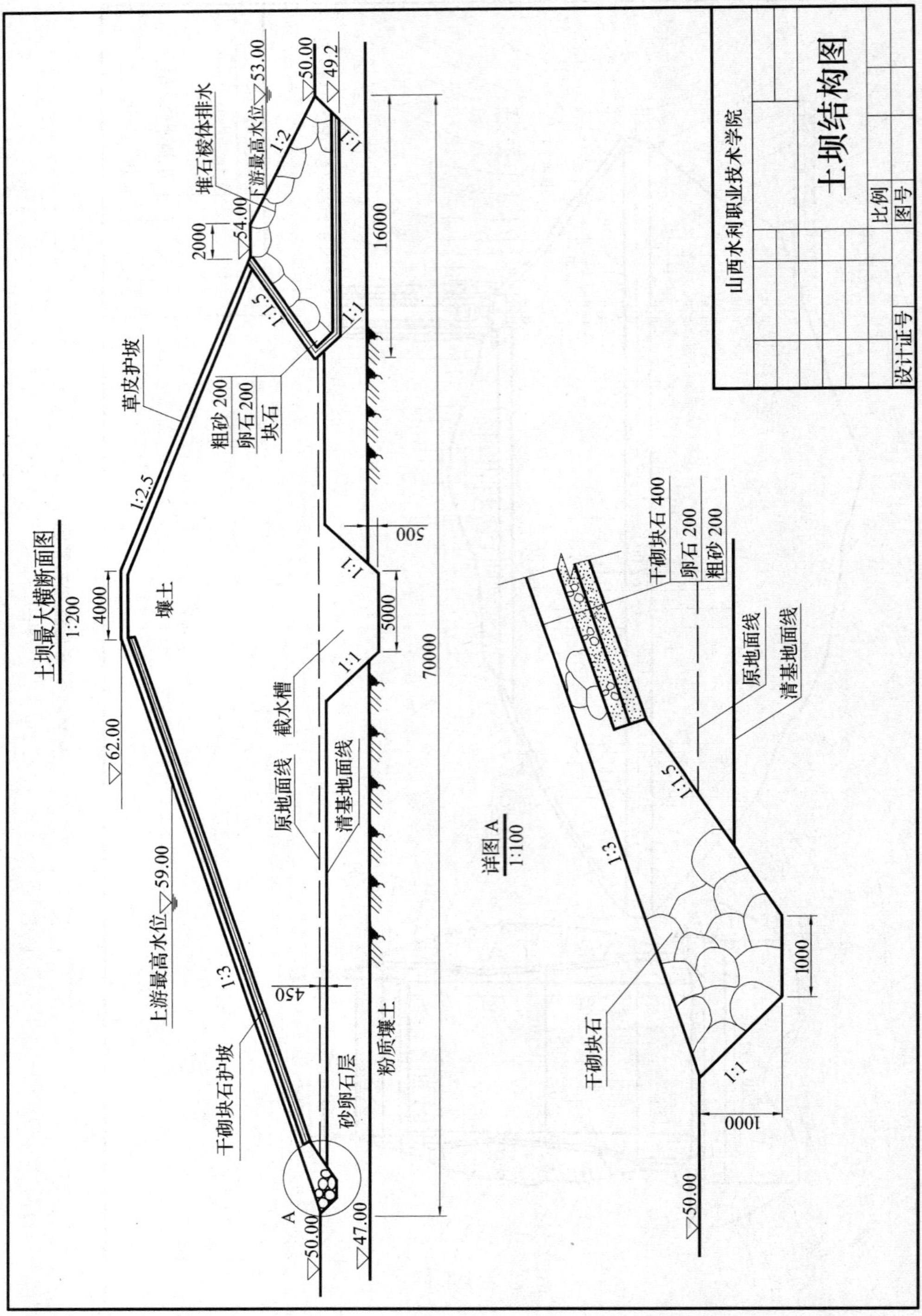
土坝最大横断面图
1:200
上游最高水位 59.00
62.00
干砌块石护坡
砂卵石层
粉质壤土
1:3
450
原地面线
清基地面线
截水槽
壤土
4000
5000
1:1
500
70000
1:2.5
草皮护坡
粗砂 200
卵石 200
块石
1:1.5
2000
54.00
堆石棱体排水
下游最高水位 53.00
1:2
50.00
49.2
16000
47.00
A
详图 A
1:100
干砌块石 400
卵石 200
粗砂 200
干砌块石
1000
山西水利职业技术学院
土坝结构图
比例
图号
设计证号

图11-21 土坝结构图

坝脚详图 A 是将该部分结构用大于原图形所采用的比例画出的图形，较详细地表达了坝脚的构造和尺寸。

【例 11-2】　阅读涵洞设计图。

(一)涵洞的作用及组成

当渠道或交通道路(公路、铁路)通过沟道时常常需要填方，并在填方下设一涵洞，以便使水流或道路畅通。可见，涵洞是修建在渠、堤或路基之下的交叉建筑物。

涵洞一般由进口段、洞身段、出口段三部分组成。常见的涵洞形式有盖板涵洞和拱圈涵洞等。涵洞和隧洞从施工方法上来看有所不同，隧洞是直接凿岩钻洞，而涵洞则是先开挖筑洞，然后回填，但二者用途基本相同。

(二)读图

现以图 11-22 涵洞设计图为例，介绍读图步骤如下。

1. 概括了解

首先阅读标题栏以及有关设计资料。可知图名为涵洞设计图，作用是排泄沟内洪水，保证水渠畅通。画图比例为 1:100，尺寸单位为 mm。

2. 分析视图

表达该涵洞的主要视图有平面图(半剖视图)、纵剖视图、上游立面图和洞身剖视图组合起来的合成视图，此外还有两个移出断面图。

平面图只画了一半，在对称中心线上画有对称符号，为了减少图中的虚线，既采用了半剖视(D—D 剖视)，又采用了拆卸画法。它表达了涵洞各部分宽度，各剖视、断面的剖切位置和剖视方向及涵洞底板的材料。

纵剖视图为沿涵洞对称中心线剖切而得的全剖视，它表达了涵洞的长度和高度方向的形状、大小和砌筑材料，并反映了渠道和涵洞的接触关系。

上游立面图与 A—A 剖视图，以对称中心为界，形成了视向相反的合成视图。前者反映涵洞进口段的外形，后者反映洞身的形状、拱圈厚及各部位尺寸。

B—B、C—C 两个移出断面，分别表达了翼墙右端、左端的断面形状，与进口段底板的连接关系、细部尺寸及材料。

3. 分析形体

根据涵洞的构造特点，可沿长度方向将其分为进口段、洞身段、出口段三部分进行分析。

(1)进口段。从平面图和上游立面图中可知，进口段为八字翼墙，结合纵剖视图，可看出翼墙为斜降式，由 B—B 断面知翼墙为浆砌石，两翼墙之间为护底，护底最上游与齿墙构成一体，其材料也为浆砌石，而且翼墙基础与护底之间设有沉陷缝。

(2)洞身段。从合成视图中可看出洞身断面为门洞形式，上部是拱圈，用混凝土砖块筑成，下部是边墙和基础，用浆砌石筑成，从纵剖视图可看出洞底也用浆砌石筑成，且坡降为 1%，以便使水流通顺。

(3)出口段。由于该涵洞上游与下游完全对称，出口形体与进口相同，不再重述。

4. 综合整体

经过以上分析，对涵洞的进口段、洞身段、出口段三大组成部分，先逐段构思，然后按其相互位置关系组装，综合想象出整个涵洞的空间形状，如图 11-23 所示。

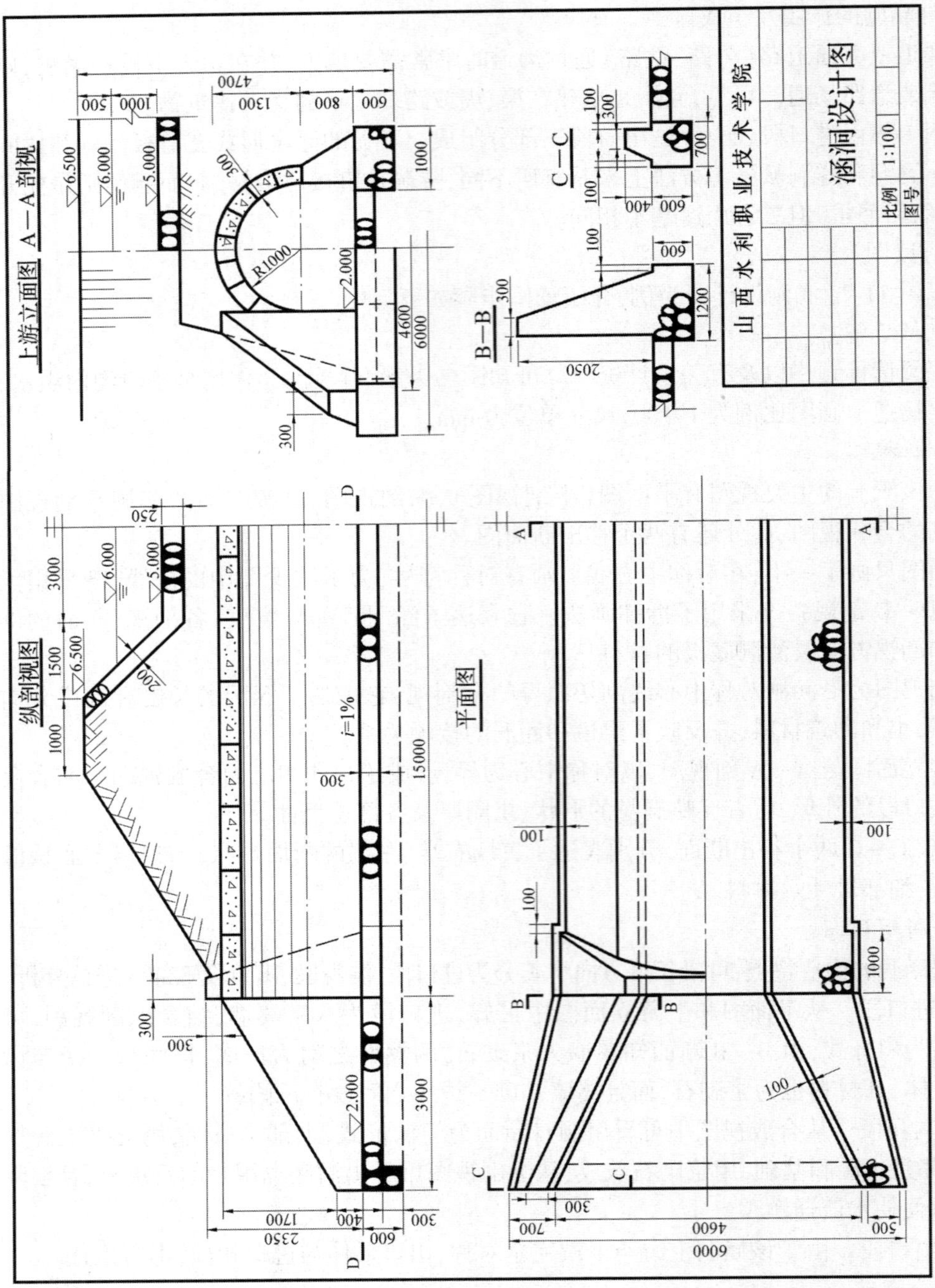
上游立面图 A—A剖视
纵剖视图
平面图
B—B
C—C
R1000
i=1%
山西水利职业技术学院
涵洞设计图
比例 1:100
图号

图 11-22　涵洞设计图

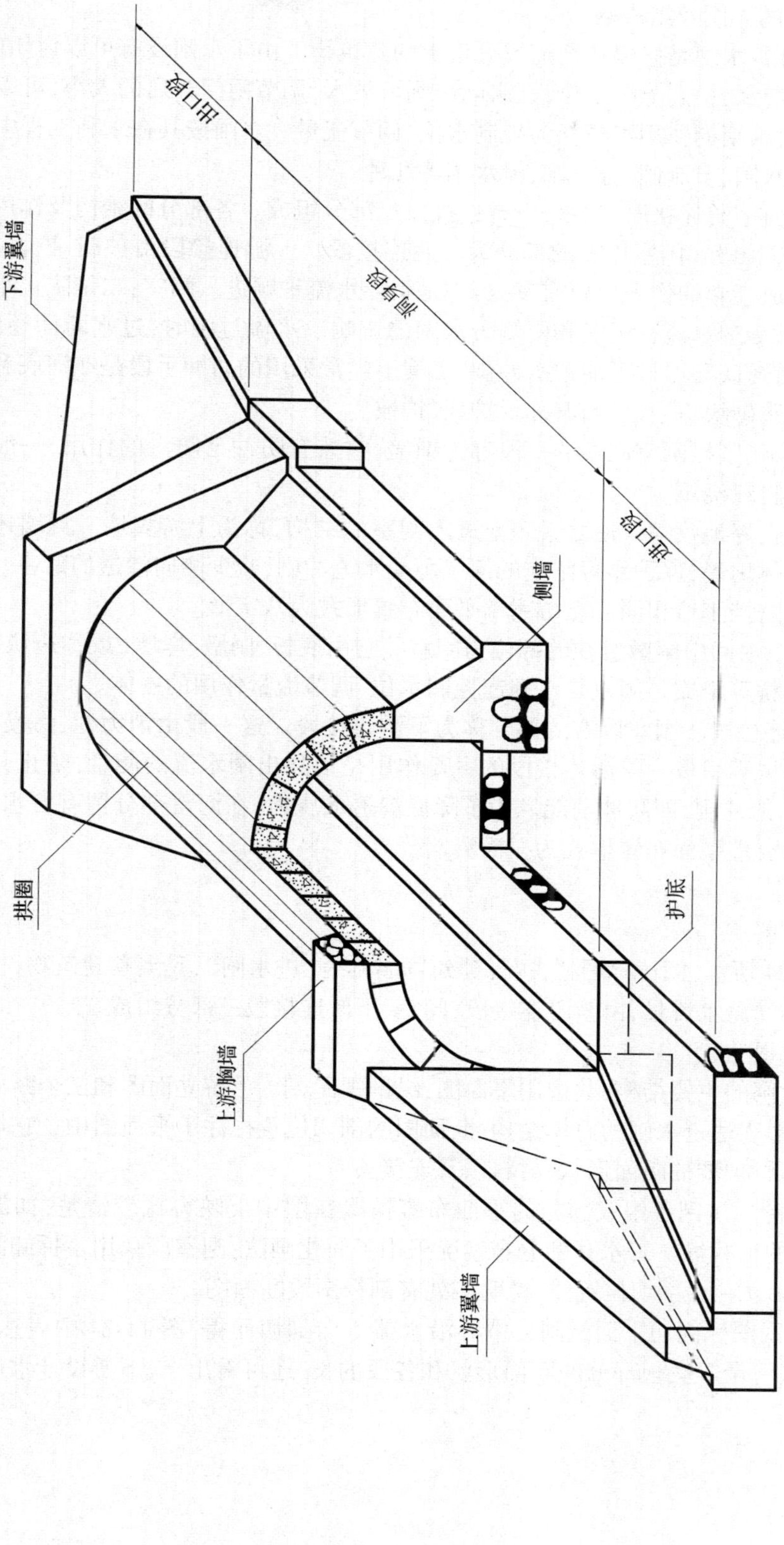

图 11-23　涵洞轴测图

【例 11-3】　阅读进水闸结构图。

(一)水闸的作用及组成

水闸的作用:水闸是修建在河道或渠道上的建筑物。由于水闸设有可以启闭的闸门,关闭闸门即可挡水,抬高上游水位;开启闸门则可放水,调节闸门开启的大小,可以控制过闸流量。因此,水闸的作用可概括为控制水位、调节流量。水闸按其在水利工程中的功用不同可分为进水闸、节制闸、分洪闸、泄水闸等几种。

水闸一般由上游连接段、闸室、下游连接段三部分组成。各部分的结构及作用如下:

(1)上游连接段。闸室以左的部分为上游连接段。上游连接段由护底、护坡、铺盖和上游翼墙等组成。它的作用主要有三点:一是引导水流平顺进入闸室;二是防止水流冲刷河床;三是降低渗透水流在闸底和两侧对水闸的影响。水流过闸时,过水断面逐渐缩小,流速增大,上游河底和岸坡可能被水冲刷,工程上经常采用的防冲手段是在河底和岸坡上用干砌块石或浆砌块石予以护砌,称为护底、护坡。

自护底而下,紧接闸室底板的一段称为铺盖,它兼有防冲与防渗的作用,一般采用抗渗性能良好的材料浇筑。

引导水流良好地收缩并使之平顺地进入闸室的结构,称为上游翼墙。翼墙还可以阻挡河道两岸土体坍塌,保护靠近闸室的河岸免受水流冲刷,减少侧向渗透的危害。翼墙的结构形式一般与挡土墙相同。上游翼墙平面布置形式为八字形。

(2)闸室。水闸中闸墩所在的部位为闸室。它由底板、闸墩、岸墙(或称边墩)、闸门、交通桥及工作桥等组成。闸室是水闸起控制水位、调节流量作用的主体。

(3)下游连接段。闸室以右的部分称为下游连接段。这一段由消力池、海漫、护底及下游翼墙和护坡等组成。下游连接段的主要作用是消除出闸水流的能量,防止其对下游渠底(或河床)的冲刷,即防冲消能。为了降低渗透水压力,在海漫部分留有冒水孔,下垫反滤层。下游翼墙平面布置形式为扭面翼墙。

(二)读图

1. 概括了解

如图 11-24 所示,阅读标题栏,可知建筑物名称为"进水闸",是渠首建筑物,作用是调节进入渠道的灌溉水流量,由上游连接段、闸室、下游连接段三部分组成。

2. 分析视图

为表达水闸的主要结构,共选用平面图,纵剖视图,上、下游立面图和三个断面图。其中,前三个图形表达进水闸的总体结构,断面图的剖切位置标注于平面图中。它们分别表达了翼墙、闸墩、护坡的断面形状、材料以及连接关系。

(1)平面图。水闸各组成部分的平面布置情况在图中反映得比较清楚,如翼墙的布置形式、闸墩的形状等。冒水孔的分布情况采用了简化画法;闸室段采用了拆卸画法。标注 A—A、B—B、C—C 剖切位置线,说明该处有剖视图或断面图。

(2)纵剖视图。剖切平面经闸孔中心沿水流方向剖切而得,图 11-24 中表达了铺盖、闸室、消力池、海漫等底板部分的断面形状和各段的长,还可看出上、下游设计水位和各部分高程等。

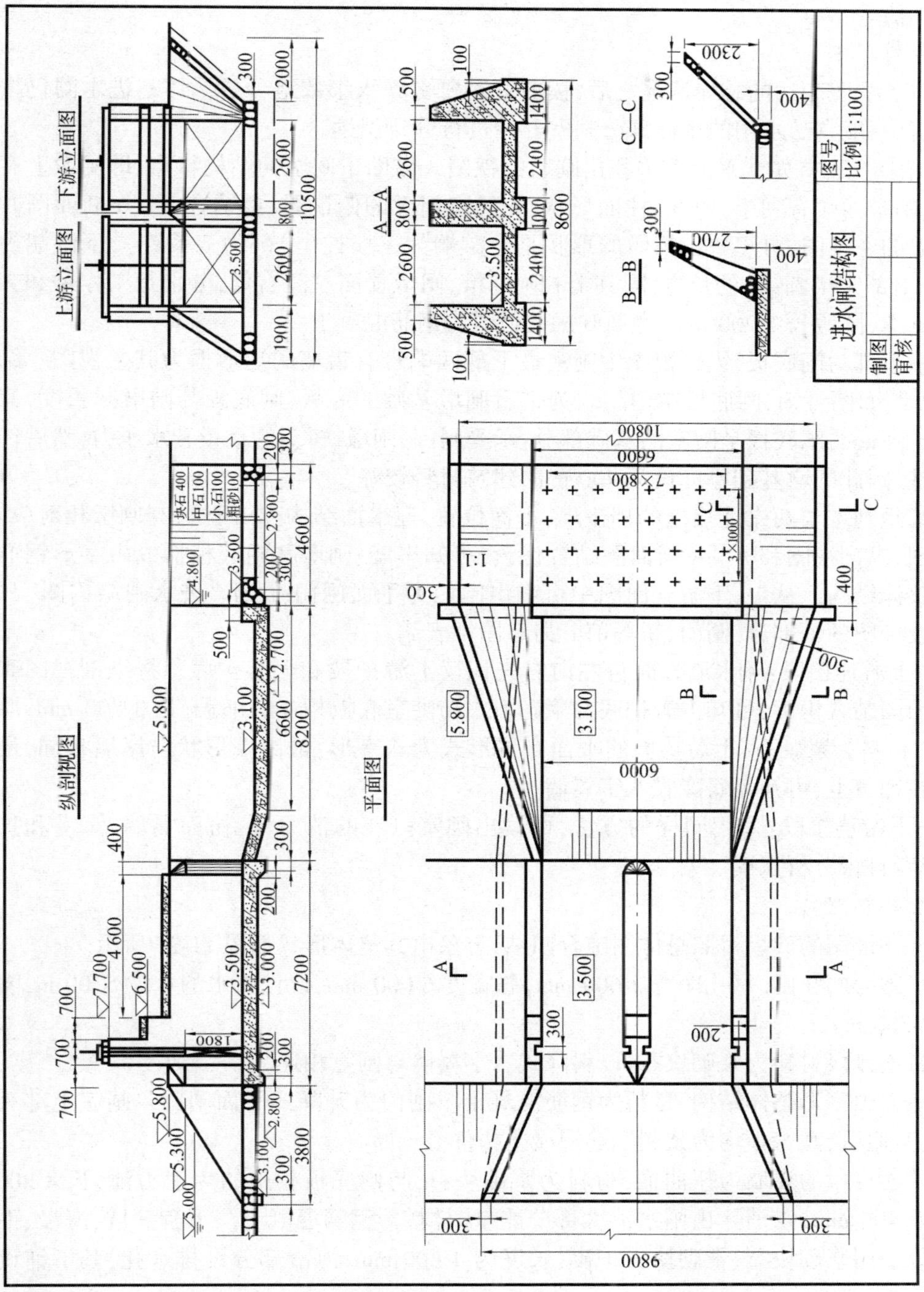

图 11-24　进水闸结构图

(3)上游立面图和下游立面图。这是两个视向相反的视图,因为它们形状对称,所以采用各画一半的合成视图,图中还可以看出水闸全貌。工作桥、交通桥和启闭机等均采用了简化画法。

3. 分析形体

分析了视图表达的总体情况之后,读图就需要更深入细致地分析形体。进水闸仍按三段分析,一般宜从水闸的主体部分闸室开始进行分析识读。

(1)闸室段:首先从平面图中找出闸墩的视图。借助于闸墩的结构特点,即闸墩上有闸门槽、闸墩两端有利于分水的柱面形状,先确定闸墩的俯视图,再结合 A—A 断面图并参照岸墙的主视图,可想象出闸墩的形状是上游端为三棱柱(上部为三棱锥),下游端为半圆柱(上部为半圆锥)的长方体,其上有闸门槽,闸墩顶面左高右低,分别是工作桥和交通桥的支撑,闸墩长 7 200 mm、宽 800 mm,材料为钢筋混凝土。

闸墩下部为闸底板,纵剖视图中闸室最下部两端带有齿墙的矩形框为其主视图。结合 A—A 断面图可知,闸底板结构型式为带有闸墩基础的底板,闸底板与闸墩同长度,其厚度为 500 mm,闸底板是闸室的基础部分,承受闸门、闸墩、桥等的重量和水压力,然后传递给地基,因此闸墩基础厚度设为 700 mm,建筑材料较好。

岸墙是闸室与两岸连接处的挡土墙,平面位置、迎水面结构(如门槽)与闸墩相对应。将平面图、纵剖视图和 A—A 断面图结合识读,可知岸墙、闸墩和闸底板形成山字形钢筋混凝土整体结构。从上、下游立面图中可看出闸门为平面闸门,由于“进水闸结构图”只是该闸设计图的一部分,闸门、桥等部分另有图纸表达。

(2)上游连接段:顺水流方向自左向右先识读上游护坡和上游护底。将纵剖视图和上游立面图结合识读,可知上游护底为浆砌石。与闸室底板相连的铺盖,长 3 800 mm、厚 400 mm,材料为浆砌石;上游翼墙的平面布置形式为八字形,最高端形状与岸墙相同,最低端落在铺盖上,可知为斜降式八字翼墙。

(3)下游连接段:采用同样的方法,可读出闸室以右的消力池、扭面翼墙、海漫和护坡,请读者自行分析识读。

4. 综合整理

将上述读图的成果对照总体图综合归纳,想象出其整体形状如图 11-25 所示。

进水闸为两孔闸,每孔净宽 2 600 mm,总宽度 6 000 mm,设计引水的水位 5. 00 m,灌溉水位 4. 80 m。

上游连接段材料为浆砌块石,以斜降式八字翼墙与闸室相连。

闸室为山字形整体结构,材料为钢筋混凝土。闸门为升降式平面闸门。闸室上部有工作桥、交通桥,其盖板均为预制钢筋混凝土构件。

下游连接段的翼墙为扭曲面,材料为浆砌块石,与闸底板相连的为消力池,长 8 200 mm,深为 400 mm,以消除出闸水流大部分能量,材料为钢筋混凝土。下游护坡、海漫、下游护底分别用浆砌块石、干砌块石护砌,长度为 4 600 mm,海漫部分设排水孔,其下铺设反滤层。

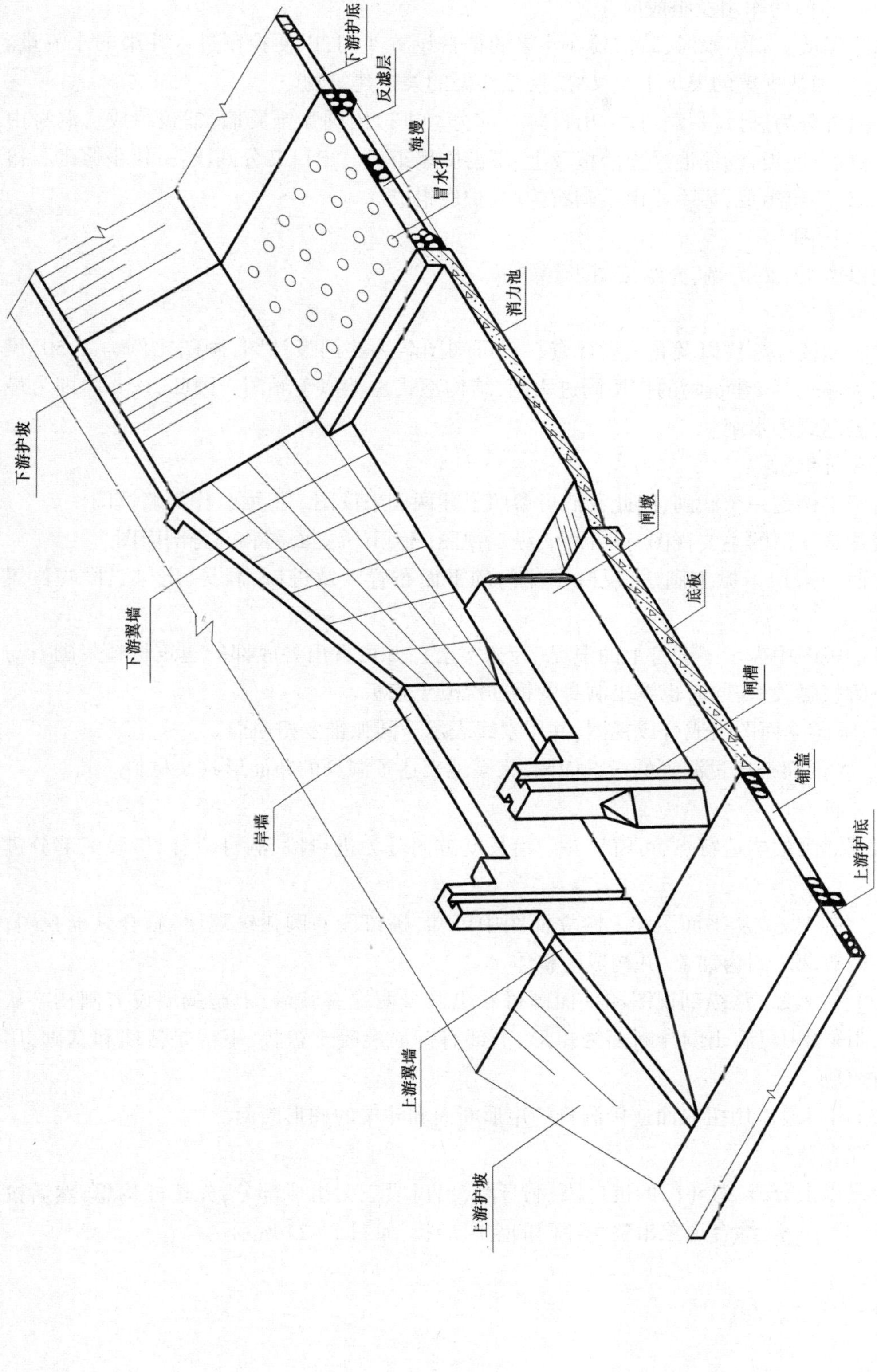

图 11-25　水闸立体示意图

【例 11-4】 阅读斗门设计图。

(一)斗门的作用及组成

当斗渠从支渠引水时,就需要在斗渠的渠首设置斗门,以便控制进入斗渠的水流量。可见,斗门须从支渠的渠堤下交叉穿过,是斗渠的渠首建筑物。

斗门可分为进口段、洞身段、出口段三部分。进口由圆弧锥翼墙、铺盖组成。洞身由浆砌石侧墙,底板,钢筋混凝土盖板及上、下游胸墙组成。出口又分两段:一段由浆砌石扭曲面翼墙、护坦组成;另一段由干砌石护坡、护底组成。

(二)读图

现以图 11-26 为例,介绍读图步骤如下。

1. 概括了解

首先阅读标题栏以及有关设计资料。可知图名为斗门设计图,画图比例为 1:50,尺寸单位为 mm。该建筑物的作用同进水闸,结构型式也类似于涵洞。因此,该斗门即为最常见的涵洞式进水闸。

2. 分析视图

由于本例是一个涵闸,因此我们可参照上述两例来读图。下面只作简略读图。

表达该斗门的主要视图有平面图,纵剖视图,上、下游立面图和洞身剖面图。

平面图采用了掀土画法,反映了斗门的平面布置以及进口、洞身、出口三段的位置关系。

纵剖视图中表示了洞身上的渠堤(为夯实土),并可看出各底部的建筑材料浆砌石与天然土的接触关系,同时也看出洞身的钢筋混凝土盖板。

上、下游立面图组成合成视图,并用素线表示了圆弧锥及扭曲面。

A—A 剖面是通过洞身的横剖面图,完整地表达了洞身的断面形状及材料。

3. 分析形体

根据涵闸的构造特点,可将该斗门沿长度方向分为进口段、洞身段、出口段三部分进行分析。

(1)进口段。从平面图和上游立面图中可知,进口段为圆弧锥翼墙,结合纵剖视图,可看出两翼墙之间为铺盖,并构成一整体。

(2)洞身段。从纵剖视图和平面图可看出洞身两端有胸墙,上游胸墙设有闸槽。从 A—A 剖面图中可看出洞身断面为矩形,上部有钢筋混凝土盖板,下部是侧墙和基础,用浆砌石筑成。

(3)出口段。用扭曲面连接洞身的矩形断面和斗渠的梯形断面。

4. 综合整体

经过以上分析,对斗门的进口段、洞身段、出口段三大组成部分,先逐段构思,然后按其相互位置关系,综合想象出整个斗门的空间形状,如图 11-27 所示。

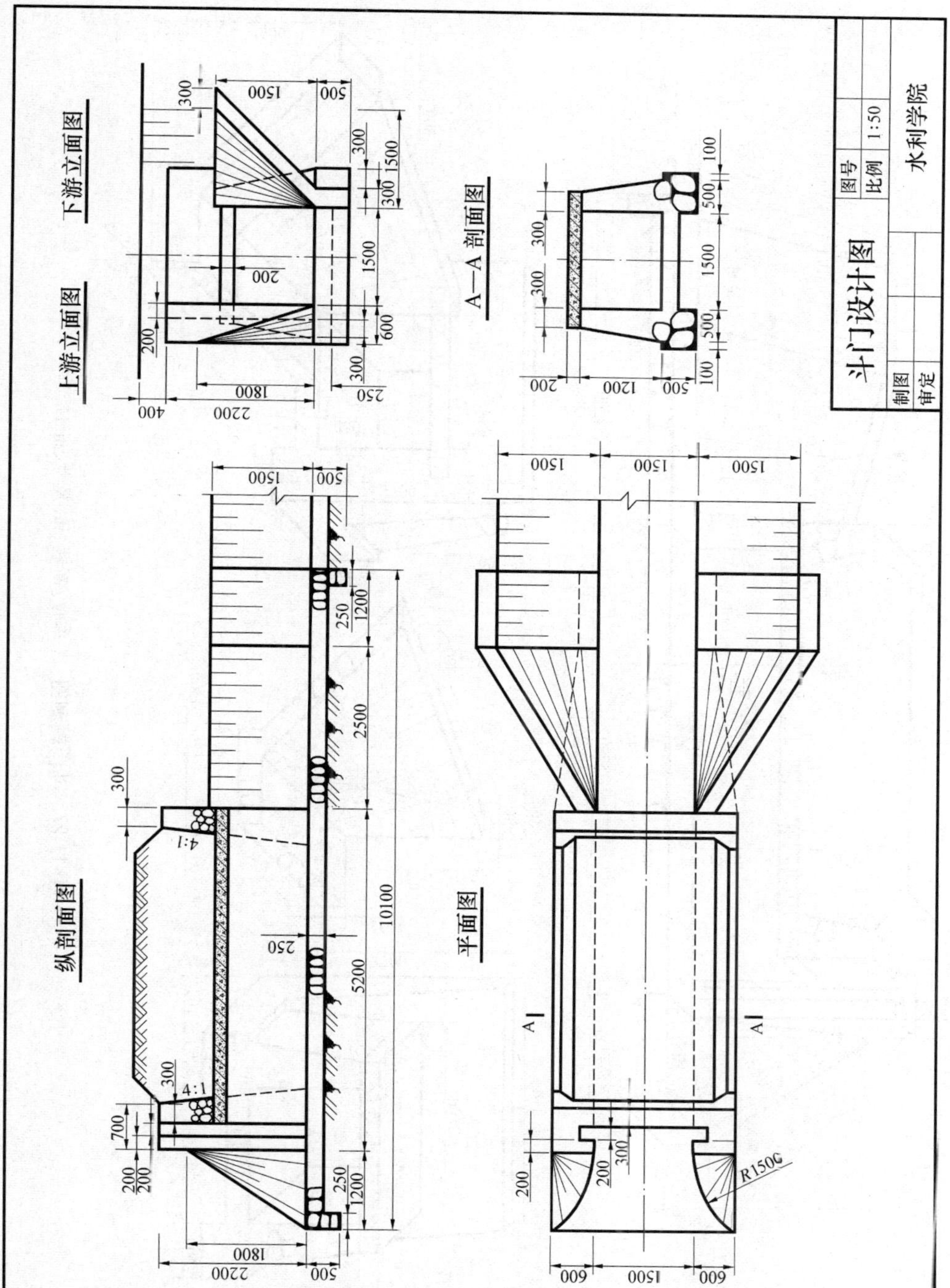

图 11-26　斗门设计图

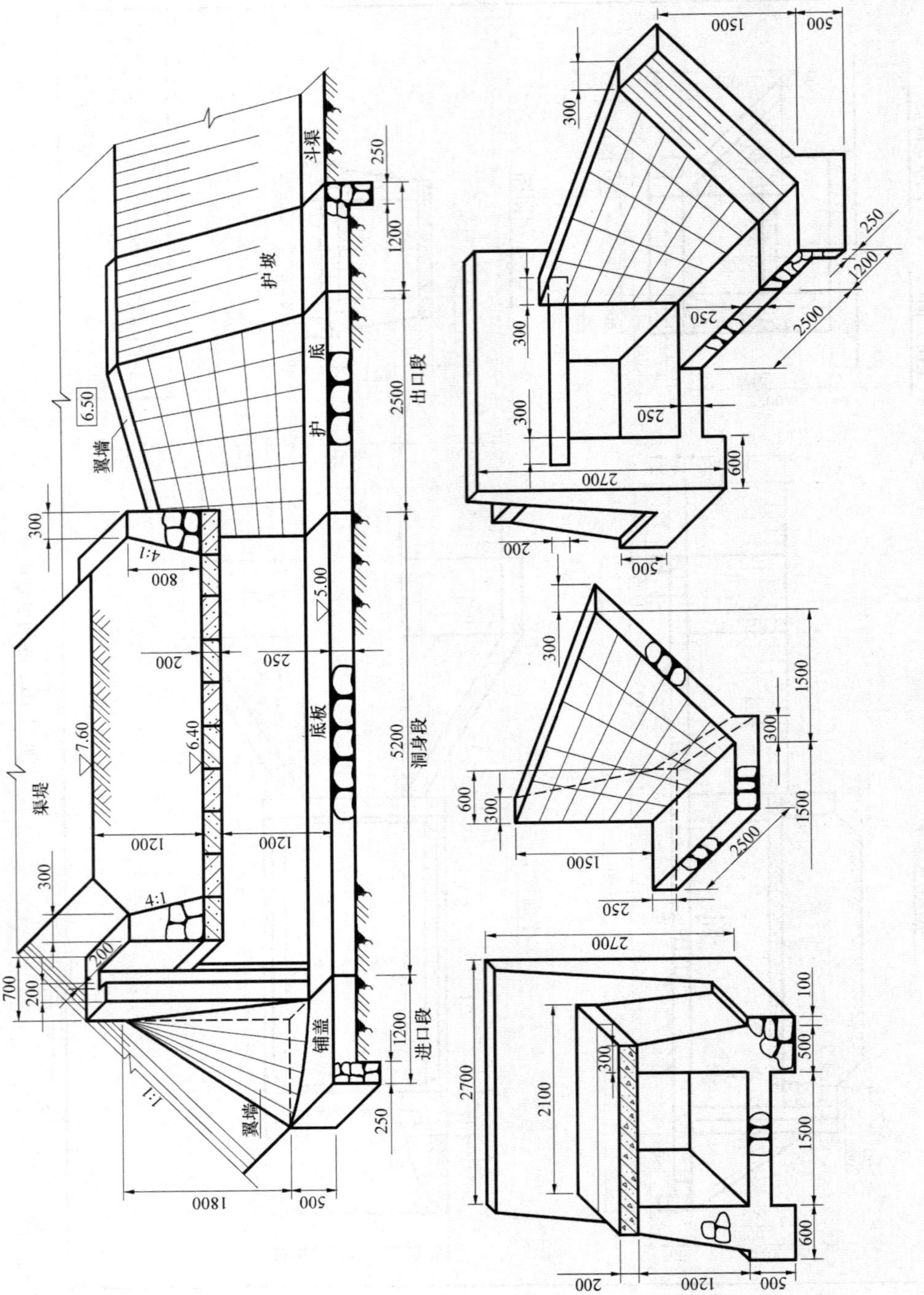

图 11-27　斗门轴测图　(单位:高程,m;尺寸,mm)

第五节　水工图的绘制

为了提高绘图质量和速度，应掌握正确的绘图顺序和方法。不论人工绘图还是计算机绘图，其绘制图样的步骤基本相同。

一、绘图过程

（一）画图

（1）根据设计材料，分析确定需要表达的内容。

（2）选择最佳视图表达方案。

（3）根据图样的种类和建筑物的大小，选择恰当的图幅和比例。

（4）合理布置各视图的位置。

①各视图应尽量按投影关系配置，且要考虑水流方向等。

②估算各视图所占范围。

（5）画底稿（用 H 或 2H 铅笔）。

①画好图框，确定基准（轴线、中心线、主要轮廓线）。

②画图顺序为：先画大的轮廓，后画细部结构；先画主要部分，后画次要部分；先画特征明显的视图，后画其他视图，并注意投影规律的应用。

③标注尺寸，注写文字说明（用 H 或 HB 铅笔）。

④画建筑材料图例。

⑤检查校对，加深图线（用 HB、B 铅笔）。

⑥填写标题栏，画好图框线并完成全图。

（二）描图

描图即把描图纸（透明纸或硫酸纸）覆盖在原设计图上用描图笔上墨，并要求准确无误地绘出原图。描图与绘图（底图）的方法步骤相同，描图既要耐心又要细致。

二、抄绘水工图

在制图课中，为了满足水工图识读及绘制的基本要求，常常采用抄绘水工图来加强实训练习。

（1）基本要求。在不改变建筑物结构及原图表达方案的前提下，另选比例将原图抄绘于指定的图幅上，或再补画少量视图。

（2）抄绘目的。正确抄绘的基础是读图，只有认真识读原图，了解建筑物的主要结构，并弄清各视图的关系，抄绘结果的正确性才有保证。因此，抄绘水工图是为了加强绘图技能训练和提高读图能力。

（3）画图步骤。与上述水工图的画图步骤相同。

第六节　钢筋图

配有钢筋的混凝土称为钢筋混凝土,用钢筋混凝土制成的板、梁、柱等构件称为钢筋混凝土结构。主要表达钢筋混凝土结构中钢筋的图样,称为钢筋图。

一、基本知识

(一)钢筋符号

在《水利水电工程制图标准 水工建筑图》(SL 73.2—2013)中,对普通钢筋,按其产品强度的种类不同,分别给予不同代号,以便标注及识别,见表 11-3。

表 11-3　普通钢筋强度标准值

牌号	符 号	公称直径 d/mm	屈服强度标准值 f_{yk}/(N/mm^2)	极限强度标准值 f_{stk}/(N/mm^2)
HPB300	Φ	6~14	300	420
HRB400 HRBF400 RRB400	Φ Φ^F Φ^R	6~50	400	540
HRB500 HRBF500	Φ Φ^F	6~50	500	630

(二)钢筋的作用和分类

根据钢筋在构件中所起的作用不同,可分为五类,如图 11-28 所示。

(1)受力钢筋。用来承受主要拉、压应力的钢筋,用于梁、板、柱中。

(2)钢箍。固定受力钢筋的位置,并承受部分斜拉应力的钢筋,用于梁、柱中。

(3)架立钢筋。用来固定梁内钢箍位置的钢筋,常与钢箍构成钢筋骨架。

(4)分布钢筋。在板内与受力钢筋垂直布置,并将承受的外力均匀地传给受力钢筋。

(5)构造钢筋。根据构造要求或施工安装需要而配置的钢筋。

(三)钢筋端部的弯钩

对于外形光圆的受力钢筋,为了加强钢筋与混凝土的结合力,需将钢筋两端做成弯钩。带纹钢筋两端可不做弯钩。常见弯钩的形式及画法如图 11-29 所示。图 11-29 中双点画线表示弯钩伸直后的长度。

(四)钢筋的保护层

为了防止钢筋锈蚀,钢筋不应外露,钢筋外皮与构件表面之间应留有一定厚度的混凝土,称为钢筋的保护层。从有关的设计规范中可查得梁和柱中受力钢筋的保护层通常为 25 mm,钢箍为 15 mm,分布筋的保护层通常为 10 mm 或 15 mm。

二、钢筋图

钢筋图包括配筋图、钢筋详图和钢筋明细表等内容。

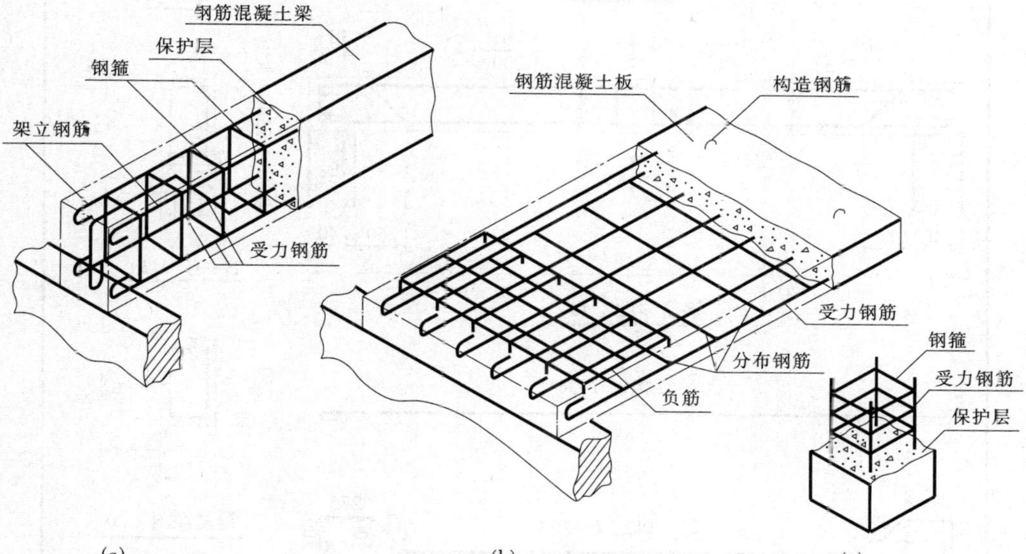

图 11-28　钢筋分类

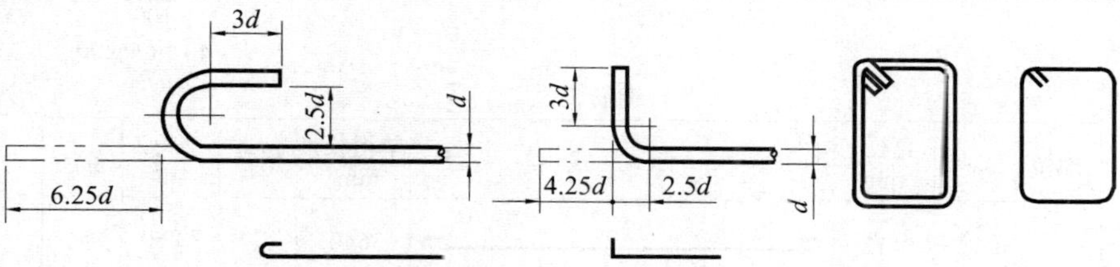

(a)半圆弯钩　(b)直弯钩　(c)钢箍弯钩

图 11-29　弯钩的形式和画法

(一)配筋图

配筋图除表达构件的外部形状、大小外，重点是表达构件内部钢筋的配置情况。

1. 图示方法

图中一般不画混凝土材料图例。钢筋用粗实线，钢筋的截面用小黑圆点表示，构件的外形轮廓用细实线表示，如图 11-30 中的立面图。配筋图一般采用全剖，必要时也可采用半剖、阶梯剖或局部剖等画法。

2. 钢筋编号

为便于区分不同类型、不同尺寸的钢筋，对钢筋应进行编号。

(1)每类(型式、规格、长度相同的)钢筋只编一个号。编号字体规定用阿拉伯数字，编号小圆圈和引出线均为细实线。指向钢筋的引出线画箭头，指向钢筋截面的小黑圆点的引出线不画箭头，如图 11-30 所示。

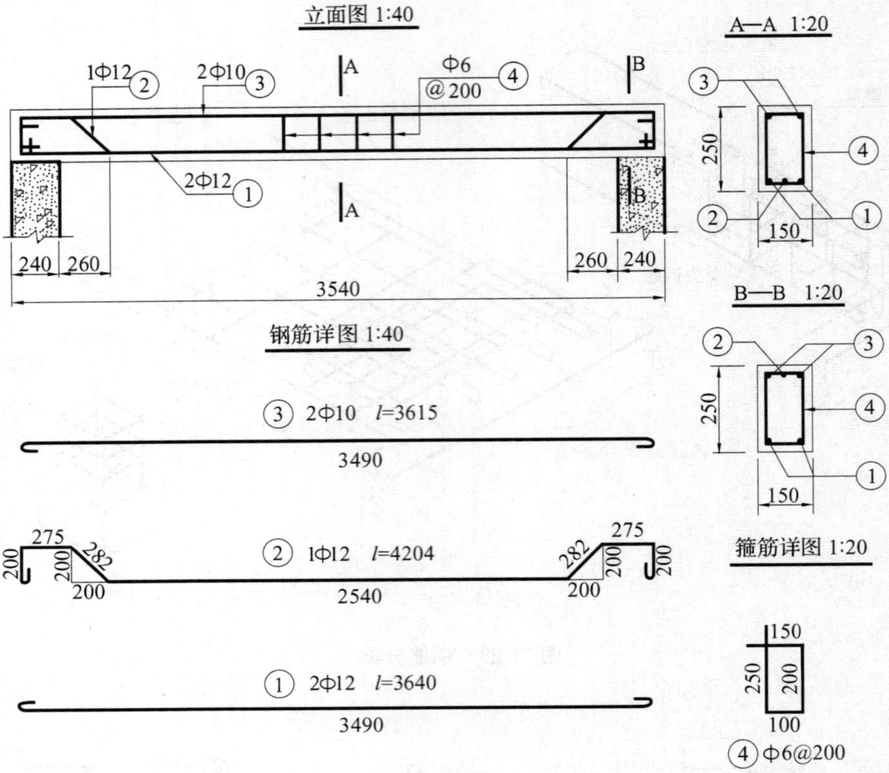

钢筋表

部位	编号	直径/mm	型　式	单根长/mm	根数	总长/m	备注
梁	①	Φ12		3640	2	7.280	
	②	Φ12		4204	1	4.204	
	③	Φ10		3615	2	7.230	
	④	Φ6		700	18	12.600	

钢筋混凝土矩形梁

比例

图号

图 11-30　钢筋混凝土矩形梁

(2)钢筋编号的顺序应有规律,一般为自下而上,自左而右,先主筋后分布筋。

如尺寸③ 2 Φ 10,其中③表示钢筋的编号为3,2 Φ 10表示直径为10 mm的钢筋共2根。又如④Φ 6@200,其中④表示钢筋编号为4,Φ 6表示直径为6 mm的钢筋,@为间距的代号,@200表示相邻钢筋的中心间距为200 mm。

(二)钢筋详图

钢筋详图是表示构件中每种钢筋加工成型后的形状和尺寸的图。图上直接标注钢筋各部分的实际尺寸,并注明钢筋的编号、根数、直径以及单根钢筋断料长度(如 $l=4\ 204$),所以它是钢筋断料加工的依据,如图11-30中的钢筋详图。

(三)钢筋表

为了便于统计钢筋用量,钢筋图中应附有钢筋表,可用作施工时备料和编制材料预算的依据。钢筋表的内容包括构件部位、编号、直径、型式、单根长、根数、总长和备注等,如图11-30中的钢筋表。

三、钢筋图的识读

识读钢筋图,首先是了解构件的名称、作用和外形,然后对照图表弄清各种钢筋的形状、直径、数量、长度、间距及位置,并注意图中说明,以便按图施工。

现以图11-30所示钢筋混凝土矩形梁为例,说明识读钢筋图的方法和步骤。

(1)概括了解。首先从标题栏了解构件的名称为钢筋混凝土矩形梁。其次了解表达该梁的视图有立面图、A—A和B—B断面图,另外还有钢筋详图和钢筋表。构件的外形尺寸为长3 540 mm、宽150 mm、高250 mm,横断面为矩形,梁的两端有支座。

(2)弄清各种钢筋的规格、型式、数量和位置。这是识读的重点,方法是由钢筋的编号看起,顺指引线查找钢筋的投影(立面图、断面图等)。由立面图可知各种钢筋的编号及其纵向位置、弯起筋的弯起部位、箍筋的排列及其间距等。从A—A断面可知梁的中间段钢筋配置情况。①号钢筋两根,Φ 12,设在梁的下部两角处。②号钢筋一根,Φ 12,设在梁的下部中间,这两种钢筋均为受力筋。③号钢筋设在梁的上部两角处,为架立钢筋。④号为箍筋,Φ 6,间距200;它在断面图中是绕五个圆点的矩形线框。B—B断面表达梁两端的情况,它与A—A断面的不同之处是:②号钢筋的位置到了梁的上部;再结合立面图可知,②号钢筋在近支座260 mm处斜向上弯,到梁端又铅垂弯向梁底,有半圆形弯钩。①、③号钢筋是直筋(各断面图中四个黑圆点位置不变),两端也是半圆形弯钩。

将以上分析所得四种钢筋的情况,结合钢筋详图识读,可进一步看清每种钢筋的详细形状和尺寸。

(3)检查核对,综合想象。依读图所得的各种钢筋的形状、尺寸、数量等,再与钢筋表逐根逐项地进行核对,最后按各种钢筋的间距以及各种钢筋在构件中的相对位置,综合想象出整个梁内钢筋的配置情况。

实训十一

实训目的：掌握水工图的表达方法和尺寸标注，提高阅读水工图的能力。

实训内容：阅读水利工程图(见图11-31)。

实训要求：阅读并绘制，用A3的图幅(420×297)抄绘所给水利工程图；要求按图中标注尺寸绘制；比例自定。

实训步骤：

(1)先分段阅读所给工程图。

(2)布图并确定作图基准。

(3)分别抄绘各个视图。

提示：

(1)可分别绘制进口端、渐变面、扭曲面和出口端。

(2)按图示位置画出不同的断面图。

实训小结：(由实训者自行总结实训过程，如掌握了哪些技能，哪些知识点还欠缺)

复习思考题

一、思考题

1. 水工图按什么分类？各有什么特点？
2. 水工图的表达方法有哪些？
3. 水工图的标注有什么特点和不同？

二、选择题(将正确的答案代号填在括号里)

1. 表达水工建筑物形状、大小、构造、材料等内容的图样是(　　)。
   (a)轴测图　　(b)施工导流图　　(c)建筑物结构图　　(d)枢纽布置图
2. 挡水建筑物平面布置图上的水流方向应该是(　　)。
   (a)从左到右　　(b)从右到左　　(c)自上而下　　(d)自下而上
3. 过水建筑物沿着平行于水流方向的轴线位置剖切得到的剖视图是(　　)。
   (a)横剖视图　　(b)局部剖视图　　(c)纵剖视图　　(d)纵断面图

三、判断题(正确的打"√"、错误的打"×")

1. (　)表达水利工程的布局、位置、类别等内容的图样是规划图。
2. (　)某消力池的排水孔只画几个圆孔，其余仅画中心线，此为简化画法。
3. (　)某桩号为1+130.00，则表示该桩号距离起点1 130 m。

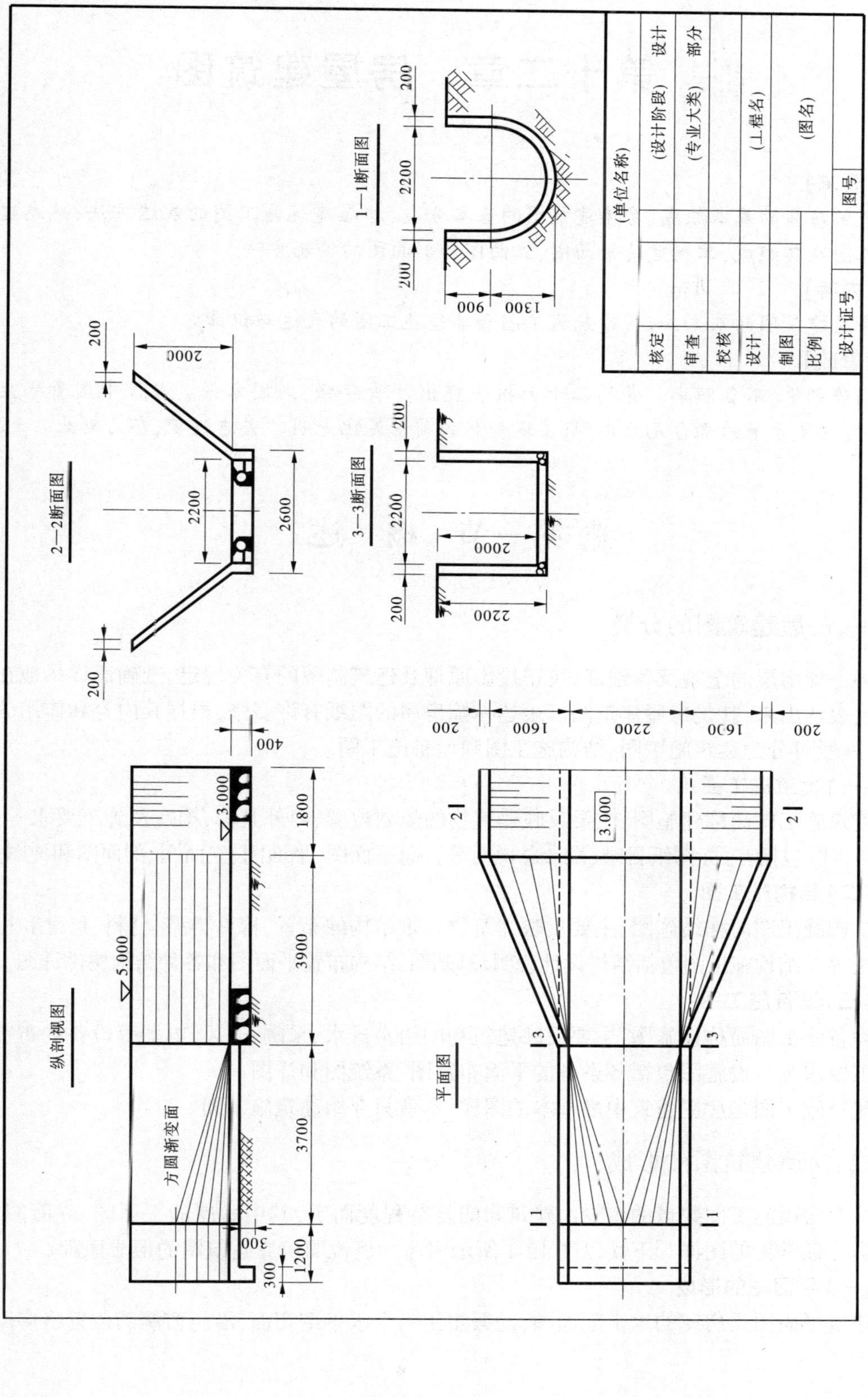
纵剖视图
方圆渐变面
平面图
1—1断面图
2—2断面图
3—3断面图
(单位名称)
核定
审查
校核
设计
制图
比例
设计证号
(设计阶段)　设计
(专业大类)　部分
(工程名)
(图名)
图号

图 11-31　水利工程图

第十二章 房屋建筑图

【学习要求】

了解房屋的基本组成、房屋建筑图的基本分类、房屋建筑施工图的表达方法,熟悉建筑施工图及其组成,掌握建筑平面图、立面图和剖面图的绘制方法。

【主要内容】

房屋建筑图的基本知识、建筑施工图和建筑施工图的表达与识读。

【课程思政】

只争朝夕,不负韶华。党的二十大报告提出:"青年强,则国家强。当代中国青年生逢其时,施展才干的舞台无比广阔,实现梦想的前景无比光明。"矢志追梦,奋力创业。

第一节 概 述

一、房屋建筑图的分类

将一幢房屋的全貌及各细部,按正投影原理及建筑制图的有关规定,准确而详尽地在图纸上表达出来,就是房屋建筑图。表达一幢房屋的图纸有许多张,根据其内容和作用的不同,一般可分为建筑施工图、结构施工图和设备施工图。

(一)建筑施工图

建筑施工图简称建施图,主要反映建筑物的规划位置、内外装修、构造及施工要求等。建筑施工图包括首页(图纸目录、设计总说明等)、总平面图,平面图、立面图、剖面图和详图。

(二)结构施工图

结构施工图简称结施图,主要反映建筑物承重结构的布置、构件类型、材料、尺寸和构造做法等。结构施工图包括结构设计说明、基础图、结构布置平面图和各种结构构件详图。

(三)设备施工图

设备施工图简称设施图,主要反映建筑物的给水排水、采暖、通风、电器等设备的布置和施工要求等。设施图包括各设备的平面布置图、系统图和详图。

建筑施工图是房屋建筑中最基本的图样,本章只介绍建筑施工图。

二、房屋建筑图的形成

一套房屋施工图数量的多少由建筑物的复杂程度而定,其中房屋的平面图、立面图、剖面图是最常见的图样。下面以图12-1所示房屋为例说明房屋建筑图的形成原理。

(一)平面图的形成

建筑平面图是房屋的水平剖面图,是假想用一个水平剖切面,沿门窗洞的位置将房屋

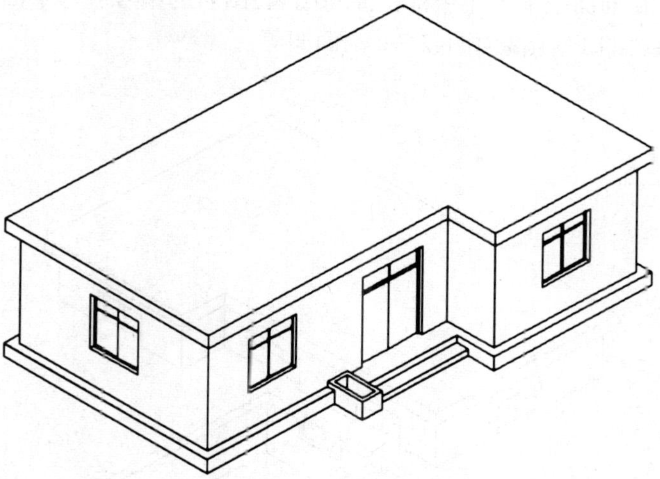

图 12-1 房屋轴测图

切开,移去剖切平面上方的部分房屋,将留下的部分向水平投影面作正投影所得到的图样,简称平面图。它主要用来表示房屋的平面布置情况,在施工过程中,是进行放线、砌墙和安装门窗等工作的依据。如图 12-2 所示为房屋的平面图形成原理。

一般来说,建筑物有几层就应画几个平面图,并在图的下方正中标注相应的图名,如底层平面图(也称首层、一层平面图)、二层平面图等,在图名下方画一粗实线。此外,还应有屋顶平面图,即房屋屋顶的水平投影(简单的房屋可不用画)。当某些楼层平面图的布置相同时,则相同的楼层可共用一个平面图表示,称为标准层平面图。若房屋平面布置左右对称,可将不同的两层平面图画在一起,左边画出某层的左半边,右边画出另一层的右半边,中间以细点画线分界,画上对称符号,并在该图下方分别注写图名。

(二)立面图的形成

建筑立面图是在与房屋立面相平行的投影面上所作的正投影,简称立面图。它主要用来表示建筑物的体型和外貌,并表明外墙面的装修要求。

房屋有多个立面,通常把房屋的主要入口的立面图画为正立面图,如图 12-3(a)所示,从而确定背立面图和侧立面图。有定位轴线的建筑物,根据两端定位轴线编号确定立面图名称,如①~④立面图、A~C 立面图等;无定位轴线的建筑物,则可按房屋的朝向来定立面图的名称,如南立面图、东立面图,如图 12-3(b)、(c)分别为房屋的正立面图和侧立面图。

(三)剖面图的形成

为了清楚地表达建筑物的内部情况,各房间的净空高度,各部分的竖向联系、高度及材料等,假想用一平行于房屋某墙面的铅垂剖切面将房屋从屋顶到基础全部剖开,如图 12-4(a)所示,把需要留下的部分投射到与剖切平面平行的投影面上,得到建筑剖面图,简称剖面图,如图 12-4(b)所示。

剖面图的数量应根据房屋的复杂程度和施工需要而定,剖切平面可平行于房屋的宽度方向,形成横剖;也可平行于房屋的长度方向,形成纵剖。若一个剖切平面不能满足要求,可作阶梯剖。在剖面图下方正中部位注写图名,图名的编号应与平面图中所标注的剖切位置符号相一致,如1—1剖面图、2—2剖面图等。

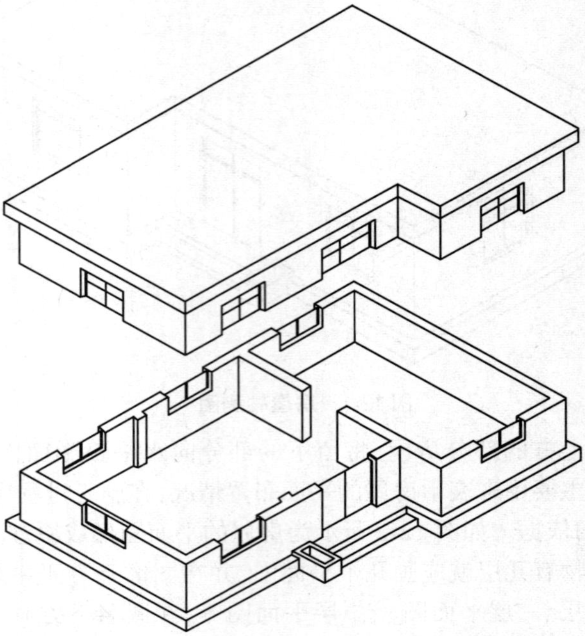

(a)平面图剖切位置示意

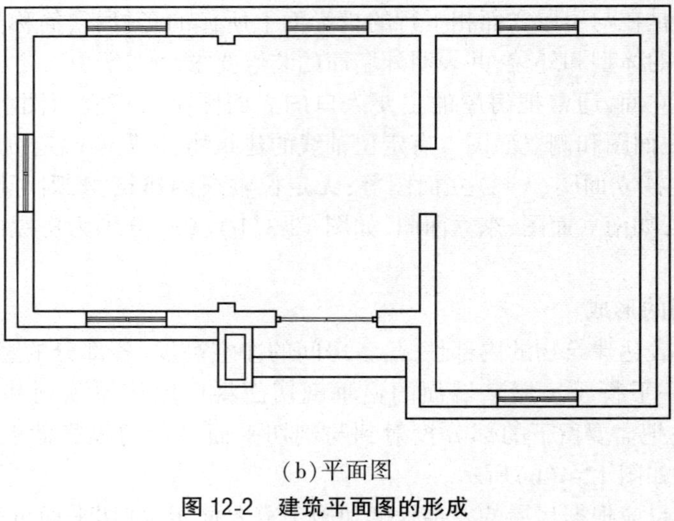

(b)平面图

图12-2　建筑平面图的形成

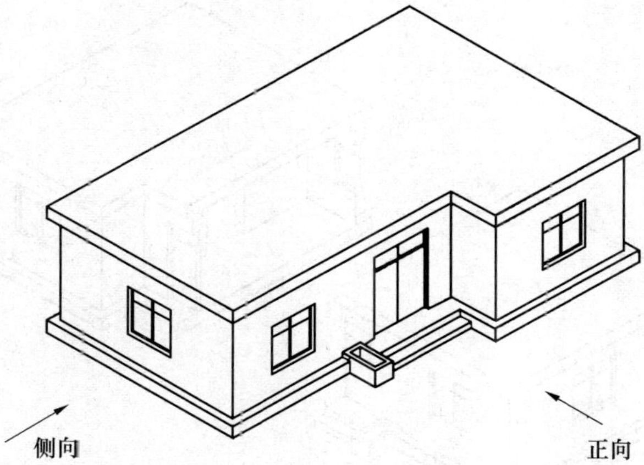

(a)立面图投影方向

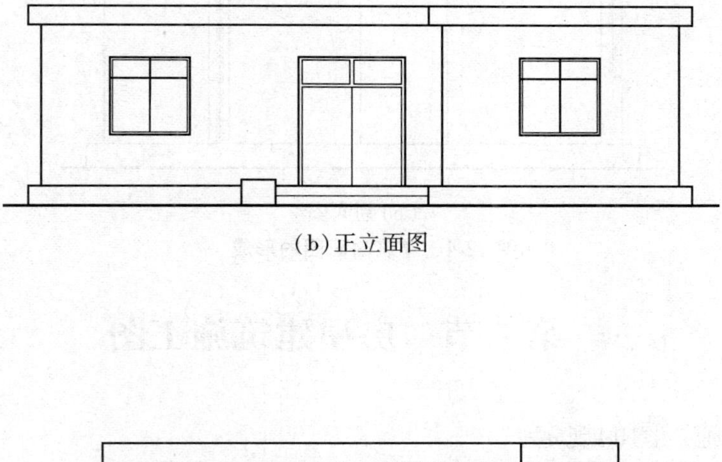

(b)正立面图

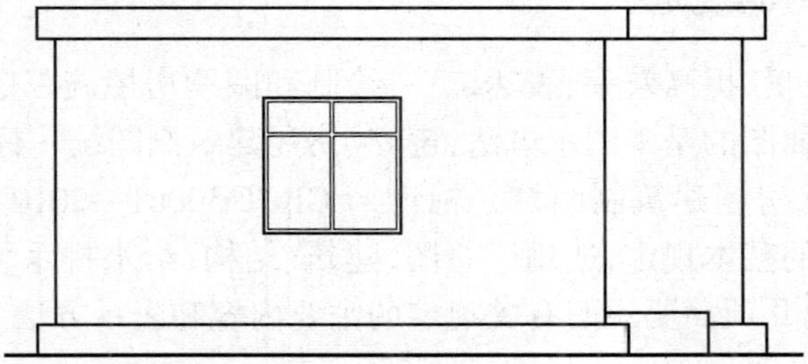

(c)侧立面图

图 12-3　建筑立面图的形成

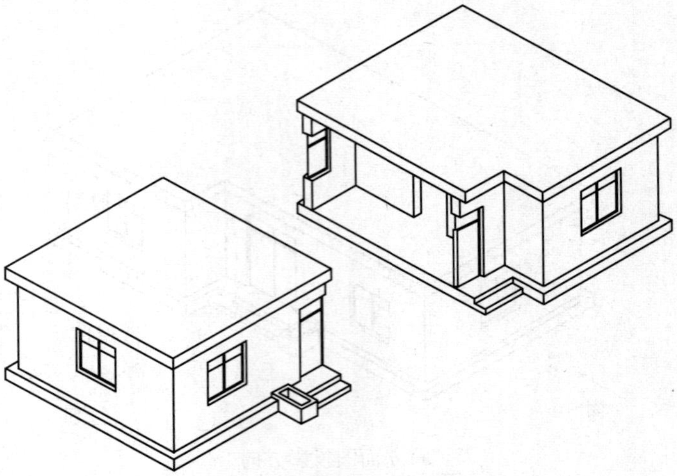

(a)剖面图剖切位置示意

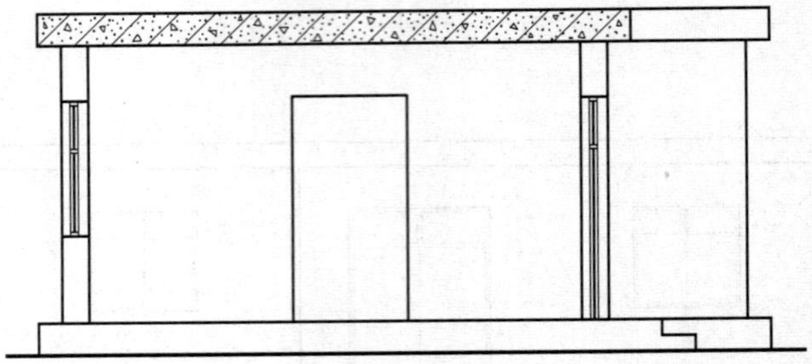

(b)剖面图

图 12-4　建筑剖面图的形成

第二节　房屋建筑施工图

一、建筑施工图的规定

为了保证制图质量、提高效率、表达统一,绘制和阅读房屋施工图应依据正投影原理及视图、剖面图和断面图的基本图示方法,遵守《房屋建筑制图统一标准》(GB/T 50001—2017)。该标准是在《房屋建筑制图统一标准》(GB/T 50001—2010)的基础上修订而成的,是房屋建筑制图的基本规定,适用于总图、建筑、结构、给水排水、暖通空调、电气等各专业制图。现就下列几项简要说明有关规定的主要内容和表示方法。

(一)图线

建筑专业制图采用的各种线型、线宽,应符合《建筑制图标准》(GB/T 50104—2010)中的规定,如表 12-1 所示。绘图时,应按照所绘图样的具体情况选定粗实线的宽度"b",其他线型的宽度也就随之而定;如果所绘图样比较简单,可采用两种线宽的线宽组,其线宽比为 b∶0. 25b。

表 12-1 建筑制图中的图线

名称		线型	线宽	用途
实线	粗		b	1. 平、剖面图中被剖切的主要建筑构造（包括构配件）的轮廓线； 2. 建筑立面图或室内立面图的外轮廓线； 3. 建筑构造详图中被剖切的主要部分的轮廓线； 4. 建筑构配件详图中的外轮廓线； 5. 平、立、剖面的剖切符号
	中粗		$0.7b$	1. 平、剖面图中被剖切的次要建筑构造（包括构配件）的轮廓线； 2. 建筑平、立、剖面图中建筑构配件的轮廓线 3. 建筑构造详图及建筑构配件详图中的一般轮廓线
	中		$0.5b$	小于 $0.7b$ 的图形线、尺寸线、尺寸界线、索引符号、标高符号、详图材料做法引出线、粉刷线、保温层线、地面、墙面的高差分界线等
	细		$0.25b$	图例填充线、家具线、纹样线等
虚线	中粗		$0.7b$	1. 建筑构造详图及建筑构造配件不可见的轮廓线； 2. 平面图中的起重机（吊车）轮廓线； 3. 拟建、扩建建筑物轮廓线
	中		$0.5b$	投影线、小于 $0.5b$ 的不可见轮廓线
	细		$0.25b$	图例填充线、家具线等
单点长画线	粗		b	起重机（吊车）轨道线
	细		$0.25b$	中心线、对称线、定位轴线
折断线	细		$0.25b$	部分省略表示时的断开界线
波浪线	细		$0.25b$	1. 部分省略表示时的断开界线，曲线形构间断开界线； 2. 构造层次的断开界线

注：地平线宽可用 $1.4b$。

（二）比例

建筑专业制图选用的比例，应符合《建筑制图标准》（GB/T 50104—2010）中的有关规定，如表 12-2 所示。

表 12-2 建筑制图比例

图名	比例
建筑物或构筑物的平面图、立面图、剖面图	1∶50、1∶100、1∶150、1∶200、1∶300
建筑物或构筑物的局部放大图	1∶10、1∶20、1∶25、1∶30、1∶50
配件及构造详图	1∶1、1∶2、1∶5、1∶10、1∶15、1∶20、1∶25、1∶30、1∶50

（三）常用图例

建筑物和构筑物是按比例缩小绘制在图纸上的，对于有些建筑构件及建筑材料，往往不可能按实际投影画出，同时用文字注释也难以表达清楚。为了得到简单而明了的效果，《建筑制图标准》(GB/T 50104—2010)规定了统一的图例和代号，常用构造及配件图例见表 12-3，常用建筑材料图例见表 12-4。

表 12-3　常用构造及配件图例

名称	图例	说明
单面开启单扇门(包括平开或单面弹簧)	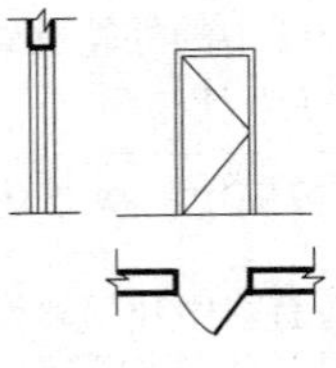	1. 门的名称代号用 M 表示； 2. 平面图中，下为外，上为内，门开启线为 90°、60°或 45°，开启弧线宜绘出； 3. 立面图中，开启线实线为外开，虚线为内开；开启线交角的一侧为安装合页一侧；开启线在建筑立面图中可不表示，在立面大样图中可根据需要绘出； 4. 剖面图中，左为外，右为内； 5. 附加纱扇应以文字说明，在平、立、剖面图中均不表示； 6. 立面形式应按实际情况绘制
双面开启单扇门(包括双面平开或双面弹簧)	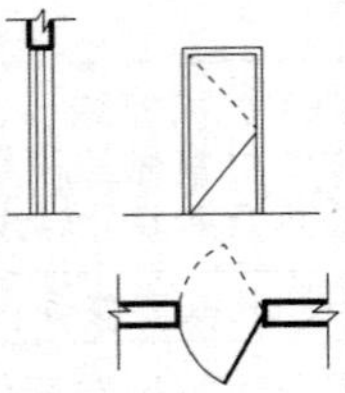	
双层单扇平开门	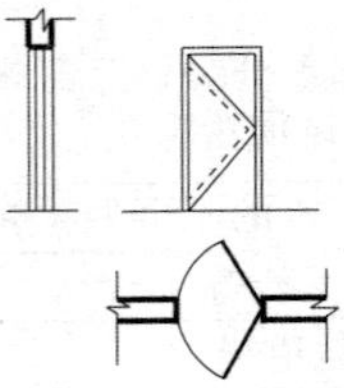	
单面开启双扇门(包括平开或单面弹簧)	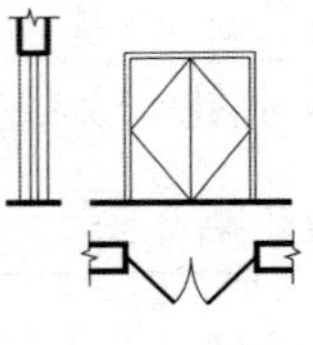	
双面开启双扇门(包括双面平开或双面弹簧)	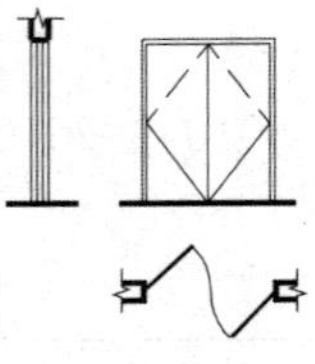	
双层双扇平开门	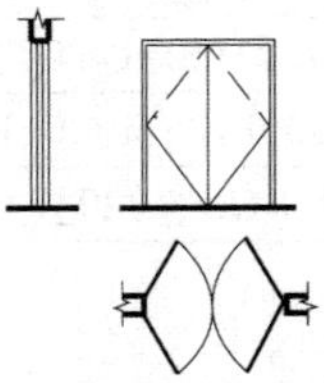	

名称	图例	说明
固定窗	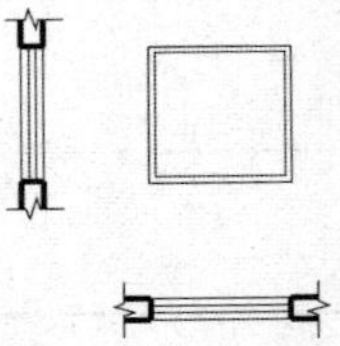	1. 窗的名称代号用 C 表示； 2. 平面图中，下为外，上为内； 3. 立面图中，开启线实线为外开，虚线为内开；开启线交角的一侧为安装合页一侧；开启线在建筑立面图中可不表示，在门窗立面大样图中需绘出； 4. 剖面图中，左为外，右为内，虚线仅表示开启方向，项目设计不表示； 5. 附加纱窗应以文字说明，在平、立、剖面图中均不表示； 6. 立面形式应按实际情况绘制
上悬窗	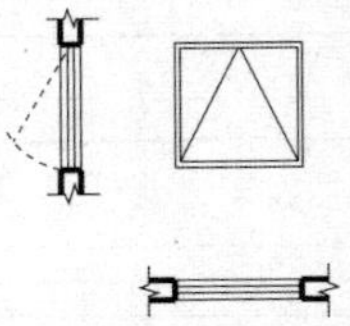	
单层外开平开窗	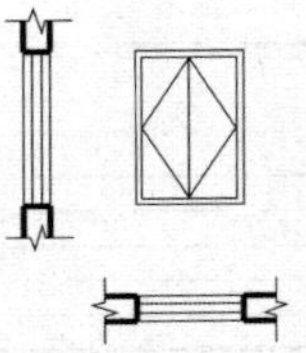	
单层内开平开窗	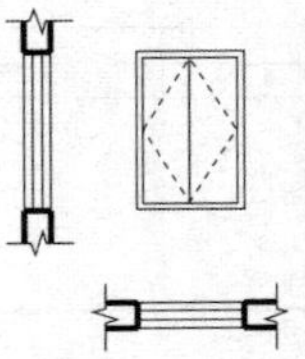	
楼梯	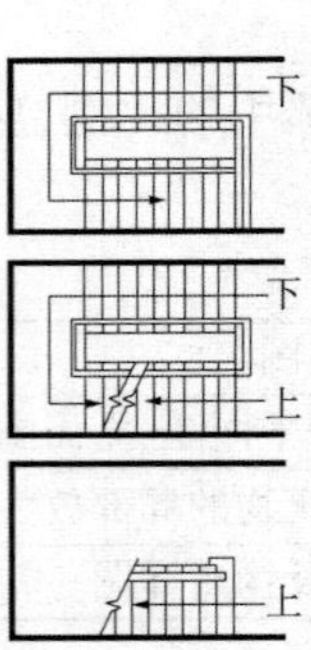	1. 上图为顶层楼梯平面，中图为中间层楼梯平面，下图为底层楼梯平面； 2. 需设置靠墙扶手或中间扶手时，应在图中表示

表 12-4　常用建筑材料图例

序号	名称	图例	说明
1	自然土壤		包括各种自然土壤
2	夯实土壤	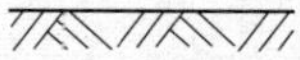	斜线为 45°细实线
3	砂、灰土	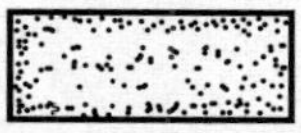	靠近轮廓线点较密
4	普通砖	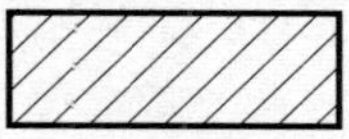	1. 包括砌体、砌块； 2. 断面较窄，不易画图例线时可涂红
5	混凝土	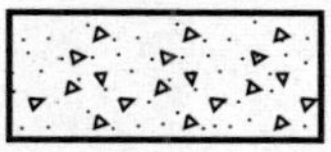	1. 本图例仅适用于能承重的混凝土及钢筋混凝土； 2. 包括各种强度等级、骨料、添加剂的混凝土； 3. 在断面图上画出钢筋时，不画图例线； 4. 断面较窄，不易画图例线时，可涂黑
6	钢筋混凝土		
7	金属	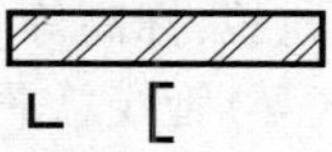	1. 包括各种金属； 2. 图形小时，可涂黑
8	木材		上图为横断面，下图为纵断面
9	毛石		
10	饰面砖		包括铺地砖、玻璃、马赛克、陶瓷锦砖、人造大理石等
11	防水材料		构造层次多或比例较大时，采用上面图例

(四) 标高

标高是标注建筑物高程的另一种尺寸形式。标高分绝对标高和相对标高两种。绝对标高以黄海平均海平面为零点，相对标高以单个建筑物的室内底层地面为零点，写成 ±0.000。建筑施工图中的标高符号应按图 12-5(a) 所示形式以细实线绘制，具体画法如图 12-5(b) 所示。标高数字以 m 为单位，精确到小数点后三位数(总平面图中精确到小数点后两位数)，标注方法如图 12-5(c) 所示。标高数字前"－"表示该面低于零点标高，高于零点的标高不注"+"。如在同一位置表示几个不同标高，数字可按图 12-5(d) 的形式注写。

二、建筑施工图的内容

建筑施工图是表示建筑物的总体布局、外部造型、内部布置、细部构造、内外装修以及施工要求的图样。建筑施工图主要用来作为施工放线、砌墙、安装门窗、室内外装修以及编制预算和施工组织计划等的依据。一般包括总平面图、建筑平面图、建筑立面图、建筑剖面图和建筑详图。

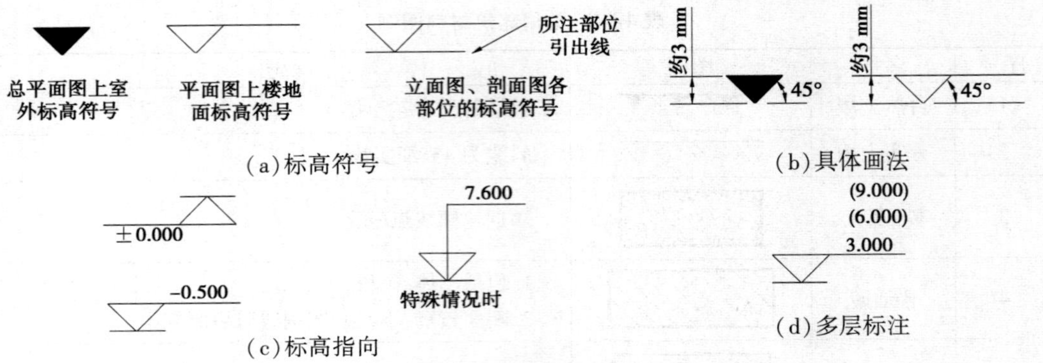

图 12-5　标高符号

(一)总平面图

将拟建工程四周一定范围内的新建、拟建、原有和拆除的建筑物连同其周围的地形地物状况,用水平投影和相应的图例所画出的图样,称总平面图。它能反映出新建房屋和原有房屋的位置、朝向、道路、绿化等的布置以及地形、地貌、标高等。总平面图是新建房屋施工定位、土方施工以及其他专业(如水、暖、电、煤气等)管线总平面图设计的重要依据。

总平面图一般采用 1∶500、1∶1 000、1∶2 000 的比例,表 12-5 给出了总平面图中的部分图例。

表 12-5　总平面图常用图例

名称	图例	说明
新建建筑物	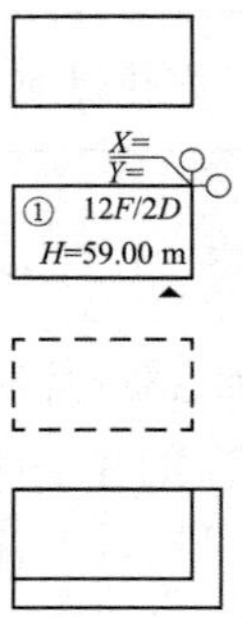	1. 新建建筑物以粗实线表示与室外地坪相接处±0.00 外墙定位轮廓线; 2. 建筑物一般以±0.00 高度处的外墙定位轴线交叉点坐标定位;轴线用细实线表示,并标明轴线号; 3. 根据不同设计阶段标注建筑编号,地上、地下层数,建筑高度,建筑出入口位置(两种表示方法均可,但同一图纸应采用一种表示方法); 4. 地下建筑物以粗虚线表示其轮廓; 5. 建筑上部(±0.00 以上)外挑建筑用细实线表示; 6. 建筑物上部连廊用细虚线表示并标注位置
原有建筑物	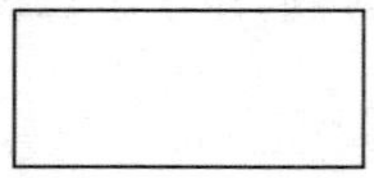	用细实线表示
计划扩建的预留地或建筑物		用中粗虚线表示

续表 12-5

名称	图例	说明
拆除的建筑物		用细实线表示
围墙及大门		
原有道路		
计划扩建的道路		
新建的道路	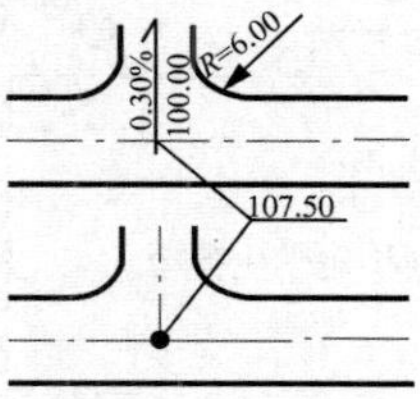	“R=6.00”表示道路转变半径；“107.50”为道路中心线交叉点设计标高，两种表示方式均可，同一图纸采用一种方式表示；“100.00”为变坡点之间距离，“0.30%”表示道路坡度，一表示坡向
拆除的道路	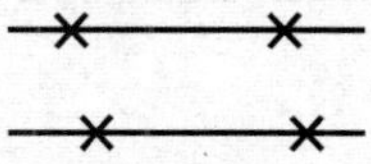	
人行道	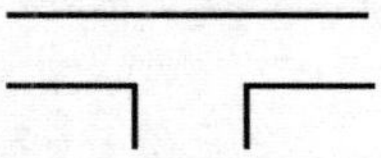	

在总平面图中，除图例外，通常还要画出带有指北方向的风向频率玫瑰图（简称风玫瑰图，参见图 12-6 右下角所绘图形），用来表示该地区常年的风向频率和房屋的朝向。风玫瑰图是根据当地多年平均统计的风向次数，按一定比例绘制的，风的吹向是从外吹向中心。实线表示全年风向频率，虚线表示夏季风向频率。

在总平面图中，常标出新建房屋的总长、总宽和定位尺寸，以及室内底层地面和室外地面的绝对标高，尺寸和标高都以 m 为单位，注写到小数点以后两位数字。

（二）建筑平面图

1. 图示内容

一般地，建筑平面图应包括以下内容：

（1）图名、比例、朝向、层次。

（2）纵、横定位轴线及其编号。

（3）墙、柱的断面形状和大小。

（4）各房间的分隔情况，门窗布置及型号。

（5）楼梯梯段的走向和级数。

（6）其他构配件如台阶、雨篷、阳台的位置，卫生间、厨房等固定设备及雨水管、明沟的布置。

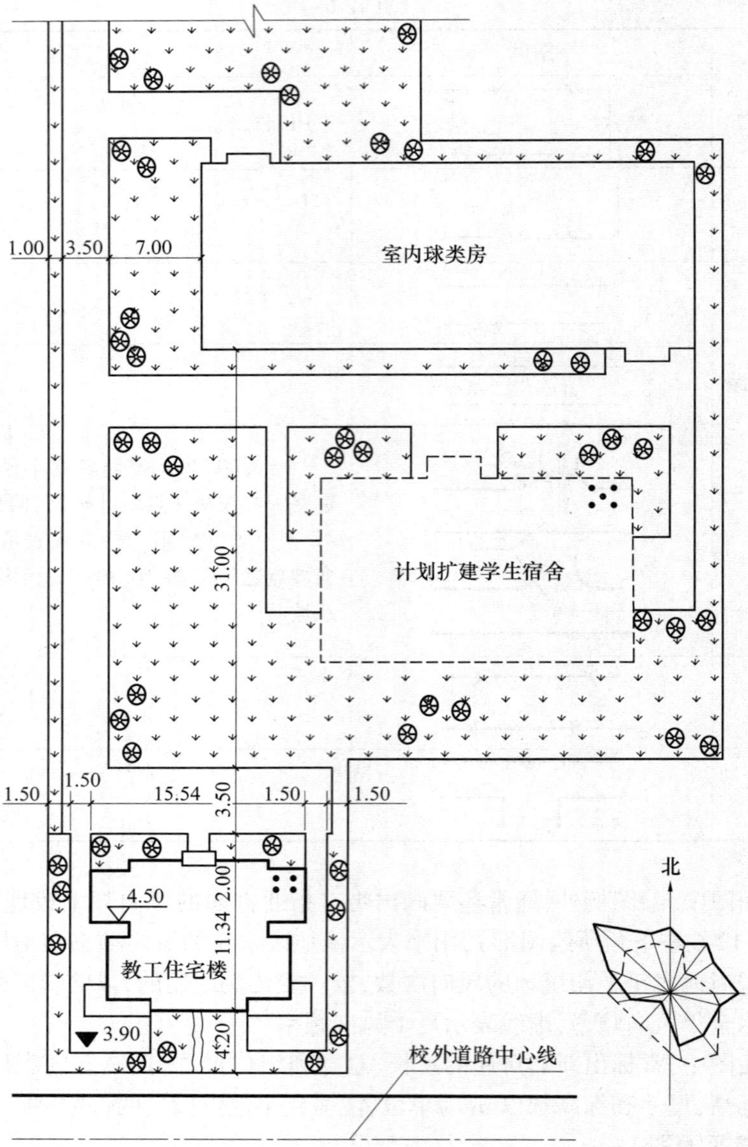

图 12-6　总平面图

(7)轴线间距,各建筑构配件的定形尺寸、定位尺寸以及楼地面的标高。

(8)剖面图的剖切符号。

(9)详图索引符号。

(10)施工说明等。

2. 相关规定和要求

1)定位轴线

定位轴线用细点画线绘制,其编号注在直径为 8~10 mm 的圆内,圆心在定位轴线的延长线或延长线的折线上。平面图上定位轴线的编号标注在图样的下方与左侧,横向编号用阿拉伯数字，从左至右顺序编写，竖向编号用大写拉丁字母（I、O、Z 除外）从下至上顺序编写。在标注非承重的分隔墙或次要的承重构件时，可在两根轴线之间附加轴线，附加轴线的编号应按图 12-7 所规定的分数表示。

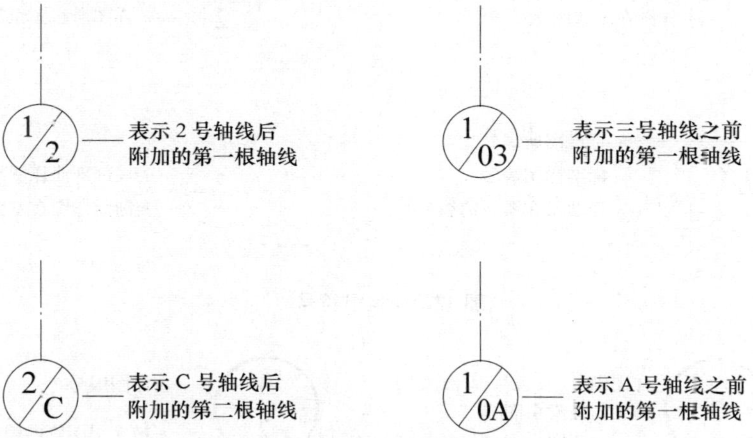

图 12-7　附加轴线及其编号

2）图线

建筑平面图中被剖切到的主要轮廓线，如墙的断面轮廓线，用粗实线表示；次要轮廓线，如楼梯、踏步、台阶等，用中实线表示；图例线、引出线、标高符号等月细实线表示。

3）符号和图例

在底层平面图上应画出指北针，所指方向应与总平面图中风玫瑰图的指北方向一致。指北针用细实线绘制，圆的直径为 24 mm，指北针尾部宽为 3 mm，指针尖端指向北，由指北针可以看出整幢住宅和各个房间的朝向。

对需要另画详图表达的局部构造或构件，应在图中相应部位用索引符号索引，而索引出的详图，则应画出详图符号。索引符号以细实线绘制，圆的直径为 10 mm，引出线应指在要索引的位置上。当引出的是剖面详图时，用粗实线表示剖切位置，引出线所在的一侧为剖视方向，圆内编号的含义如图 12-8 所示。详图符号应以粗实线绘制，直径为 14 mm，当详图与被索引的图样不在同一张图纸内时，可用细实线在详图符号内画一水平直径，圆内编号的含义如图 12-9 所示。

不同比例的平面图、剖面图，其抹灰层、楼地面、材料图例的省略画法，应符合下列规定：

（1）比例大于 1∶50 的平面图、剖面图，应画出抹灰层、保温隔热层等与楼地面、屋面的面层线，并宜画出材料图例。

（2）比例等于 1∶50 的平面图、剖面图，剖面图宜画出楼地面、屋面的面层线，宜绘出保温隔热层，抹灰层的面层线应根据需要而定。

（3）比例小于 1∶50 的平面图、剖面图，可不画出抹灰层，但剖面图宜画出楼地面、屋面的面层线。

（4）比例为 1∶100～1∶200 的平面图、剖面图，可画简化的材料图例（可砖墙涂红，钢筋混凝土涂黑），但剖面图宜画出楼地面、屋面的面层线。

（5）比例小于 1∶200 的平面图、剖面图，可不画材料图例，剖面图的楼地面、屋面的面层线可不画出。

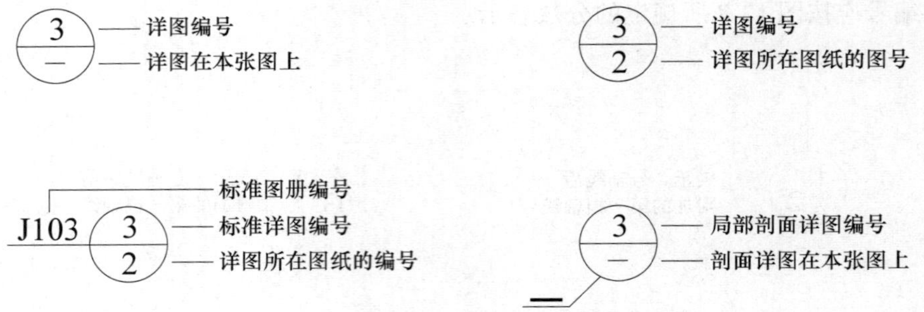

图 12-8　索引符号

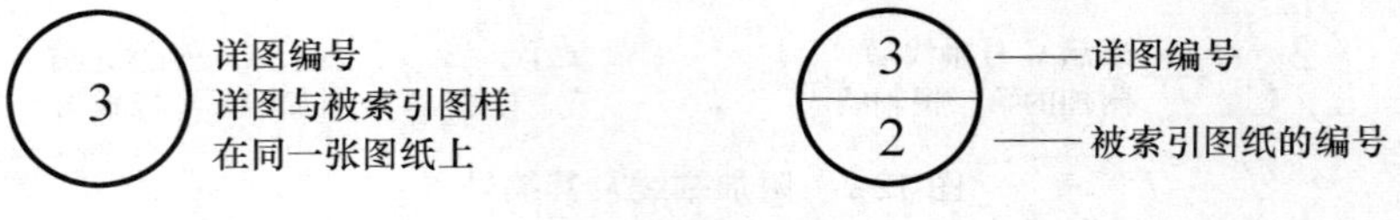

图 12-9　详图符号

门窗按规定图例绘制(门窗内可不画分格线),代号分别为M、C,钢门、钢窗的代号分别为GM、GC,代号后面的阿拉伯数字是它们的型号。

3. 尺寸标注

在建筑平面图中,应标注房屋总长、总宽,各房间的开间、进深,门、窗洞的宽度、位置,墙厚,以及其他一些主要构配件与固定设施的定形和定位尺寸。其中,外墙应注三道尺寸,最靠近图形的一道,是表示外墙的细部尺寸;第二道主要标注轴线间的尺寸;最外一道,表示这幢住宅两端外墙面之间的总尺寸。上述尺寸,均不包括粉刷层厚度。

在建筑平面图中,宜标注室内外地面、楼地面、阳台等处的完成面标高,即包括面层(粉刷层)在内的建筑标高。在底层平面图中,还应标注出地面的相对标高,在地面有起伏处,应画出分界线。

(三)建筑立面图

1. 图示内容

(1)图名、比例。

(2)立面两端的定位轴线及其编号。

(3)门窗的位置和形状。

(4)屋顶的外形。

(5)外墙面的装饰及做法。

(6)台阶、雨篷、阳台等的位置、形状和做法。

(7)标高及必须标注的局部尺寸。

(8)详图索引符号。

(9)施工说明等。

2. 相关规定和要求

1) 定位轴线

立面图中一般只画两端的定位轴线并给出编号，以便与平面图对照来确定立面的朝向，如①~⑦立面图也称南立面图。

2) 图线

室外地平线用 1.4b 的加粗实线表示；外轮廓线用粗实线表示；在外轮廓线之内的凹进或凸出墙面轮廓线，以及门窗洞、雨篷、阳台、台阶、平台、遮阳板等建筑设施或构配件的轮廓线，画成 0.5b 的中实线；一些较小的构配件和细部的轮廓线，表示立面上凹进或凸出的一些次要构造或装修线，如雨水管，墙面上的引条线、勒脚、图例线等，画成线宽为 0.25b 的细实线。

3) 尺寸标注

在立面图中，一般不标注房屋的总长和总高，也不标注门、窗的宽度和高度尺寸，而应标注室内外地面、楼面、阳台、平台、檐口、门、窗等处的标高。在建筑立面图中注写标高时，除门、窗洞口不包括粉刷层外，通常在标注构件的上顶面（如女儿墙顶面和阳台栏杆顶面）时，用建筑标高，即完成面标高；而在标注构件下底面（如阳台底面、雨篷底面）时，用结构标高，即不包括粉刷层的毛面标高。

（四）建筑剖面图

建筑剖面图是房屋的垂直剖面图，是假想用一个铅垂剖切平面剖开房屋，将位于剖切平面与观察者之间的部分移去，留下的部分向投影面作投影所得到的图形。建筑剖面图的剖切位置根据具体情况而定，一般选在内部结构较复杂，能反映房屋全貌和构造特征的地方。剖面图的数量视房屋的复杂程度和施工中的实际需要而定。

建筑剖面图主要用来表示房屋的内部分层、结构型式、构造方法、材料、做法、各部位间的联系及其标高等情况。在施工过程中，建筑剖面图是进行分层、砌筑内墙、铺设楼板及屋面板和楼梯、内部装修等工作的依据。

1. 图示内容

(1) 图名、比例。

(2) 外墙的定位轴线及其编号。

(3) 剖切到的室内外地面、楼板、屋顶、内外墙及门、窗、各种梁、楼梯、阳台、雨篷等的位置、形状及图例。

(4) 未剖切到的可见部分轮廓线，如墙、门、窗、梁、柱的位置和形状。

(5) 垂直尺寸及标高。

(6) 详图索引符号。

(7) 施工说明等。

2. 相关规定和要求

1) 定位轴线

在建筑剖面图中，通常给出被剖切到的墙或柱子的定位轴线及其间距，建筑剖面图中定位轴线的左右相对位置，应与平面图中剖视方向投射后所得到的投影相一致，以便与建筑平面图对照识读。

2) 图线

室外地平线用 1.4b 的加粗实线;被剖切到的主要建筑构造、构配件的轮廓线,室外台阶和平台,用 1b 的粗实线;被剖切到的次要构配件的轮廓线,用 0.5b 的中实线;屋面、楼地面的面层线,墙面上的一些装修线(外墙上的勒脚、引条线、内墙上的踢脚板),一些固定设施、构配件的轮廓线(如壁橱门、水箱内部的轮廓线)等用 0.25b 的细实线。

3) 尺寸标注

在建筑剖面图中,应标注房屋外部、内部一些必要的尺寸和标高。外部尺寸通常标注三道,门、窗洞及洞间墙的高度尺寸,层高尺寸,总高尺寸;内部尺寸标注内墙上的门、窗洞高度;室外地面、楼地面、阳台、平台、檐口、女儿墙顶,高出屋面的水箱、楼梯间顶部等处应标注标高。

在建筑剖面图中,主要标注高度方向的尺寸,对楼地面、楼梯、平台等处,应标注建筑标高(包括粉刷层高度),其余部位标注结构标高(不包括粉刷层厚度)。

(五) 建筑详图

建筑详图是建筑细部的施工图。因为建筑平、立、剖面图一般采用较小的比例,因而某些建筑构配件(如门、窗、楼梯、阳台等)和节点(如檐口、窗顶、窗台、明沟等)的详细构造和尺寸都不能在这些图中表达清楚。根据施工需要,在建筑平、立、剖面图中引出索引符号,在索引符号所指出的图纸上,另外绘制比例较大的图样,也称大样图或节点图。因此,建筑详图是建筑平、立、剖面图的补充。

建筑详图一般表达构配件的详细构造,所用的各种材料及其规格,各部分的连接方法和相对位置关系,各部分的详细尺寸,有关施工要求和做法等。同时,建筑详图必须画出详图符号,与被索引图样上的索引符号相对应。

楼梯是多层房屋上下交通的主要设施,通常由楼梯段、平台、栏杆与扶手组成。楼梯详图主要表示楼梯的类型、结构型式,以及楼梯段、栏杆的尺寸、材料和做法。楼梯详图一般由楼梯平面图、剖面图和节点详图组成。

第三节　房屋建筑施工图的表达与识读

下面以一幢住宅楼为例,介绍建筑施工图的表达与识读。

一、建筑平面图

(一) 底层平面图

图 12-10 表示该幢住宅楼的底层平面图。它是在底层窗台之上,底层通向二层楼梯平台之下水平剖切后,按俯视方向投射所得到的图形,主要反映这幢住宅底层的平面布置和房间大小。

从图 12-10 中可看出住宅北面室外标高为-0.600 m,上两级台阶后标高为-0.320 m,进门洞后标高为-0.300 m,上两级踏步,至标高为±0.000 m 的地面,继续上 18 级台阶则到达二楼楼面。底层分东西两户，每户各有三个卧室、一个过厅、一个厨房和一个卫生间。从门 M43 进入任一户，首先是一过厅，过厅的大门（M43）旁边有一个壁橱；过厅与厨房、卫生间之间有玻璃隔墙分隔；过厅向南，分别有大、小两间朝南卧室，大的开间为 3 300 mm，进深为 5 100 mm，小的开间为 3 300 mm，进深为 4 500 mm；过厅向北，有一小卧室，开间为 2 700 mm，进深为 3 900 mm；另外还可看到室外构配件和固定设施，如房屋四周的明沟、散水和雨水管的位置；北面的门洞外、住宅的东侧和西侧（过厅通往室外处），东南角和西南角分别有台阶和平台；在东南角和西南角的台阶角落外，各有一个花坛。

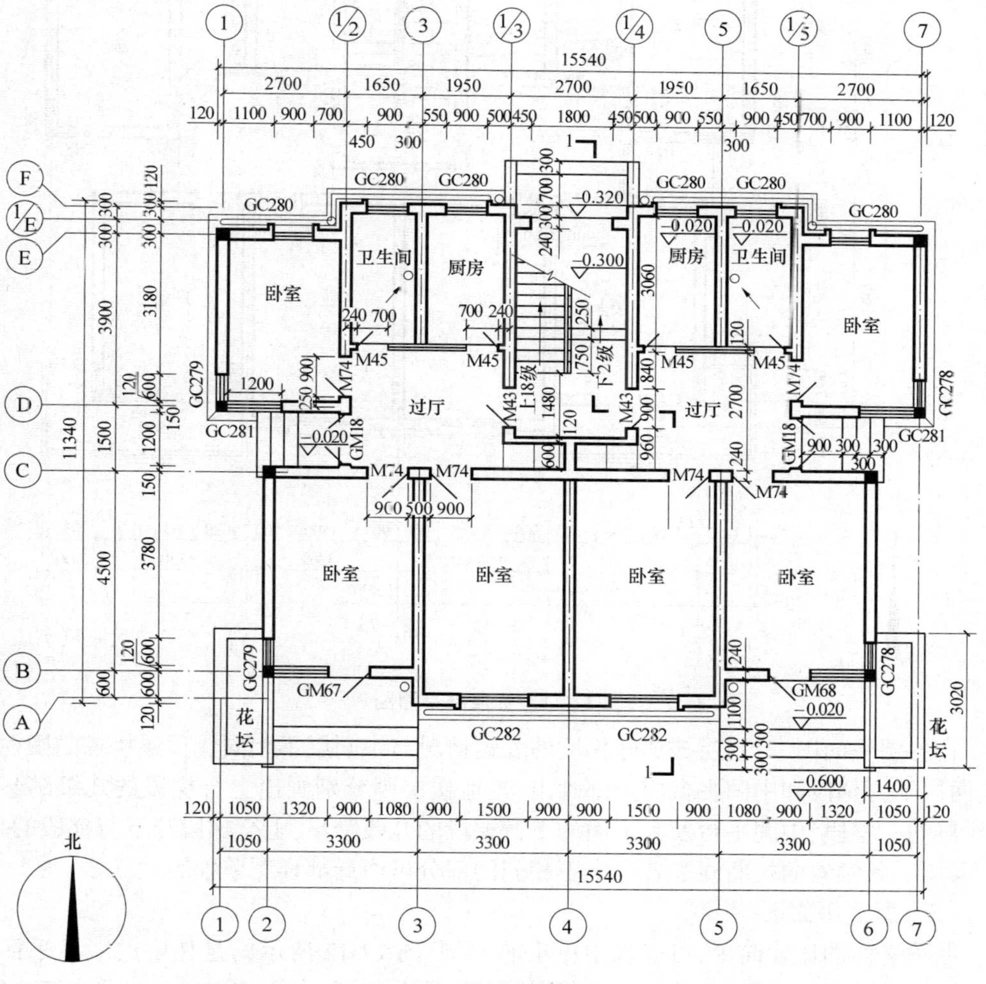

图 12-10　底层平面图

（二）标准层平面图

图 12-11 为标准层平面图，表示住宅楼的二层、三层、四层具有基本相同的平面图。标准层平面图中，不必画底层平面图中已显示的指北针和剖切符号，以及室外地面上的构配件和设施，但应画出底层平面图中未表明的室外构配件和设施。如标准层平面图中应

画出室外阳台、过厅窗外的花台等。

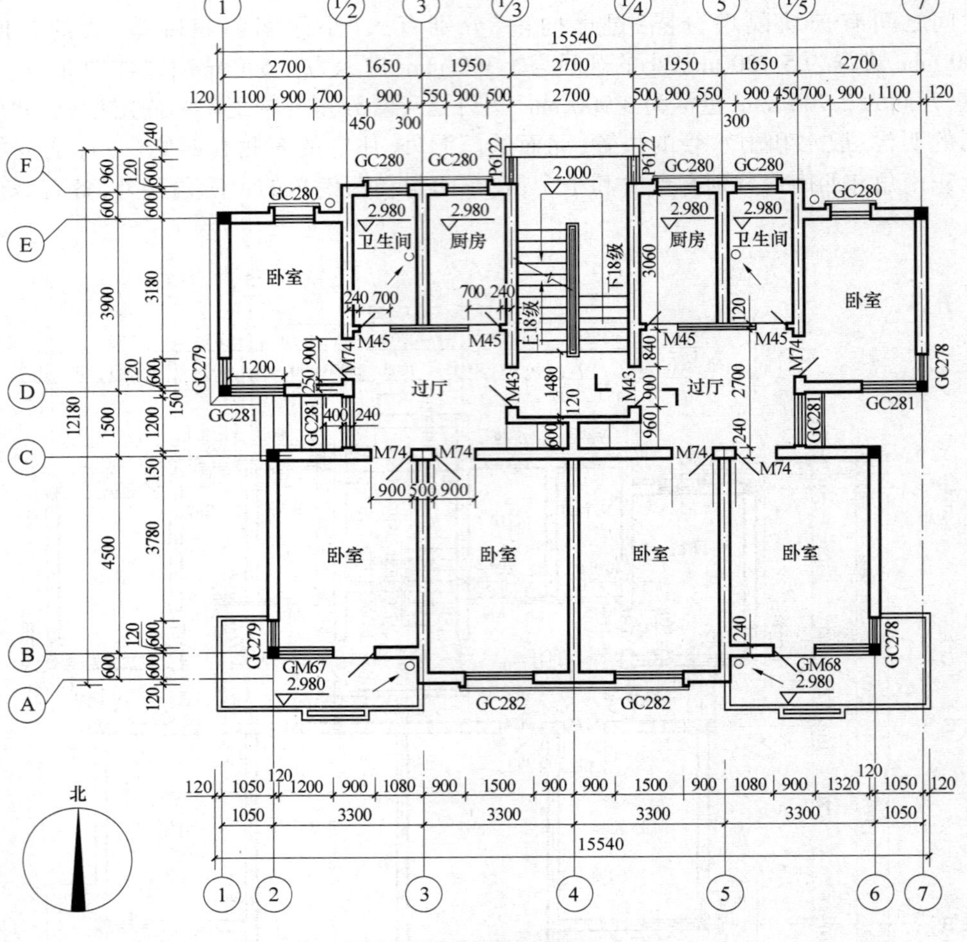

图 12-11 标准层平面图

在各层平面图中,顶层楼梯间梯段的表达情况与中间层不相同。顶层楼梯的围栏、扶手、两段下行梯段和中间平台应全部画出;其他楼层则分别画出上行梯段的几级踏步、下行梯段的一整段、中间平台及其下面的下行梯段的几级踏步,上行梯段与下行梯段的折断处,共用一条倾斜的折断线。各层中不相同的部分可用局部详图单独表达。

(三)屋顶平面图

屋顶平面图比较简单,可以采用更小的比例,图 12-12 所示的是住宅的屋顶平面图。在顶层平面图中,给出了定位轴线、屋顶的形状、女儿墙、分水线、隔热层、屋顶水箱和屋面检修孔的大小与位置、屋面的排水方向及坡度、天沟及其雨水口的位置,此外,还画出了在四层平面图中未能表明的顶层阳台的雨篷和顶层窗上的遮阳板。

二、建筑立面图

图 12-13 是住宅①~⑦立面图,也是南立面图,外轮廓线所包围的范围表示该幢住宅

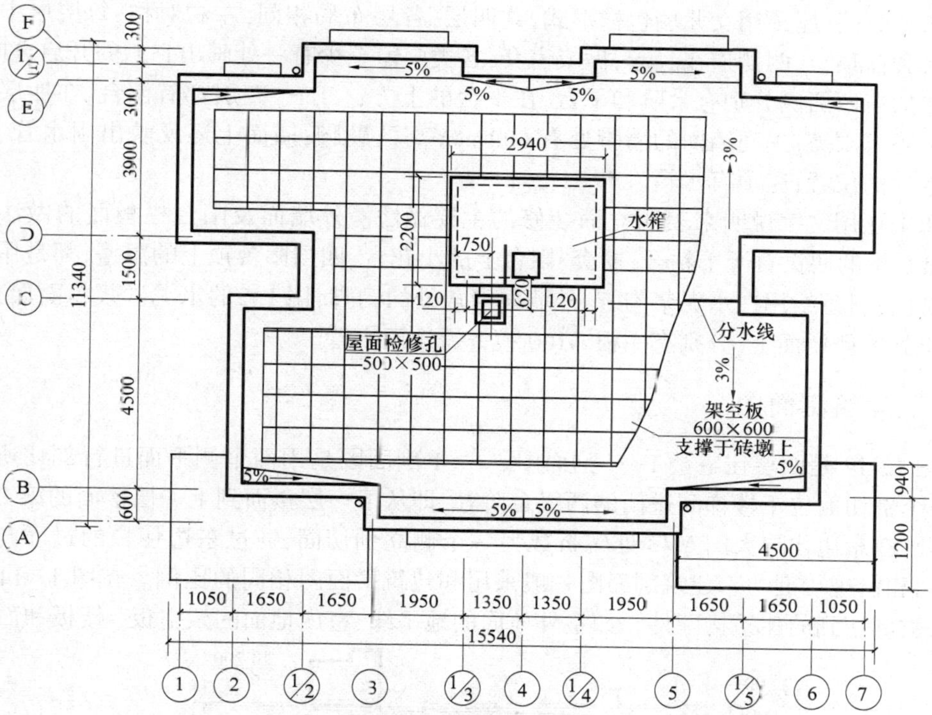

图 12-12　屋顶平面图

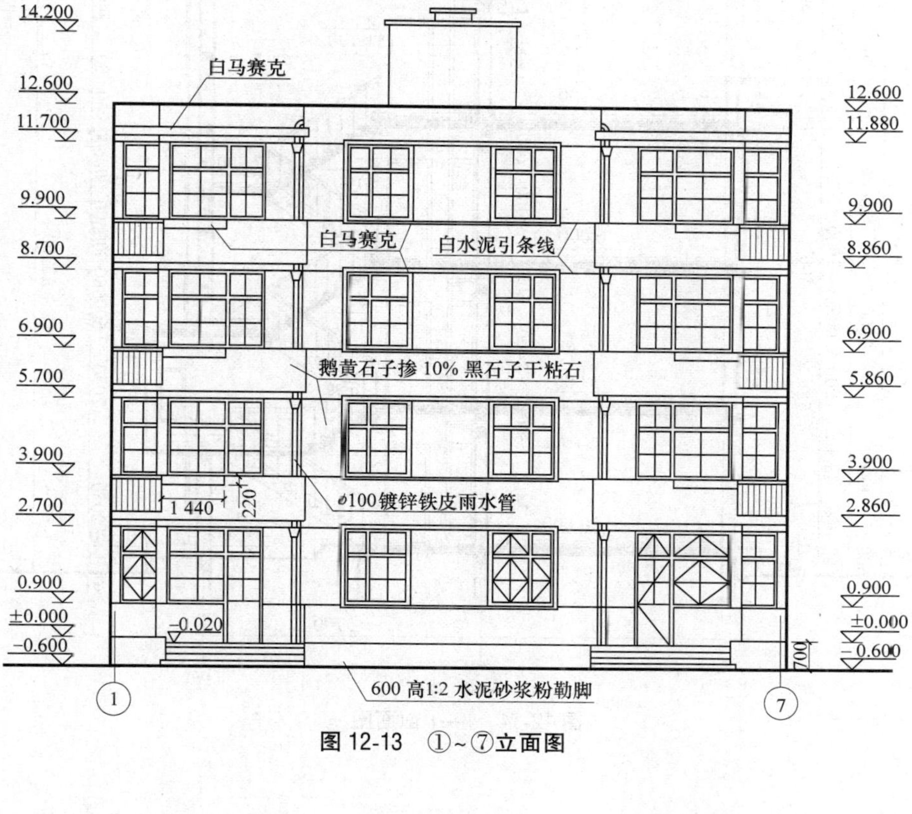

图 12-13　①~⑦立面图

的总长和总高,屋顶用女儿墙包檐形式,共四层,各层布局相同,左右对称,每层居中的两个窗台和窗顶,在两侧连在一起,做成窗套,各类门窗至少有一处画出它们的开启方向线,在底层的东西两侧分别有台阶和平台,在平台的上方,二、三、四层都有阳台,在四层的阳台之上还有雨篷;中间墙面的墙脚处有 600 mm 高的勒脚;墙面上还反映出雨水管、水斗和雨水口的位置;屋顶有水箱。

图中还用文字说明来表明立面装修的主要做法。外墙面及阳台栏板面的做法是掺10%黑石子的鹅黄石子干粘石;窗套、阳台上的小花台、四层阳台顶上的雨篷,都是用白马赛克贴面;引条线用白水泥浆勾缝;外墙面墙角处的勒脚,用 1∶2的水泥砂浆粉面层;在中间凸出处的侧墙面上,分别有一根 ϕ100 镀锌铁皮雨水管。

三、建筑剖面图

图 12-14 是四层住宅楼 1—1 剖面图。1—1 剖面图是用两个侧平面进行剖切所得到的,一个剖切面位于楼梯间进门的两级台阶处,即从下一层楼面到上一层楼面的第二上行梯段处,在东边住户大门 M43 处转折成另一个侧立剖切面,通过东边住户的过厅与大卧室的门和窗进行剖切。建筑剖面图一般采用和建筑平面图相同的比例。在图 12-14 中可看到,被剖切到的建筑构配件，如室外地面的地平线、室内地面的架空板、楼板和面层线

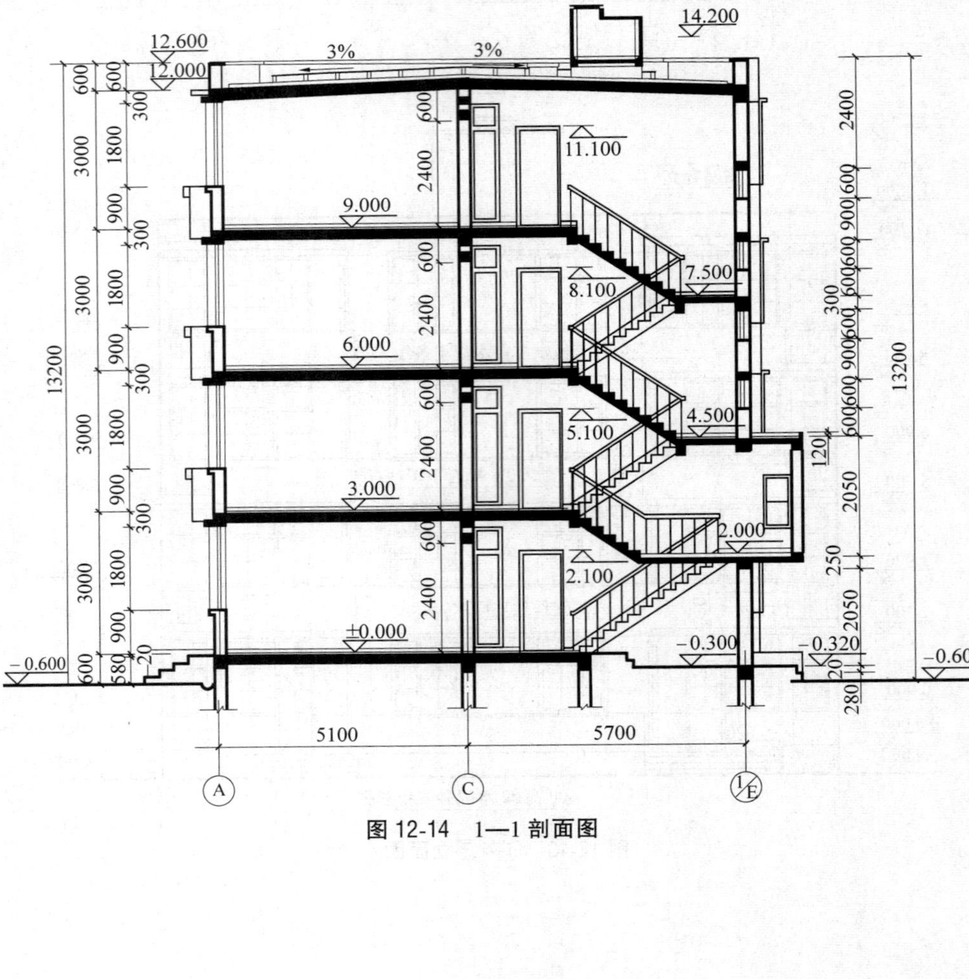

图 12-14　1—1 剖面图

（底层架空板和楼层楼板为现浇钢筋混凝土板，涂黑表示）；被剖切到的轴线为 A 和 1/E 的外墙，轴线为 C 的内墙，底层到二层的楼梯平台凸出处的外墙，以及这些墙面上的门、窗、窗套、过梁、圈梁等构配件的断面形状或图例；被剖切到的梯段及楼梯平台（含面层线）、伸出屋面的女儿墙及钢筋混凝土压顶、钢筋混凝土构件屋面板和面层线、屋顶的架空隔热板、带有检修孔的水箱和孔盖。未被剖切到的可见构配件，如南墙外西边住户的室外台阶、平台和花坛，各楼层的阳台及其上的小花台，四层阳台顶上的雨篷，北墙外西边住户厨房的外墙面及其上的勒脚、引条线和窗套，楼梯间未被剖切到的可见楼梯段、栏杆、扶手及西墙上的踢脚板，西端墙和压顶，支撑架热板的砖墩，屋面检修孔，支撑水箱的矮墙等。

四、建筑详图

（一）楼梯平面图

图 12-15 是该幢住宅的楼梯平面图，从图 12-15 中可看出该住宅楼梯为双跑楼梯，在底层平面图中，只画出到折断线为止的第一上行梯段，以及从楼梯口到门洞口的下行两级踏步；在二、三层平面图中，折断线一边是该层的上行第一梯段，折断线另一边是该层的下行第二梯段，同时画出了在水平剖切面以下的该层下行第一梯段及其楼梯平台；在四层平面图中，水平剖切面剖切不到梯段，图中画出的是到三层楼面的两个下行梯段和梯段间的楼梯平台。从底层到二层楼面的楼梯，为了照顾进门入口处的净高，将两个梯段做成“长短跑”，即一个梯段长，一个梯段短，以增加第一楼梯平台之下的高度，其他各层都做成相等的梯段，即“等跑”。

从所注尺寸，可了解楼梯间的开间尺寸，楼梯平台的进度尺寸和标高，各梯段与踏步的水平长度和宽度，各梯段栏杆与扶手、楼梯间进门处的门洞、平台上方窗的位置。在底层平面图中，给出了楼梯剖面图的剖切符号及编号，表明楼梯剖面图在编号为“建施 16”的图纸上，在梯段起步处画了索引符号，表明有关踏步、扶手的位置、构造和做法，可查阅“建施 17”中编号为 1 的节点详图。

（二）楼梯节点详图

图 12-16 是楼梯节点详图。编号为 1 的详图表明了踏步的踏面上马赛克防滑条的定形和定位尺寸，以及扶手的定位尺寸。

在编号为 2 的详图中看出楼板是钢筋混凝土板，细石混凝土面层；梯段是由楼梯梁和踏步板组成的现浇钢筋混凝土板式楼梯，板底用 10 mm 厚纸筋灰浆粉平后刷白，踏步用 20 mm 厚 1∶2水泥砂浆粉面；为了防止行人行走时滑跌，在每级踏步口贴一条 25 mm 宽的马赛克，高于踏面，作为防滑条；为了保障行人安全，在梯段或平台临空一侧设栏杆和扶手，栏杆用方钢和扁钢焊成，它们的材料、尺寸和油漆颜色都已表明在图中，栏杆的下端焊接在带有Φ 8 钢筋弯脚的钢板上，钢板预埋于踏步中，栏杆的上端装有扶手，图中注明了扶手的油漆颜色，也注明了栏杆的上端与镶嵌在扶手底部的钢铁件焊接在一起。

在编号为 3 的详图中可看出扶手的断面形状和尺寸，扶手材料是木材，用通长扁钢镶嵌在扶手的底部，并用木螺钉连接，栏杆则焊接在扁钢上。

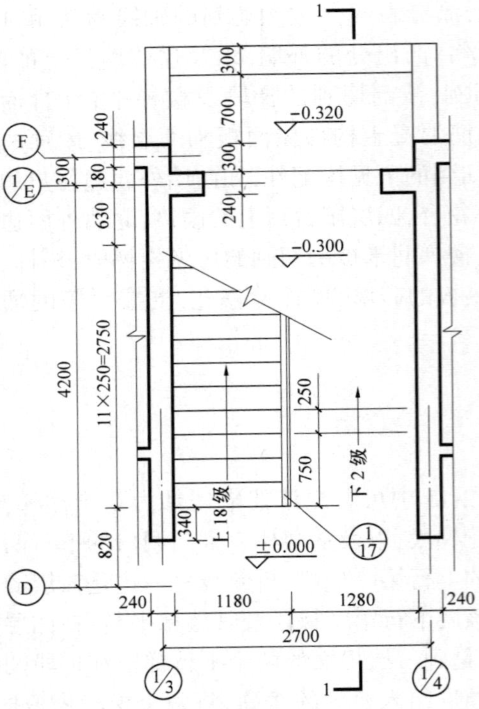

底层平面图 1:50

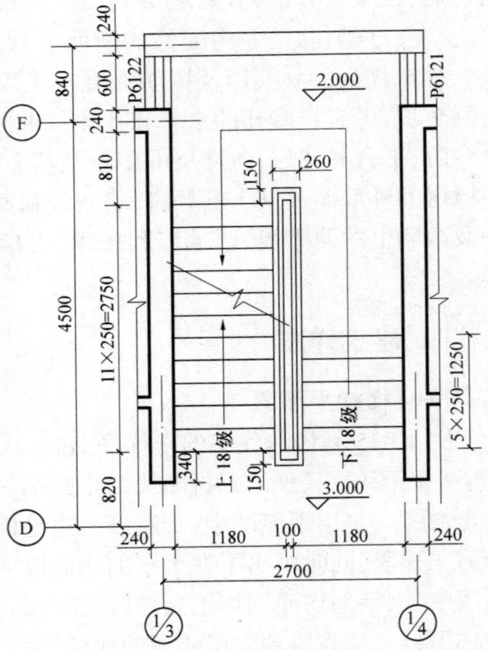

二层平面图 1:50

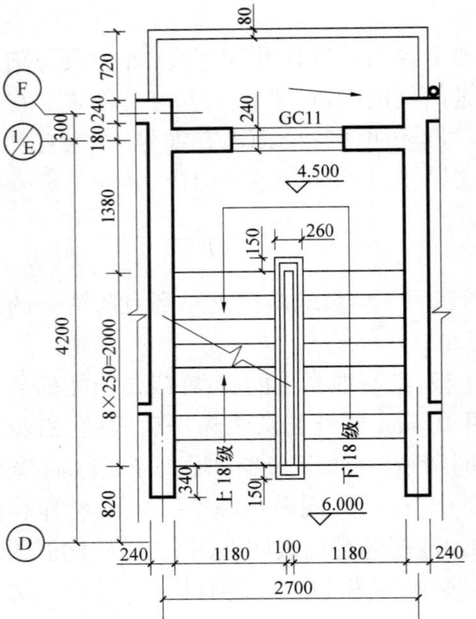

三层平面图 1:50

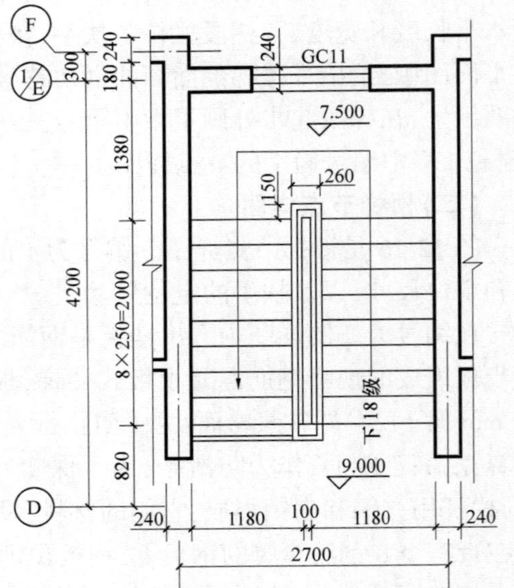

四层平面图 1:50

图 12-15　楼梯平面图

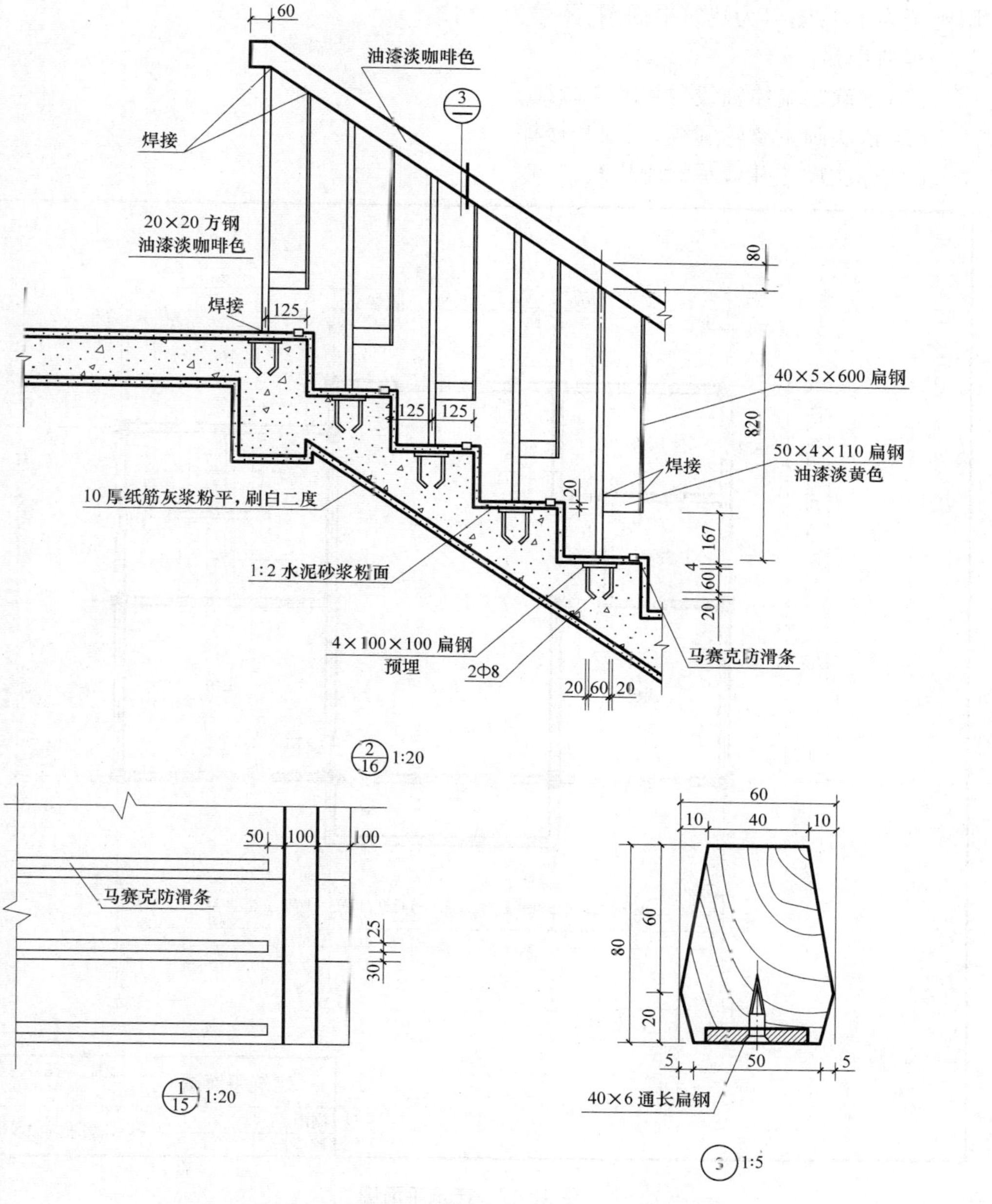

图 12-16　楼梯节点详图

实训十二

实训目的:掌握房屋建筑图的绘制和尺寸标注。

实训内容:绘制建筑平面图(见图 12-17)。

实训要求:用 A4 的图幅(210×297)绘制;要求图线和标注尺寸符合建筑制图标准;采

用比例为 1:1;图名为建筑平面图;图号为 SX12。

实训步骤:

(1)画确定墙体轴线位置的点画线。

(2)依次画主要轮廓线、门窗和楼梯。

(3)标注尺寸并填写标题栏。

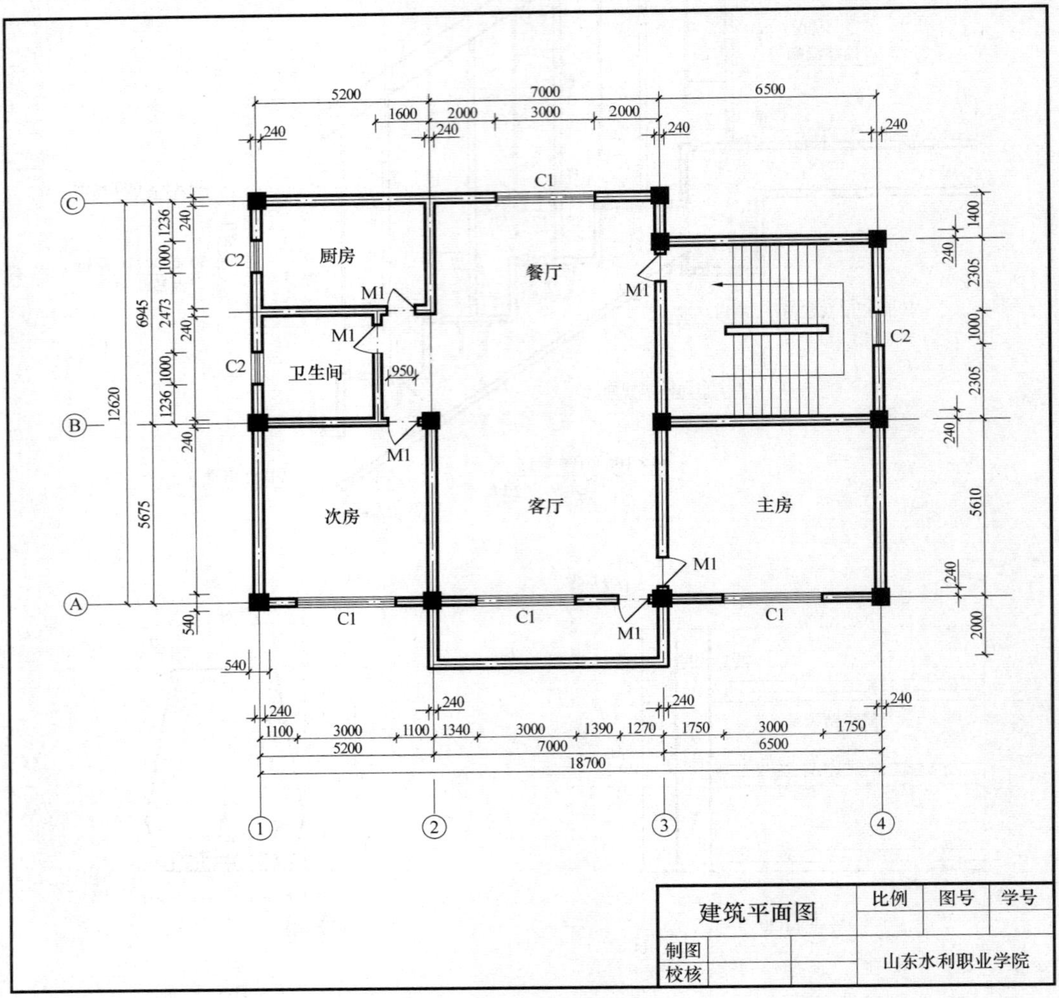

图 12-17　建筑平面图

提示:

(1)注意轴号的排列规定。

(2)切记房屋标注尺寸时不用箭头而是用 45°短斜线。

实训小结:(由实训者自行总结实训过程,如掌握了哪些技能,哪些知识点还欠缺)

复习思考题

一、思考题

1. 房屋建筑图的种类有哪些？

2. 建筑施工图包括哪些内容？

3. 怎样阅读建筑施二图？

二、选择题(将正确的答案代号填在括号里)

1. 下列图中不是建筑施工图的是(　　)。

(a)总平面图　　(b)建筑立面图　　(c)配筋图　　(d)阳台详图

2. 建筑物平面图中定位轴线的位置指的是(　　)。

(a)墙、柱中心位置　(b)外墙的外轮廓线　(c)墙的轮廓线　(d)柱的轮廓线

3. 为了便于施工,在建筑平面图的外部通常标注(　　)。

(a)一道尺寸　　(b)二道尺寸　　(c)三道尺寸　　(d)四道尺寸

三、判断题(正确的打“√”、错误的打“×”)

1. (　)建筑物的平面形状用图例表示的图是总平面图。

2. (　)建筑立面图中,外墙面的装饰做法应该注写文字说明。

3. (　)平面图上水平方向从左到右采用阿拉伯数字依次编号。

参考文献

[1] 樊振旺,武荣,斯庆高娃. 水利工程制图[M]. 2 版. 郑州:黄河水利出版社,2015.

[2] 中华人民共和国水利部. 水利水电工程制图标准:SL 73. 1 ~ 5—2013[S]. 北京:中国水利水电出版社, 2013.

[3] 罗康贤,左宗义,冯开平. 土木建筑工程制图[M]. 2 版. 广州:华南理工大学出版社,2010.

[4] 方庆, 徐约素. 画法几何及水利工程制图[M]. 北京:高等教育出版社,2000.

[5] 刘娟,孟庆伟,沈刚. 水利工程制图[M]. 3 版. 郑州:黄河水利出版社,2020.

[6] 何铭新,郎宝敏,陈星铭. 建筑制图[M]. 2 版. 北京:高等教育出版社,2001.

[7] 许良乾,殷佩生. 画法几何及水利工程制图[M]. 4 版. 北京:高等教育出版社,2001.

[8] 王秀英. 水利工程制图[M]. 南京:河海大学出版社,1989.

[9] 蒋允静. 画法几何及土建工程制图[M]. 2 版. 北京:中国水利水电出版社,2012.

[10] 胡守忠,杨玉艳,王彦惠. 画法几何及水利工程制图[M]. 北京:中国水利水电出版社,2005.

[11] 王兰美,殷昌贵. 画法几何及工程制图[M]. 3 版. 北京:机械工业出版社,2022.

[12] 朱福熙. 建筑制图[M]. 2 版. 北京:高等教育出版社,1982.

[13] 黄水生,李国生. 画法几何及土木建筑制图[M]. 广州:华南理工大学出版社,2003.

[14] 孙世青,曾令宜. 水利工程制图[M]. 北京:高等教育出版社,2001.

[15] 陈彩萍. 工程制图[M]. 北京:高等教育出版社, 2003.